国家职业教育信息安全技术应用专业
教学资源库配套教材

交换与路由技术

▶主　审　李建林
▶主　编　史　律　钱　亮　陈　永
▶副主编　陈文兰　梅晓兰
　　　　　苗春玲　王　莉

高等教育出版社·北京

内容简介

本书为国家职业教育信息安全技术应用专业教学资源库配套教材。

本书突出模块化教学的特点，按照网络基础知识→交换机基础知识→静态路由→动态路由协议→网络设备的安全管理→NAT技术→虚拟专用网的主线来组织内容，介绍了交换机的工作原理、VLAN技术、生成树协议、路由器的工作原理、静态路由、各种动态路由协议、路由重分布、网络设备的管理、ACL访问列表、端口安全、NAT技术和VPN技术等，同时还提供了相关知识点的网络配置案例，每个配置案例包括实验目的、实验设备、网络拓扑结构和主要配置步骤等，让学生在学习基本原理和基本概念的同时，操作技能也能得到训练，从而提高自身的动手实践能力。

本书配套建设了微课视频、授课用PPT、案例素材等数字化学习资源。与本书配套的数字课程“交换与路由技术”在“智慧职教”（www.icve.com.cn）平台上线，读者可以登录平台进行学习及资源下载，授课教师可以调用本课程构建符合自身教学特色的SPOC课程，详见“智慧职教”服务指南。教师也可发邮件至编辑邮箱1548103297@qq.com获取相关教学资源。

本书可作为高等职业院校计算机网络、通信工程等专业的专业课教材，也可作为从事网络管理和维护的技术人员的参考用书。

图书在版编目（CIP）数据

交换与路由技术 / 史律，钱亮，陈永主编. --北京：高等教育出版社，2022.2

ISBN 978-7-04-053419-1

Ⅰ. ①交… Ⅱ. ①史… ②钱… ③陈… Ⅲ. ①计算机网络-信息交换机-高等职业教育-教材 ②计算机网络-路由选择-高等职业教育-教材 Ⅳ. ①TN915.05

中国版本图书馆CIP数据核字（2020）第017879号

Jiaohuan yu Luyou Jishu

策划编辑 许兴瑜　　责任编辑 许兴瑜　　封面设计 赵 阳　　版式设计 徐艳妮

插图绘制 于 博　　责任校对 刁丽丽　　责任印制 刘思涵

出版发行	高等教育出版社	网　　址	http://www.hep.edu.cn
社　　址	北京市西城区德外大街4号		http://www.hep.com.cn
邮政编码	100120	网上订购	http://www.hepmall.com.cn
印　　刷	唐山市润丰印务有限公司		http://www.hepmall.com
开　　本	787 mm × 1092 mm　1/16		http://www.hepmall.cn
印　　张	14.75		
字　　数	370千字	版　　次	2022年2月第1版
购书热线	010-58581118	印　　次	2022年2月第1次印刷
咨询电话	400-810-0598	定　　价	43.00元

本书如有缺页、倒页、脱页等质量问题，请到所购图书销售部门联系调换

物 料 号　53419-00

“智慧职教”服务指南

“智慧职教”是由高等教育出版社建设和运营的职业教育数字教学资源共建共享平台和在线课程教学服务平台，包括职业教育数字化学习中心平台（www.icve.com.cn）、职教云平台（zjy2.icve.com.cn）和云课堂智慧职教 App。用户在以下任一平台注册账号，均可登录并使用各个平台。

- 职业教育数字化学习中心平台（**www.icve.com.cn**）：为学习者提供本教材配套课程及资源的浏览服务。

登录中心平台，在首页搜索框中搜索“交换与路由技术”，找到对应作者主持的课程，加入课程参加学习，即可浏览课程资源。

- 职教云（**zjy2.icve.com.cn**）：帮助任课教师对本教材配套课程进行引用、修改，再发布为个性化课程（**SPOC**）。

1．登录职教云，在首页单击“申请教材配套课程服务”按钮，在弹出的申请页面填写相关真实信息，申请开通教材配套课程的调用权限。

2．开通权限后，单击“新增课程”按钮，根据提示设置要构建的个性化课程的基本信息。

3．进入个性化课程编辑页面，在“课程设计”中“导入”教材配套课程，并根据教学需要进行修改，再发布为个性化课程。

- 云课堂智慧职教 **App**：帮助任课教师和学生基于新构建的个性化课程开展线上线下混合式、智能化教与学。

1．在安卓或苹果应用市场，搜索“云课堂智慧职教”App，下载安装。

2．登录 App，任课教师指导学生加入个性化课程，并利用 App 提供的各类功能，开展课前、课中、课后的教学互动，构建智慧课堂。

“智慧职教”使用帮助及常见问题解答请访问 **help.icve.com.cn**。

前言

随着新一代信息技术的飞速发展，基本网络建设已经成为各企事业单位基础设施建设的必选项；同时新一代网络技术如 IPv6、SDN 的快速推进也在不断推动着对现有网络的升级和改造需求，因此网络工程师岗位需求量在逐年递增；此外，信息安全、云计算、大数据、物联网、人工智能等新兴行业也要求其工程技术人员具备一定的网络基础知识以及网络设备的运维、调试能力。

近年来在国家大力发展职业教育的背景下，高职院校的教育教学水平、办学条件以及人才培养质量稳步提升。计算机网络技术专业作为高职院校的传统专业，在新一代信息技术发展背景下逐渐转型。很多院校在原有计算机网络技术专业的办学基础上，新开设了信息安全与管理、物联网应用技术、云计算技术与应用、大数据应用技术等新一代信息技术专业。市场上计算机网络相关配套的教材，有的内容侧重网络理论知识以及网络体系结构的讲解，有的内容针对网络设备的配置与调试，通常在计算机网络技术专业人才培养方案的指导下，多门课程、多本教材配合使用才能完成网络工程师专业人才的培养。然而，在新一代信息技术专业人才培养的需求下，我们急需一本立体化配套教材能够完整地介绍网络基础知识、网络体系结构、网络相关协议等基础理论知识，同时又能让学生动手完成一些基础的网络设备配置的实践，为其后续专业课程学习打下坚实的基础。基于上述考虑，本书的编写团队在李建林教授的带领下梳理出传统计算机网络技术专业中适用于信息安全与管理、云计算技术与应用、大数据技术应用、物联网应用技术等专业技能型人才所必须掌握的网络基础知识和技能，编写了本书。本书内容与国家职业教育信息安全技术应用专业教学资源库中的“路由交换技术”匹配，所有教学内容在资源库平台上开放使用，除适用于课程教学的线上线下混合式教学之外亦可作为自学者的配套辅助资料。

本书突出模块化的特点，以一个典型的企事业单位网络项目案例为主线，按照网络基础知识→交换机基础知识→静态路由→动态路由协议→网络设备的安全管理→NAT 技术→虚拟专用网的主线来组织内容，共分为 7 章，具体如下。

第 1 章主要介绍网络基础知识和 3 种模拟软件的安装使用。

第 2 章阐述交换技术基础，主要包括交换机的工作原理、交换机的基本参数和管理方式、VLAN 技术、生成树协议，并在 Cisco 的 Packet Tracer 模拟软件中实现 VLAN 和生成树的基本配置。

第 3 章和第 4 章分别介绍静态路由、动态路由协议和路由重分布，提供静态路由、默认路由、路由负载均衡、浮动路由、动态路由（RIP、OSPF）及路由重分布的配置。

第 5 章介绍网络设备的远程管理的两种方式 Telnet 和 SSH，ACL 访问控制列表及其配置，端口安全的基本原理、作用及功能的实现，违规的处理方式，并提供了端口安全的仿真实验。

第 6 章通过具体图例叙述静态 NAT、动态 NAT 及网络地址端口转换 NAPT 的工作原理，在 Cisco 的 Packet Tracer 模拟软件中实现静态 NAT 和动态 NAT 的配置。

第 7 章介绍虚拟专用网络，阐述 PPTP VPN、L2TP VPN、MPLS VPN、IPSec VPN、GRE VPN 和 GRE Over IPSec VPN 这 6 种 VPN 的工作原理，并在 Vmware 虚拟软件系统中实现了 PPTP VPN、L2TP VPN，在 Cisco

的 Packet Tracer 模拟软件中实现了 IPSec VPN、GRE VPN、GRE Over IPSec VPN，在 Cisco 的 GNS3 模拟软件中实现了 MPLS VPN。

本书建议基本教学课时为 60 学时，对于不同的专业，教师可根据教学计划适当剪裁学习内容。为保证教学效果，建议按 2 学时排课，这样能充分保证学生在一个教学单元内不仅能学习基本原理和基本概念，还能进行操作配置，有效避免枯燥的知识点讲解，让学生在实际操作中更好地理解理论知识，从容完成一个复杂学习情境的学习任务。

本书由南京信息职业技术学院史律、荆洲职业技术学院钱亮、江苏海事职业技术学院陈永担任主编，南京信息职业技术学院梅晓兰、苗春玲、王莉、江苏联合职业技术学院陈文兰担任副主编。

南京信息职业技术学院张永、章春梅、褚洪彦、周乃富参与了实验环节的测试，在此向他们表示衷心的感谢！

由于 IT 技术发展迅速，加之编者水平有限，书中难免有一些错误和欠妥之处，恳请各位专家和广大读者批评指正，提出宝贵的修改意见。编者邮箱：89465085@qq.com。

编　者

2021 年 10 月

目录

第 1 章

网络基础知识

1.1　计算机网络概述

1.1.1　计算机网络的定义和发展

1. 计算机网络定义

微课 1-1
计算机网络的定义和发展

可以将计算机网络定义为：将计算机通过通信线路和通信设备连接在一起，在通信协议以及通信软件的支持下实现资源共享。

从上述定义可以看出，计算机网络向用户提供的主要功能有如下两方面。

- 资源共享。资源共享包括软件资源（文本编辑器、工具软件等）、硬件资源（磁盘、打印机及光盘等）和数据资源（电子文档等）。
- 计算机之间的互联通过数据通信的基础通信线路和通信设备来实现。

此外，计算机网络还可以实现计算机之间的协同工作，其建设是当今互联网时代数据通信的基础建设任务。

2. 计算机网络的发展历程

1946 年世界上第一台电子计算机 ENIAC 在美国诞生时，计算机技术与通信技术并没有直接联系。当时的计算机体积庞大，通常被放在称为玻璃屋的房间里单兵作战，不同制造商生产的计算机使用的数据格式不同，即使用数据线连接这些计算机也不能让它们相互通信。此外，这些计算机并没有终端，人们需要借助打孔机或者纸带完成人机交互，如图 1-1 所示。

图 1-1
早期计算机借助打孔机或者纸带完成人机交互

1969 年美国国防部高级研究计划局提出将多个大学、公司和研究所的多台计算机互连的设想，并筹备建立 APRANET（简称 ARPA 网，该网络被认为是现代计算机网络的雏形）。筹建初期，美国的 4 所大学：加州大学圣芭芭拉分校、加州大学洛杉矶分校、犹他大学以及斯坦福研究所率先建立了该网络的 4 个结点，其中的 3 个结点还做了冗余性设计。1973 年 APRANET 发展到 40 个结点，1983 年已经超过 100 个结点。

20 世纪 70 年代，人们对组网的技术、方法、理论的研究日趋成熟，大学、公司和研究部门自行研发了不同体系的多重网络，这些网络从技术到结构都有很大的差异，计算机并不能通过不同体系的网络互联。

1979 年网络体系结构的开放系统互连（Open System Interconnection，OSI）参考模型发布后，在 20 世纪 80 年代逐渐被网络设备生产厂商承认为标准，它实现了异构网络的互联互通，奠定了计算机网络发展的坚实基础。1983 年另一种简化后的网络模型 TCP/IP 诞生，该模型是 4 层结构，当今 99%都用到该协议实现计算网络互联互通。

20 世纪 90 年代，特别是 1995 年以后互联网开始进入千家万户。2000 年以后，个人 Wi-Fi 无线网络及运营商数据业务开始普及。2010 年之后，随着大数据、信息安全、云计算、人工智能等技术的推动，计算机网络的技术也在不断发展，软件定义网络（SDN）也会在未来大放异彩。

1.1.2 计算机网络的分类

微课 1-2
计算机网络的分类

计算机网络的分类方法很多，可以从以下不同角度进行分类。

1. 按网络覆盖的地理范围分类

（1）局域网（LAN）

数据传输速率高（10 Mb/s～10 Gb/s），延时时间短，覆盖的地理范围较小，一般在几十米至几千米不等，如一家公司、一所学校、一幢办公楼等。

（2）城域网（MAN）

覆盖的地理范围从几十千米至数百千米，是介于广域网与局域网之间的一种高速网络。

（3）广域网（WAN）

数据传输速率相对较慢，覆盖的地理范围广，一般从数百千米至数千千米，甚至上万千米。网络可跨越市、地区、省、国家、洲洋乃至全球。

2. 按网络的传输介质分类

（1）有线网络

使用有形的传输介质，如双绞线、同轴电缆、光纤等。

（2）无线网络

使用电磁波作为传输介质，如手机 4G 网络、GPRS、Wi-Fi、连接通信设备和计算机等。

3. 按网络的交换方式分类

（1）电路交换网络

通信双方之间建立一条实际的物理通道。

（2）报文交换网络

以报文作为数据交换的单位，通信双方之间无需建立专用通道。

（3）分组交换网络

基于报文交换网络，以分组作为数据交换的单位。

4. 按网络的控制方式分类

（1）集中式网络

由一个大型中央计算机（主机）和多个终端组成，任务在主机上进行处理。终端只用来输入和输出。

（2）分布式网络

由分布在不同地点的计算机系统互连而成，网中无中心计算机，可靠性高。

1.1.3　计算机网络的拓扑结构

把网络中的计算机和通信设备抽象为一个点，把传输介质抽象为一条线，由点和线组成的几何图形就是计算机网络的拓扑结构。网络的拓扑结构反映网络中各实体间的结构关系，网络的拓扑结构设计是建设计算机网络的第一步，对整个网络的设计、功能、性能以及费用等方面有很重要的影响。计算机网络拓扑结构主要有以下几种。

1. 星状结构

星状拓扑结构由一个功能较强的中心结点以及一些通过点到点链路连到中心结点的从结点组成，如图 1-2 所示。各个结点间不能直接通信，结点之间的通信必须经过中心结点。该拓扑结构经常应用于局域网。

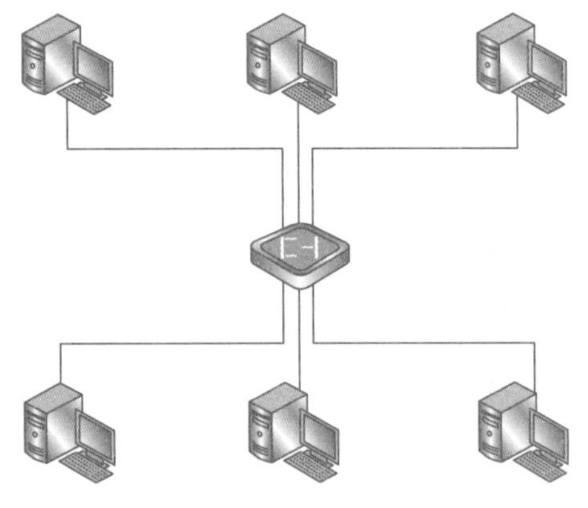

图 1-2
星状拓扑结构

- 优点：结构简单，易于管理和构建。
- 缺点：电缆需量大，中心结点负担较重。

2. 总线型结构

总线型拓扑结构的所有结点均连接到一条称为总线的公共线路上，如图 1-3 所示。在总线结构中，所有结点共享同一条数据通道，在一段时间内只允许一个结点传送信息。

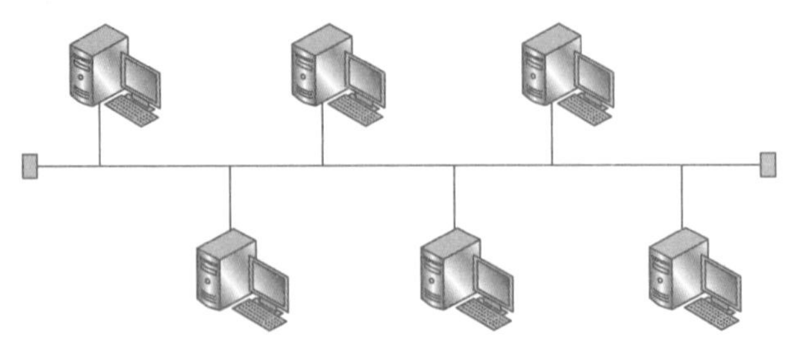

图 1-3
总线拓扑结构

- 优点：组网灵活，所用线缆最短，个别结点发生故障不影响网络的正常工作。
- 缺点：传输能力低，总线的故障会导致网络瘫痪，存在信道争用问题。

3. 环状结构

环状拓扑结构的各结点通过链路连接，在网络中形成一个首尾相接的闭合环路，环线公用，如图 1-4 所示。在环路中，数据沿一个方向传输，发送的数据到达目的地后仍须沿环绕行，直至回到发送结点，形成一个闭合的环流。

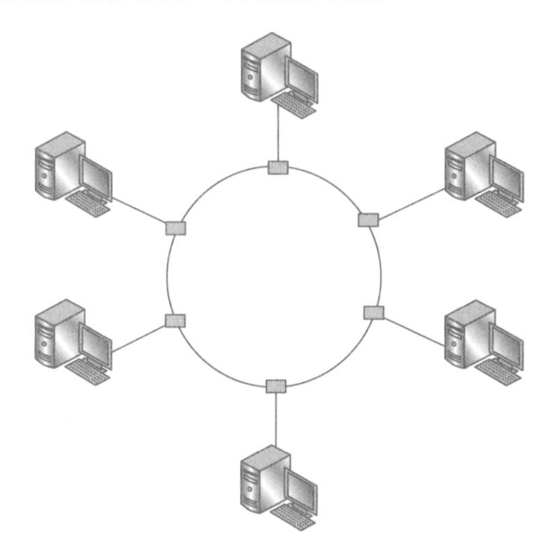

图 1-4
环状拓扑结构

- 优点：结构简单，易实现。
- 缺点：结点或链路的故障会引起全网的故障。

4. 网状结构

网状拓扑结构的结点之间的连接是任意的，每个结点都有多条线路与其他结点相连，使得结点之间存在多条路径可选，如图 1-5 所示。该结构是一种广域网常用的拓扑结构。

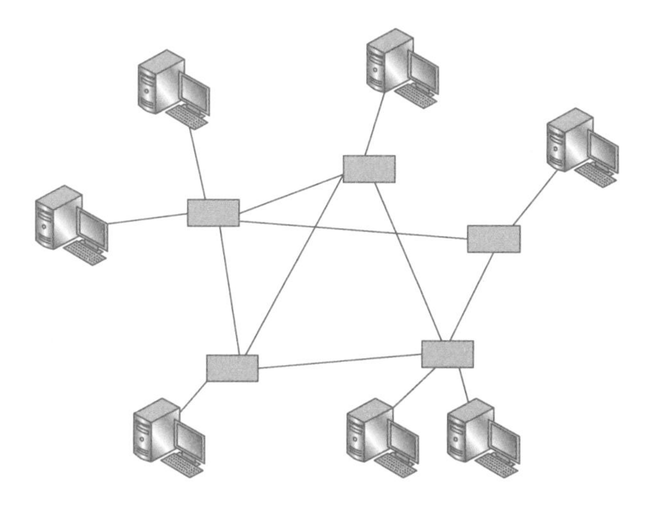

图 1-5
网状拓扑结构

- 优点：数据传输的可靠性高。
- 缺点：构建成本高，管理难度大。

1.1.4　计算机网络的体系结构

计算机网络实现数据通信功能是一个复杂的过程。为了减少协议设计和调试过程的复杂性，常规方法就是把系统简化为分层的体系结构。网络体系结构是分层结构，用于描述各层功能和协议。所谓分层，是一种构造技术，允许开放系统网络用分层次的方式进行逻辑组合。整个通信子系统划分为若干层，每层执行一种明确定义的功能，并由较低层执行附加的功能，为较高层提供服务。OSI 参考模型和 TCP/IP 网络协议体系是目前两个较为著名的网络体系结构。

计算机网络执行数据通信的功能就如同人们在生活中寄信，寄信这个任务的执行可以被看成在实际生活中一种典型的层次化结构执行的例子，如图 1-6 所示。

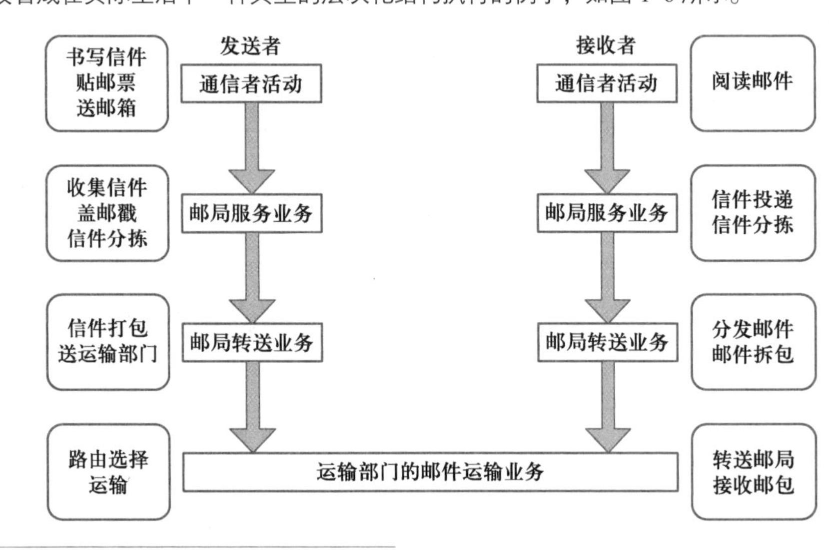

图 1-6
邮局业务分层结构图

1．OSI 七层网络模型

微课 1-3
OSI 七层网络模型

OSI 参考模型是最早被提出的网络体系结构，它是由国际标准化组织（International Organization for Standardization，ISO）制定的。“开放”是指非独家垄断，任何两个遵守协议标准的系统都可以互联通信。

OSI 参考模型采用了分层的方法，将网络功能划分成 7 层，由下往上分别是：物理层（Physical Layer）、数据链路层（Data Link Layer）、网络层（Network Layer）、传输层（Transport Layer）、会话层（Session Layer）、表示层（Presentation Layer）和应用层（Application Layer）。每一层的功能都非常明确，并只与紧邻的上层和下层进行数据交换，相邻的底层为高层提供服务，高层向底层请求服务。

在图 1-7 中，主机 A 的应用层产生的数据并不能直接传送给主机 B 的应用层，而是通过以下过程到达主机 B 的应用层。

① 从主机 A 的应用层开始，通过逐层服务请求，每一层按规定的格式添加本层的控制信息，封装本层数据，数据到达主机 A 的物理层。

② 通过网络传输线路以及中间结点（通常包括交换机、路由器、防火墙等网络互联设备）到达主机 B。

③ 主机 B 从物理层获取数据，逐层向上返回服务响应，每一层按规定剥离本层控制

信息后向上层发送数据，最终由主机 B 应用层接收到主机 A 应用层产生的数据。

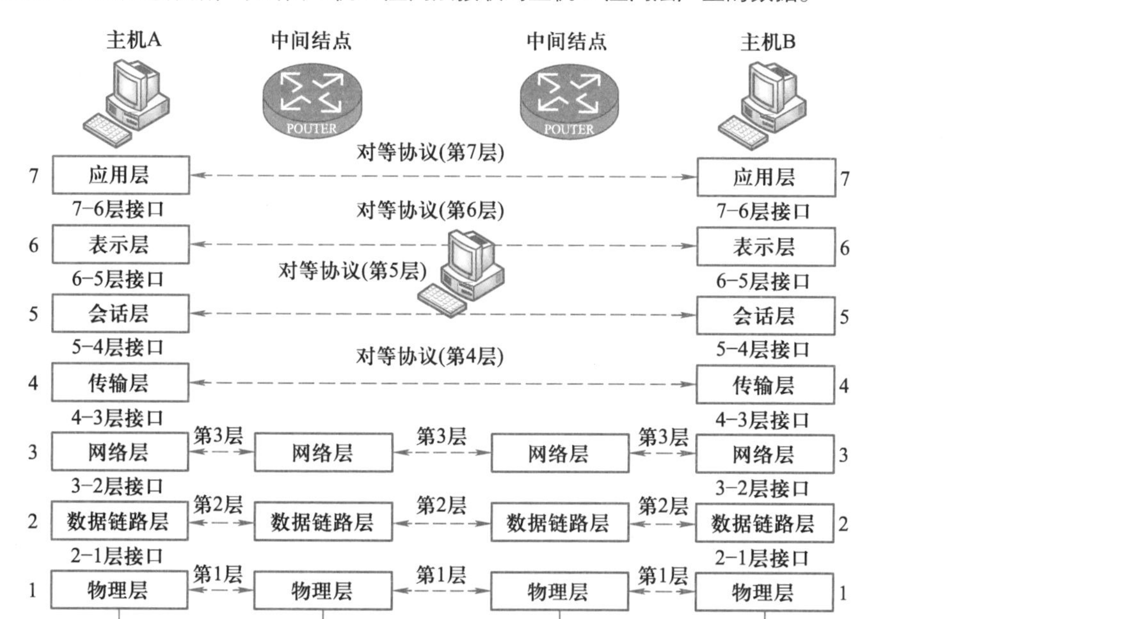

图 1-7
基于 OSI 层次化结构的通信

下面简要介绍 OSI 参考模型各层的主要功能。

（1）物理层

物理层的功能是实现相邻结节之间比特流的传输。也就是说，发送方发送 1（或 0）时，接收方应该接收到 1（或 0）而不是 0（或 1）。同时，物理层还定义了一些有关网络的物理特性，包括物理连网媒介，如电缆连线和连接器。除了不同的传输介质自身的物理特性外，物理层还对通信设备和传输媒体之间使用的接口进行了详细的规定。物理层涉及的内容还包括以下几部分。

① 机械特性。机械特性规定了物理连接所需接插件的规格尺寸、插针或插孔芯数量及排列方式、锁定装置等，如 ITU-T X.21 标准规定的 15 针接口、EIA RS-232C 标准规定的 D 型 25 针接口、以太网接口用 RJ-45 水晶头等。

② 电气特性。电气特性规定了在物理信道上传输比特流时信号电平的大小、数据的编码方式、最大传输速率、距离限制、阻抗大小以及与互连电缆相关的规则等，如双绞线长度不能大于 100 m，最大速率为 19.2 kb/s，RS-232 接口传输距离不大于 15 m。

③ 功能特性。功能特性定义了接口信号的来源、各个信号线的确切含义和其他信号之间的关系，如每根双绞线都有自己的作用。

④ 规程特性。规程特性定义利用信号线进行比特流传输的一组操作规程，是指在物理连接的建立、维护和交换信息时数据通过集线器交换数据顺序。

（2）数据链路层

数据链路层的功能是在物理层提供的比特流传输服务的基础上，建立相邻结点之间的数据链路，传送按一定格式组织起来的位组合，即数据帧。帧的格式如图 1-8 所示（以以太网帧结构为例）。数据链路层要实现差错控制，目的是在物理层不可靠的传输服务的基础上实现可靠传输机制，将数据组成适合于正确传输的帧形式。加在帧中包含应答、流控制和差错控制等信息，以实现应答、差错控制、数据流控制和发送顺序控制，确保接收数据的顺序与原发送顺序相同。

目的地址	源地址	类型	数据

图 1-8
帧的格式

笔 记

（3）网络层

网络层的主要功能是为分组交换网上的不同主机提供通信服务，网络层可以基于数据包的逻辑地址，在去往目的地的多条路径中选择一条最佳路径将数据包送到目的地。实现此功能主要依靠路由功能，在网络中，“路由”是基于编址方案、使用模式以及可达性来指引数据的发送。网络层协议还能补偿数据发送、传输以及接收的设备能力的不平衡性。为完成这一任务，网络层对数据包进行分段和重组。分段是指当数据从一个能处理较大数据单元的网络段传送到仅能处理较小数据单元的网络段时，网络层减小数据单元大小的过程。重组过程即是重构被分段的数据单元。此外，为避免通信子网中出现过多的数据包而造成网络阻塞，需要对流入的数据包数量进行控制（拥塞控制）。

（4）传输层

传输层主要提供不同主机上的进程之间的逻辑通信。由于一个主机可以同时运行多个进程，所以传输层支持复用和分用的功能。复用是指发送方的不同应用进程都可以使用同一个传输层协议传送数据，分用是指接收方的传输层剥去报文首部之后能把这些数据正确地传输到正确的应用进程上。

传输层按照网络能处理的最大尺寸将较长的数据包进行强制分割。例如，以太网无法接收大于 1500 字节的数据包，发送方结点的传输层将数据分割成较小的数据片。此外，接收方网络层通常不能保证数据包到达的顺序与发送顺序相同，所以发送方通常需要对每一数据片进行编号，以便数据到达接收方结点的传输层时，可以按照正确的顺序重组。由于网络拥塞和错误，数据包可能在传输过程中丢失，通过检错码（如校验和），传输协议可以检查数据是否损坏，并通过向发送方传 ACK 或 NACK 消息确认是否正确接收。如果数据有错，发送方重新发送数据。同样，假如发送某个数据之后，发送方在一给定时间段未收到接收方发过来的 ACK 或 NACK 消息，发送方的传输层也将认为发生了数据丢失从而重新发送它们。

此外，传输协议还可以进行流量控制和拥塞控制。流量控制可以有效地保证发送方将发送数据率控制在接收方有能力处理的范围内，避免由于发送方发送数据过快而导致接收方来不及处理数据，进而造成接收方缓冲区溢出。拥塞控制可以控制进入电信网络的流量。

（5）会话层

会话层的主要功能是在两个结点间建立、维护和释放面向用户的连接，并对会话进行管理和控制，同步两个结点之间的对话，保证会话数据可靠传送。会话层使用校验点可使通信会话在通信失效时从校验点继续恢复通信。例如，用户在下载文件时，可在中途中断退出，但在下一次下载时，可以从中断处继续下载，而不需要重新下载，这种能力对于传送大的文件极为重要。

（6）表示层

表示层主要负责统一通信双方描述传输信息所使用的语义和语法。由于通信双方表示数据的内部方法往往不一致，所以必须定义一种统一的信息表示方式来确保双方能够互相理解，表示层就用于描述这种统一的信息表示方式。表示层如同应用程序和网络之间的翻译官，在表示层，数据将按照网络能理解的方案进行格式化。这种格式化也会随着所采用网络类型的变化而变化。表示层管理数据的解密与加密，如系统口令的处理。此外，表示层协议还对图片和文件格式信息进行解码和编码。

（7）应用层

应用层是 OSI 参考模型的最高层。该层是计算机网络与用户的应用程序的接口，包含了系统管理员管理网络服务所涉及的所有问题和基本功能。应用层对应用进程进行了抽象，它只保留应用进程中交互的那些部分。应用层为应用程序提供完成特定网络服务功能所需的各种应用层协议。可以简单描述为：应用层是用户通过应用层的协议去完成用户想要完成的任务。

常用的网络服务包括 WWW 服务、文件传输服务、域名解析服务、网络管理服务、远程登录服务、电子邮件服务、打印服务、拨号访问服务、集成通信服务、目录服务、安全和路由互联服务等。如果想要完成类似这样的网络服务，则必须通过应用层的协议来完成。

常用的应用层协议有以下几种。

- HTTP（Hyper Text Transfer Protocol）：超文本传输协议。
- FTP（File Transfer Protocol）：文件传输协议。
- DNS（Domain Name System）：域名解析协议。
- SNMP（Simple Network Management Protocol）：简单网络管理协议。
- TELNET Protocol：远程登录协议。
- SMTP（Simple Mail Transfer Protocol）：简单邮件传输协议。
- NNTP（Network News Transfer Protocol）：网络新闻组传输协议。

2. TCP/IP 四层网络模型

微课 1-4
TCP/IP 四层网络模型

OSI 参考模型概念清楚，理论也较为完善，但是因为它过于复杂且不实用，所以在实际应用中完全遵从 OSI 参考模型的协议几乎没有。尽管如此，OSI 参考模型为人们考查其他协议各部分间的工作方式提供了框架和评估基础。接下来介绍 TCP/IP 网络协议体系也将以 OSI 参考模型为框架对其作进一步解释。TCP/IP 出现于 20 世纪 70 年代，80 年代被确定为因特网的通信协议。

TCP/IP 体系结构分为 4 层，由下往上依次是网络接口层、互联网络层、传输层和应用层。网络接口层对应 OSI 参考模型的数据链路层和物理层；互联网络层对应 OSI 参考模型的网络层；传输层的功能与 OSI 参考模型的传输层功能相似；应用层的功能包含 OSI 参考模型中的应用层、表示层和会话层。其结构如图 1-9 所示。

TCP/IP 是一组通信协议的代名词，是由一系列协议组成的协议簇。它本身指两个协议集：TCP（传输控制协议）和 IP（网际协议）结合而成。TCP/IP 最早由美国国防部高级研究计划局（DARPM）在其 ARPANET 上实现。由于 TCP/IP 一开始用来连接异种机环境，再加上工业界很多公司都支持它，特别是在 UNIX 环境，TCP/IP 已成为其实现的一部分，由于 UNIX 用户的增长，推进了 TCP/IP 的普及。Internet 的迅速发展，使 TCP/IP 成为事实上的网络互联标准。协议隐藏了通信底层的细节，有利于提高效率。程序员与高级协议抽象打交道，不必把精力放在诸如硬件配置等细节问题上，使用高层抽象编制的程序独立于机器结构或网络硬件，可以使任意一对机器进行通信。

TCP/IP	OSI
应用层	应用层
	表示层
	会话层
传输层	传输层
互联网络层	网络层
网络接口层	数据链路层
	物理层

图 1-9
TCP/IP 网络体系结构与 OSI 参考模型的对比

1.2　以太网概述

1.2.1　以太网发展过程

微课 1-5
以太网的基本功能

以太网是在 20 世纪 70 年代初期由 Xerox 公司 Palo Alto 研究中心推出的。1980 年 Xerox、Intel 和 DEC 公司正式发布了关于以太网规范的第一个版本——DIX V1，并于 1982 年在 DIX V1 的基础上发布了以太网规范的第二个版本——DIX V2，1983 年第一个局域网标准 IEEE 802.3 标准正式发布。IEEE 802.3 和 DIX V2 两项标准文本的许多内容是相同的，但仍然存在一些差异，目前人们已习惯将符合 IEEE 802.3 标准的局域网称为以太网。

早期的以太网采用同轴电缆作为传输介质，网络拓扑结构一般为总线型，如图 1-10 所示。随着计算机性能的提高及通信量的骤增，总线型以太网的性能缺陷日益显现，交换式以太网技术应运而生。交换式以太网大大提高了以太网的性能，是以太网发展过程中的一个里程碑。

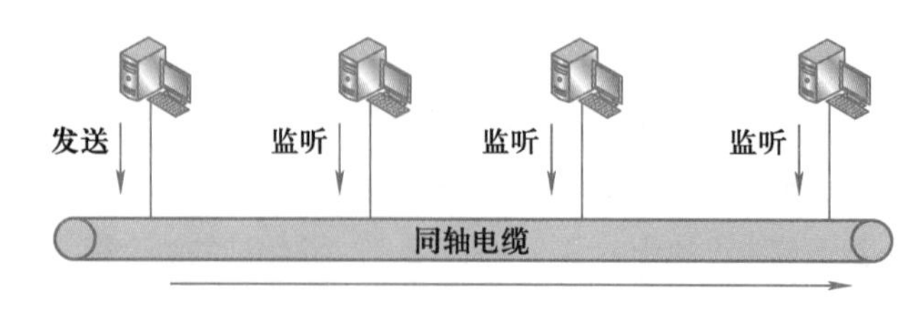

图 1-10
共享总线以太网

计算机技术与通信技术的结合促进了计算机局域网络的飞速发展，从 20 世纪 60 年代末 ALOHA 的出现到 90 年代中期 1000 Mb/s 交换式以太网的登台亮相，短短的 30 年经过了从同轴电缆到双绞线和光纤，从单工到双工，从低速到高速，从共享到交换，从简单到复杂，从昂贵到普及的飞跃。

笔 记

1.2.2　共享式以太网

1. 工作原理

总线型以太网一般是一根同轴电缆连接多台终端，任何终端发送的信号将沿着总线向其两端传播。信号经过总线传播会衰弱，甚至失真，所以当传输距离过长时，需要在总线中间增加中继器，借助中继器可以将依据衰弱甚至失真的信号重新还原成初始信号。从理论上来说，只要不断增加中继器，传输距离就可以无限变长。总线型以太网一般是工作在共享总线方式下。

一方面由于同轴电缆柔韧性不够，布线不方便，另一方面相对于同轴电缆，双绞线价格更加便宜，所以，自从出现双绞线作为传输介质的以太网标准，集线器连接终端的方式就被广泛采用。集线器可以被视为多端口的中继器，集线器实际上是中继器的一种，其区别仅在于集线器能够提供更多的端口服务，所以集线器又叫多口中继器。集线器运作在 OSI 参考模型中的物理层。

在使用集线器的以太网中，集线器将很多以太网设备集中到一台中心设备上。虽然从表面上看，采用集线器组网的以太网在物理上是星状结构，但是在逻辑上仍然是总线型结构。所以从本质上讲，以集线器为核心的以太网同原先的总线型以太网无根本区别。

所有连接到集线器的设备共享同一介质，其结果是它们也共享同一冲突域、广播和带宽，因此集线器和它所连接的设备组成了一个单一的冲突域。在局域网中，数据都是以“帧”的形式传输。共享式以太网是基于广播的方式来发送数据，因为集线器不能识别帧，所以它就不知道一个端口收到的帧应该转发到哪个端口，只好把帧发送到除源端口以外的所有端口，这样网络上所有的主机都可以收到，因此它也是一个单一的广播域。这就造成了只要网络上有一台主机在发送帧，网络上所有其他主机都只能处于接收状态，无法发送数据。也就是说，在任何时刻，所有的带宽只分配给了正在传送数据的那台主机。

2. CSMA/CD

共享式以太网是一种基于“竞争”的网络技术。也就是说，网络中的主机将会“尽其所能”地“占用”网络发送数据。因为同时只能有一台主机发送数据，所以相互之间就产生了“竞争”。

在基于竞争的以太网中，只要网络空闲，任何一台主机均可发送数据。当两台主机发现网络空闲而同时发出数据时，就会产生“碰撞”（Collision），也称为“冲突”，当冲突发生时，物理网段上的数据都不再有效。共享式以太网这种“带宽竞争”的机制使得冲突（或碰撞）几乎不可避免，而且网络中的主机越多，碰撞的概率越大。在这种情况下，如何保证传输介质有序、高效地为各个主机提供传输服务，就是以太网的介质访问控制协议需要解决的问题。

以太网采用带冲突检测的载波侦听多路访问（Carrier Sense Multiple Access / Collision Detection，CSMA/CD）机制，CSMA/CD 原理较简单，技术上容易实现，网络中各工作地平等，不需集中控制，不提供优先级控制，它应用在 OSI 参考模型的第二层，即数据链路层。

CSMA/CD 的工作原理是：发送数据前先侦听信道是否空闲，如果空闲，则立即发送数据；如果信道忙碌，则等待一段时间直到信道中的信息传输结束后再发送数据；如果在上一段信息发送结束后，同时有两个或两个以上的结点都提出发送请求，则判定为冲突；若侦听到冲突，则立即停止发送数据，等待一段随机时间，再重新尝试。

其原理简单总结为：先听后发，边发边听，冲突停发，随机延迟后重发。

3．工作特点

共享式以太网虽然具有搭建方法简单、实施成本低（多用于小规模网络）的优点，但它存在一些明显的弊端：由于所有的结点都接在同一冲突域中，不管一个帧从哪里来或到哪里去，所有结点都能接收到这个帧。随着越来越多结点的加入，碰撞的概率将会大大增加，大量的冲突将导致网络性能急剧下降。此外，集线器所有端口都要共享同一带宽，网络不能给每台主机分配指定的带宽，或者满足要达到某一带宽的要求，所以共享式以太网的 QoS（服务质量）得不到保障。

微课 1-6
以太网帧结构

4．以太网的帧格式

帧结构是指根据不同协议规定的帧的格式。以太网帧结构在以太网帧头和帧尾中规定了若干用于实现以太网功能的域，每个域也称为一个字段，有其特定的名称和目的。以太网帧结构通常由“帧头+数据信息+帧尾”3 部分组成，如图 1-11 所示。

帧头	数据	帧尾

图 1-11
以太网帧结构组成部分

1980 年，DEC、Intel 和 Xerox 公司制定了 Ethernet Ⅰ标准。1982 年，DEC、Intel 和 Xerox 公司又制定了 Ethernet Ⅱ标准。1983 年，Novell 基于当时尚未正式发布的 802.3 标准开发了专用的 RAW 802.3 帧结构。1985 年，IEEE 公布了国际标准 802.3，并定义了 802.3 SAP 帧结构。1985 年，IEEE 为解决 Ethernet Ⅱ与 802.3 帧结构的兼容问题，推出折中的 802.3 SNAP 结构。现在最常见的是 Ethernet Ⅱ、802.3 SAP 和 802.3 SNAP。

接下来看一下几种网络中的以太网帧格式。

（1）Ethernet II 标准的帧结构

Ethernet Ⅱ类型以太网帧的最小长度为 64 字节，最大长度为 1518 字节，如图 1-12 所示。

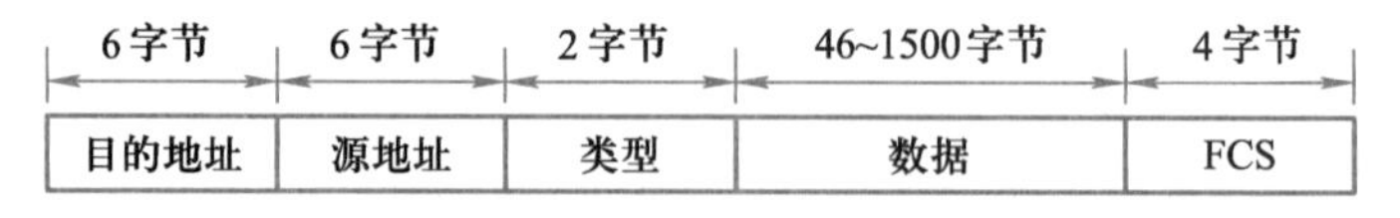

图 1-12
Ethernet II 类型以太网帧结构

- 目的地址（DA）：包含 6 字节。DA 标识了帧的目的结点的 MAC 地址。DA 可以是单播地址（单个目的地）或组播地址（组目的地），48 位全 1 时为广播地址。
- 源地址（SA）：包含 6 字节。SA 标识了帧的源结点的 MAC 地址。表明此帧是从哪里发出的，格式与上面介绍的 DA 相同。
- 类型：长度用 2 字节。表示从高层封装的协议类型，0x0800 代表 IP 协议数据，

0x0806 表示 ARP 请求/应答。

- 数据：用于表示数据的大小，一般不可小于最小数 46 字节，最大不超过 1500 字节。
- 帧校验序列（FCS）：包含 4 字节。FCS 是从 DA 开始到数据域结束这部分的校验和。校验和的算法是 32 位的循环冗余校验法（CRC）。

（2）802.3 SAP 标准的帧结构

802.3 SAP 标准的帧结构如图 1-13 所示。

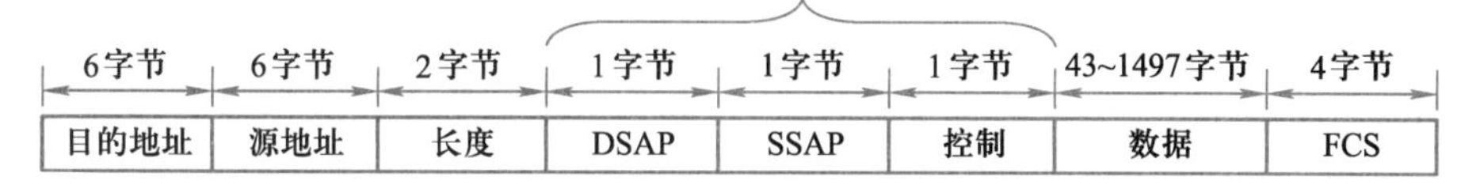

图 1-13
802.3 SAP 标准的帧结构

目的地址（DA）、源地址（SA）、帧校验序列（FCS）的意义同 Ethernet II 标准的帧结构。

- 长度：长度用 2 字节，用来指示数据域中有效数据的字节数。
- DSAP：目标服务访问点，标识目标结点的上层协议。
- SSAP：源服务访问点，标识源结点的上层协议。

（3）802.3 SNAP 标准的帧结构

802.3 SNAP 标准的帧结构如图 1-14 所示。

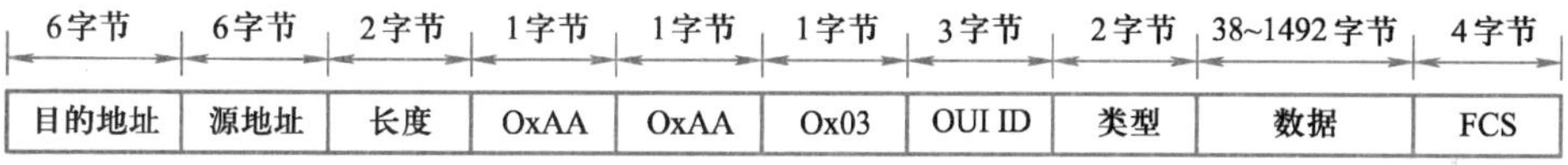

6字节	6字节	2字节	1字节	1字节	1字节	3字节	2字节	38~1492字节	4字节
目的地址	源地址	长度	OxAA	OxAA	Ox03	OUI ID	类型	数据	FCS

图 1-14
802.3 SNAP 标准的帧结构

目的地址（DA）、源地址（SA）、帧校验序列（FCS）的意义同 Ethernet II 标准的帧结构，长度的意义同 802.3 SAP 标准的帧结构。

两个 OxAA 分别是 DSAP、SSAP，Ox03 为控制。

- OUI ID：组织唯一标识符。其值通常等于 MAC 地址的前 3 字节，即网络适配器厂商代码。
- 类型：用来标识以太网帧所携带的上层数据类型。

1.2.3　交换式以太网

随着网络应用的深入，共享式以太网的性能缺陷日益显著。在这种情况下，网桥及网桥互连多个冲突域的以太网结构应运而生。

1. 网桥

网桥是一种存储转发设备，用来连接不同网段。最简单的网桥有两个端口，复杂些的网桥可以有更多端口，网桥的每个端口与一个网段相连。先讲解一下早期的两端口网桥：网桥的两个端口分别有一条独立的交换信道，不是共享一条背板总线，可隔离冲突域。网桥比集线器（Hub）性能更好，集线器上各端口都是共享同一条背板总线的。两端口网桥

笔 记

几乎是和以太网同时发展的。

2. 以太网交换机

1990 年问世的以太网交换机，可明显提高局域网的性能。以太网交换机又叫交换式集线器，它实质上就是一个多接口的网桥。以太网交换机的每个端口都直接与单个主机或集线器相连（注意：普通网桥常常是连接到以太网的一个网段），并且一般都工作在全双工方式。当主机需要通信时，以太网交换机能同时连通许多对端口，使每一对相互通信的主机都能像独占通信媒体那样，进行无冲突地传输数据。用户独占传输媒体的带宽，若一个接口到主机的带宽是 10 Mb/s，那么有 10 个接口的交换机的总容量是 100 Mb/s，这是交换机的最大优点。现在某些局域网交换机也实现了 OSI 参考模型的第 3 层协议，实现简单的路由选择功能。

3. 交换式以太网的工作原理

在使用交换机的以太网中，交换机将很多以太网设备集中到一台中心设备上。交换以太网的原理很简单，它检测从以太端口来的数据包的源和目的地的 MAC（介质访问层）地址，然后与系统内部的动态查找表进行比较，若数据包的 MAC 层地址不在查找表中，则将该地址加入查找表中，并将数据包发送给相应的目的端口。

现在网络交换机的价格越来越低，与相同级别的集线器价格相差不大，而性能上的差异却非常大，因此应尽可能选购带宽独享的交换机，使用交换式以太网，以提高网络性能。

4. 虚拟局域网技术

以太网交换机的工作原理导致大量 MAC 帧以广播方式在以太网中传输，而广播一方面导致资源浪费，另一方面引发安全问题。借助 VLAN 技术可以有效减少广播带来的伤害。

虚拟局域网（Virtual Local Area Network，VLAN）是一组逻辑上的设备和用户，这些设备和用户并不受物理位置的限制，可以根据功能、部门及应用等因素将它们组织起来，相互之间的通信就好像它们在同一个网段中一样，由此得名虚拟局域网。在共享网络中，一个物理的网段就是一个广播域。而在交换网络中，一个 VLAN 就是一个广播域，一个 VLAN 内部的广播封包只会在该 VLAN 内传送，其他 VLAN 区是收不到的，这样可以很好地控制不必要的广播风暴的产生，从而有助于控制流量、减少设备投资、简化网络管理、提高网络的安全性。VLAN 之间的通信是通过第 3 层的路由器来完成的。

VLAN 除了能将网络划分为多个广播域，有效地控制广播风暴的发生，以及使网络的拓扑结构变得非常灵活外，还可以用于控制网络中不同部门、不同站点之间的互相访问。

1.3 IP 协议

1.3.1 IPv4 地址

微课 1-7
IPv4 报文头部的解析

1. IP 地址概述

IP 是英文 Internet Protocol 的缩写，意思是“网络之间互联的协议”，也就是为计算机网络相互联接进行通信而设计的协议。任何厂商生产的计算机系统，只要遵守 IP 协议就可以与因特网互联互通。

IP 协议提供了一种因特网通用的地址格式，用于屏蔽各种物理网络的地址差异。IP 协议使用的地址叫作 IP 地址。常见的 IP 地址可分为IPv4与IPv6两大类。IP 地址就是给因特网上每一台主机（或路由器）的每一个接口分配一个唯一的编号。

IP地址就像家庭住址一样，如果要给朋友写新年贺卡，那么需要写上发信人的地址和收信人的地址，这样邮递员才能把贺卡送到。计算机发送信息就好比生活中寄送贺卡，必须知道唯一的“家庭地址”才能不导致把贺卡送错。只不过平时生活中所用的地址一般使用文字来表示，而计算机中的地址则使用二进制数字表示。

2. IPv4 地址的构成

IP 地址是由 32 位的二进制（0 和 1）构成的，分为 4 组，每组 8 位。地址结构包括网络号（net-id）和主机号（host-id）两部分。网络号表示互联网中的一个特定网络，而主机号表示该网络中主机的一个特定连接。

IP 地址通常用“点分十进制”表示成（a.b.c.d）的形式，其中，a、b、c、d 都是 0～255 之间的十进制整数。例如，点分十进 IP 地址（192.168.0.1），实际上是 32 位二进制数（11000000 10101000 00000000 00000001），如图 1-15 所示。显然，192.168.0.1 比 11000000 10101000 00000000 00000001 读起来要方便得多。

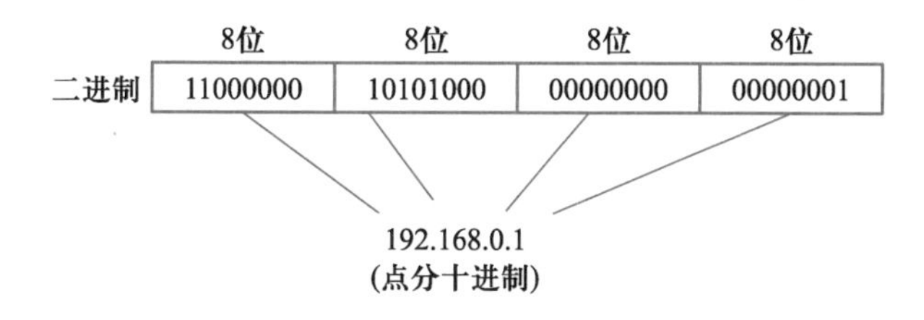

图 1-15
IP 地址表示形式

3. IPv4 地址的分类

微课 1-8
IP 地址的分类

IP 地址共分为 5 类，依次是 A 类、B 类、C 类、D 类、E 类，如图 1-16 所示。其中在因特网中最常使用的是 A、B、C 三大类，而 D 类主要用于广域网，作用于多播，E 类地址是保留地址，主要用于科研使用。

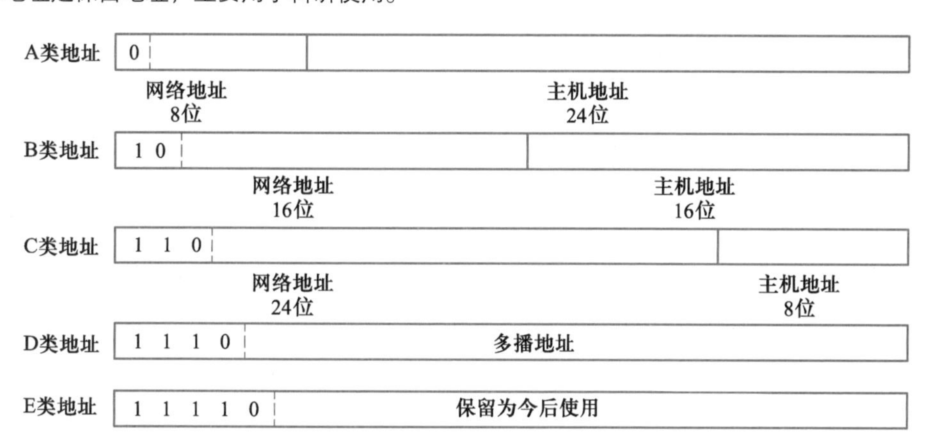

图 1-16
IP 地址的分类

通过这一节的学习，读者应该有能力去识别出 IP 地址的类型。网络 ID 和主机 ID 位是多少，网络 ID 号是多少，IP 地址是否合法等。

（1）A 类地址

A 类 IP 地址的网络号占前 8 位，主机号占后 24 位，它主要为大型网络而设计，网络地址的最高位必须是“0”，如图 1-17 所示。

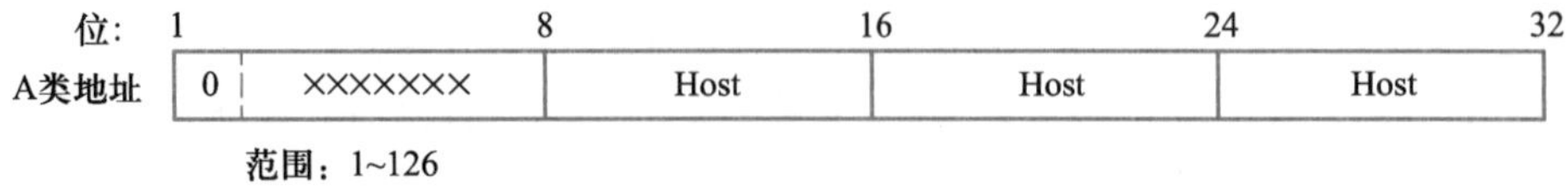

位：
1
8
16
24
32
A类地址
0
XXXXXXX
Host
Host
Host
范围：1~126

图 1-17
A 类地址的组成

网络号最小是 0(00000000), 最大是 127(01111111), 但实际能用的网络号范围是 1~126，因为网络号全为 0 和网络号全为 1 的 IP 地址有特殊用途，不能作为普通地址使用。0.0.0.0 表示 IP 地址无法确定，终端没有分配 IP 地址前，可以用 0.0.0.0 作为 IP 分组的源地址。127.×.×.× 是回送测试地址，如本地网络测试地址为 127.0.0.1。

在所有类型的 IP 地址中，主机号全为 0 和主机号全为 1 的 IP 地址有特殊用途，不能作为普通地址使用。主机号全为 0 表示该 IP 地址是“本主机”所连接到的单个网络地址，机号全为 1 表示该网络上所有主机。所以主机 ID 最小是 0.0.1（00000000.00000000.00000001），最大是 255.255.254（11111111.11111111.11111110）。A 类每个网段可容纳主机数目的计算公式是：2^n-2=主机数目，n 是主机位数 24 位，所以 A 类每个网段的主机数目等于 $2^{24}-2=16777214$。–2 是因为有全 1 和全 0 的两个地址。

（2）B 类地址

B 类 IP 地址的网络号占前 16 位，主机号占后 16 位，它主要为大中型网络而设计，网络地址的最高位必须是“10”，如图 1-18 所示。

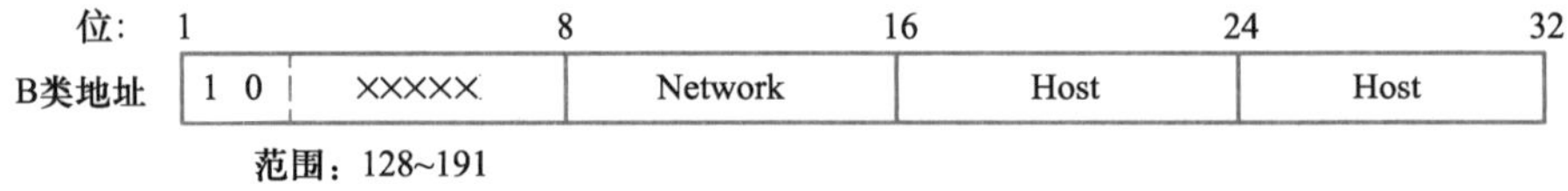

位：
1
8
16
24
32
B类地址
1 0
XXXXXX
Network
Host
Host
范围：128~191

图 1-18
B 类地址的组成

网络号最小是 128.0（10000000.00000000），最大是 191.255（10111111.11111111）。

主机 ID 最小是 0.1（00000000.00000001），最大是 255.254（11111111.11111110）。利用前面讲过的主机数目计算公式 2^n-2=主机范围，那么 $2^{16}-2=65534$。

（3）C 类地址

C 类 IP 地址的网络号占前 24 位，主机号占后 8 位，它主要为小型网络而设计，网络地址的最高位必须是“110”，如图 1-19 所示。

位：
1
8
16
24
32
C类地址
1 1 0
XXXXX
Network
Network
Host
范围：192~223

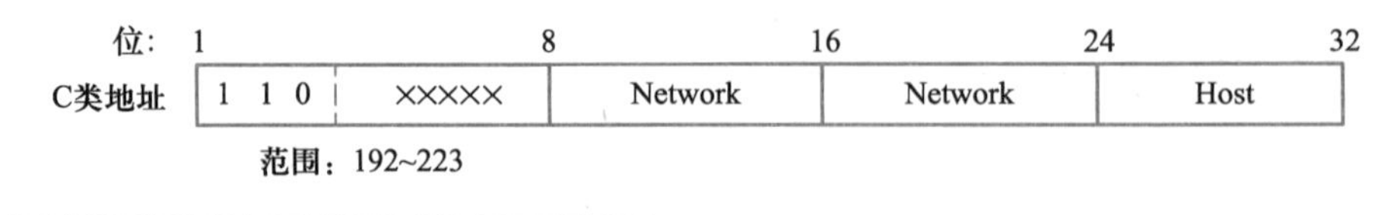

图 1-19
C 类地址的组成

网络号最小是 192.0（11000000.00000000），最大是 223.255（11011111.11111111）。

主机 ID 最小是 1（00000001），最大是 254（11111110）。利用前面讲过的主机数目计算

公式 2^n-2=主机范围，那么 $2^8-2=254$。

（4）D 类地址

D 类地址不分网络地址和主机地址，并且前 4 位必须以 1110 开头。D 类地址的范围为 224.0.0.1～239.255.255.254

（5）E 类地址

E 类地址不分网络地址和主机地址，并且前 5 位必须以 11110 开头。E 类地址的范围为 240.0.0.1～255.255.255.254

IP 地址分类总结如图 1-20 所示。

类型	第一字节十进制范围	二进制固定最高位	二进制网络位/位	网络数	二进制主机位/位	网络中的主机数
A类	0~126	0	8	126	24	1677214
B类	128~191	10	16	16384	16	65534
C类	192~223	110	24	2097152	8	254
D类	224~239	1110	组播使用			
E类	240~255	1111	保留试验使用			

图 1-20 IP 各类地址的最大网络数和主机数

（6）特殊地址

在 IP 地址空间中，有的 IP 地址不能在公网中使用，有的 IP 地址只能用在本机，有的 IP 地址不能分配给设备，诸如此类的特殊 IP 地址有不少，具体如下。

1）组播地址

组播地址范围为 224.0.0.0～239.255.255.255。D 类地址有一些是不能随意使用的，例如：

- 224.0.0.0 基地址（保留）；
- 224.0.0.1 特指在本子网上的所有参加组播的主机和路由器；
- 224.0.0.2 特指在本子网上的所有参加组播的路由器。

2）169.254.×.×

当主机使用了 DHCP 功能自动获得一个 IP 地址失败时，Windows 系统会为该主机分配这样一个地址。

3）广播地址

广播地址可分为受限广播地址和直接广播地址两类。

受限广播地址的二进制数全为 1，也就是 255.255.255.255，这个地址用于定义整个因特网。如果设备想使 IP 数据报被整个 Internet 所接收，就发送这个目的地址全为 1 的广播包，但这样会给整个因特网带来灾难性的负担。因此网络上所有路由器都不转发目的地为受限广播地址的数据包，这样的数据报仅出现在本地网络中。

主机号全为 1 的地址称为直接广播地址。例如，A 类网络广播地址为 net-id.255.255.255。主机使用直接广播地址把一个 IP 数据报发送到本地网段的所有设备上，路由器会转发这种数据报到特定网络上的所有主机。

4）IP 地址是 0.0.0.0

若 IP 地址全为 0，也就是 0.0.0.0，则这个 IP 地址只能用作源 IP 地址，这发生在当设备启动时但又不知道自己 IP 地址的情况下。例如，当主机需要使用 DHCP 功能自动获得一个 IP 地址时，首先需要给 DHCP 服务器发送 IP 分组，该 IP 分组使用 0.0.0.0 作为源地址，255.255.255.255 作为目的地址。

5）net-id 为 0 的 IP 地址

当某个主机向同一网段上的其他主机发送报文时就可以使用这样的地址，分组也不会被路由器转发。例如，173.22.22.0/24 这个网络中的一台主机 173.22.22.100/24 在与同一网络中的另一台主机 173.22.22.101/24 通信时，目的地址可以是 0.0.0.101。

6）环回地址

127.0.0.0~127.255.255.255 都称为环回地址，主要用来测试网络协议是否工作正常。例如，使用命令“Ping 127.1.1.1”就可以测试本地 TCP/IP 协议是否已正确安装。

7）私有地址

IP 地址空间中，有一些 IP 地址被定义为私有地址，又叫专用地址，属于非注册地址。私有地址只能在局域网内部使用，广域网中不能使用。

这些私有地址如下。

- A 类地址范围：10.0.0.0～10.255.255.255。
- B 类地址范围：172.16.0.0～172.31.255.255。
- C 类地址范围：192.168.0.0～192.168.255.255。

1.3.2　网络掩码及其作用

微课 1-9
网络掩码及其作用

1. 子网掩码概述

IP 地址在没有相关子网掩码的情况下是不能存在的。子网掩码是由 32 位二进制位构成的，且 1 和 0 分别连续，其对应网络号位的所有位都置为 1，对应主机号位的所有位都置为 0。

子网掩码的主要作用有两个：一是用于屏蔽 IP 地址的一部分以区别网络标识和主机标识；二是用于将一个大的 IP 网络划分为若干小的子网络。借助子网掩码区别网络标识和主机标识，需要执行按位求与。按位求与是一个逻辑运算，它对地址中的每一位和相应的掩码位进行。AND 运算的结果是：

1 and 1=1

1 and 0=0

0 and 0=0

所以，这个运算结果为 1 的唯一条件就是两个输入值都是 1。

从表 1-1 中可以看出，带有子网掩码 255.255.0.0 的 IP 地址 189.200.191.239，被解释为 189.200.0.0 网络上的主机地址，它在网络上的主机地址为 191.239。为了帮助了解位和点分十进制表示法之间的关系，表以二进制和十进制格式说明地址和掩码。完成这种转换的一种快速方法是使用科学模式的 Windows 计算器，它将在二进制和十进制格式之间进行转换。

表 1-1　子网掩码如何决定网络地址

项目	第 1 个 8 位位组	第 2 个 8 位位组	第 3 个 8 位位组	第 4 个 8 位位组
IP 地址	10111101（189）	11001000（200）	10111111（191）	11101111（239）
AND（每一位）				
子网掩码	11111111（255）	11111111（255）	00000000（0）	00000000（0）

续表

项目	第 1 个 8 位位组	第 2 个 8 位位组	第 3 个 8 位位组	第 4 个 8 位位组
结果				
网络地址	10111101（189）	11001000（200）	00000000（0）	00000000（0）

子网掩码表示形式通常有以下两种。

- 第一种：此种表示形式和 IP 地址一样，采用“点分十进制”的形式表示。例如，一个 IP 地址 192. 168. 12. 70 使用前 24 位作为网络号位，后 8 位作为主机号位，那么该 IP 地址对应的子网掩码就是：前 24 位为 1、后 8 位为 0。二进制形式为 11111111 11111111　11111111　00000000，点分十进制为 255.255.255.0。
- 第二种：此种形式是在 IP 地址后面加上一个斜杠“/”和一个 1～32 的数字，这个 1~32 的数字是子网掩码中“1”的个数。此时，192. 168. 12. 70　255. 255. 255. 0 简略形式通常写成 192. 168. 12. 70/24。要注意的是，有时也会发现这样的地址：192.168.1.1/26，多出了两位做了子网掩码。这就是 1.3.3 小节要讲的子网划分。

对于 A 类地址来说，默认的子网掩码是 255.0.0.0；对于 B 类地址来说，默认的子网掩码是 255.255.0.0；对于 C 类地址来说，默认的子网掩码是 255.255.255.0。

2. 使用子网掩码判断主机是否处于同一网络

使用子网掩码判断主机 X 和主机 Y 是否处于同一网络的判断过程如下。

第 1 步：主机 X 将自己的 IP 地址和 X 自己的子网掩码相与，得到网络地址（记为 IPX）。

第 2 步：主机 Y 将自己的 IP 地址和 Y 自己的子网掩码相与，得到网络地址（记为 IPY）。

第 3 步：如果 IPX 和 IPY 相同，则表示两台主机位于同一网络；否则，表示两台主机位于不同网络。

例如，如图 1-21 所示，网络地址分别为 10.0.0.0 和 172.18.0.0 的两个网络，通过路由器相连。路由器左边的网络用 8 位表示网络地址，右边的网络用 16 位表示网络地址。网络中分别有 A、B、C 3 台主机，现主机 A 分别向主机 B、C 发送 IP 报文，显然主机 A 和主机 B 位于同一网络，但与主机 C 不在同一网络。那么，对于主机 A 如何进行判断呢？

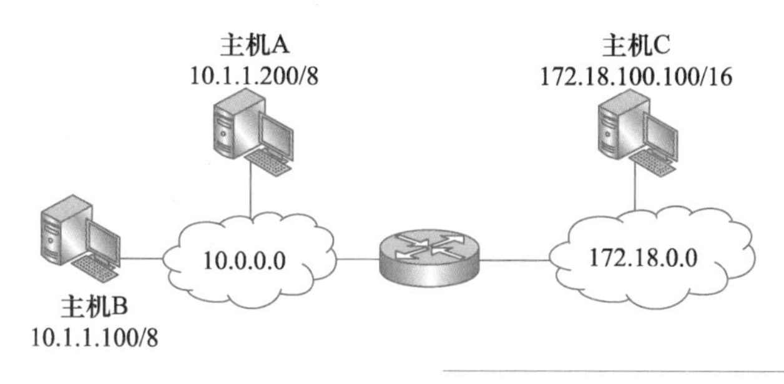

图 1-21
多台主机位于不同网段

（1）判断主机 B

① 10.1.1.200 和 255.0.0.0（主机 A 的子网掩码）相与得到结果 IPA：10.0.0.0（主机 A 的网络地址）。

② 10.1.1.100 和 255.0.0.0（主机 B 的子网掩码）相与得到结果 IPB：10.0.0.0（主机 B 的网络地址）。

③ 结果 IPA 与结果 IPB 相同，主机 A 与主机 B 位于同一网络。

（2）判断主机 C

① 10.1.1.200 和 255.0.0.0（主机 A 的子网掩码）相与得到结果 IPA：10.0.0.0（主机 A 的网络地址）。

② 172.18.100.100 和 255.255.0.0（主机 C 的子网掩码）相与得到结果 IPC：172.18.0.0（主机 C 的网络地址）。

③ 结果 IPA 与结果 IPC 不相同，主机 A 与主机 C 不在同一网络。

1.3.3　子网与子网划分

微课 1-10
子网划分的基本方法

在一个大的网络环境中，如果使用 A 类地址作为主机地址标识，那么，一个大的网络内的所有主机都将在一个广播域中，这样会由于广播而带来一些不必要的带宽浪费。解决这个问题的方法就是使用路由器将一个较大的网络划分成多个网段来隔离广播的扩散，以提高网络带宽，更好地发挥网络的作用。

如果使用路由器将一个逻辑网段连接在一起，则必须将原有的子网划分成为多个逻辑子网才可以互联，所以这里必须将原来的子网划分成为多个子网才可以，这就是接下来要做的子网划分。子网划分是将一个网络分成若干更小的网络，这些小的网络称为子网。子网的地址是借用主网络地址的主机位而创建的。

1．子网规划的意义

针对网络需求，要将单个子网划分成为多个子网，其实子网划分的标准有很多，主要有以下几个方面。

（1）充分使用地址

由于 A 类网或 B 类网的地址空间太大，造成在不使用路由器的单一网络中无法使用全部地址。例如，对于一个 B 类网络“172.100.0.0”，可以有 216 个主机，这么多主机在单一网络下是不能工作的。因此，为了能更有效地使用地址空间，有必要把可用地址分配给更多较小的网络。

（2）简化网络管理

划分子网还可以更易于管理网络。当一个网络划分为多个子网时，每个子网就变得更易于控制。每个子网的用户、计算机及其子网资源可以让不同的管理员进行管理，减轻了由单人管理大型网络的职责压力。

（3）提高网络性能

在一个网络中，随着网络用户、主机的增加，网络通信也将变得非常繁忙。而繁忙的网络通信很容易导致冲突、丢失数据包以及数据包重传，因而降低了主机之间的通信效率。如果将一个大型的网络划分为若干子网，并通过路由器将其连接起来，就可以减少网络拥塞，如图 1-22 所示，路由器就像一堵墙把子网隔离开，使本地通信不会转发到其他子网中。

2．子网划分（Subnetting）的优点

减少网络流量，提高网络性能，简化管理，易于扩大地理范围。

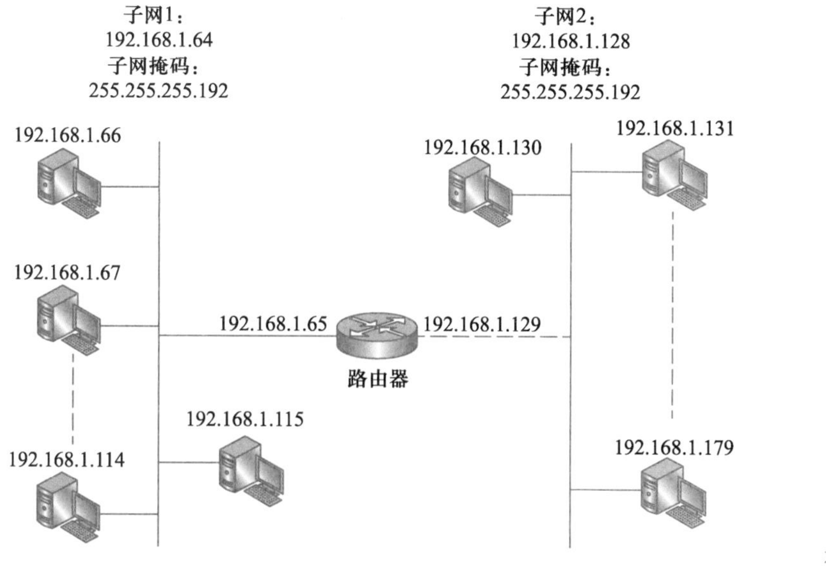

图 1-22
划分子网以提高网络性能

3. 如何划分子网

首先要熟记 2 的幂：2^0～2^9 的值分别为：1、2、4、8、16、32、64、128、256 和 512。还需要明白的是，子网划分是借助于取走主机位，把这个取走的部分作为子网位，因此这意味着划分越多的子网，主机将越少。

4. 子网掩码

子网掩码用于辨别 IP 地址中哪部分为网络地址，哪部分为主机地址，由 1 和 0 组成，长 32 位，全为 1 的位代表网络号。不是所有的网络都需要子网，因此就引入一个概念：默认子网掩码（Default Subnet Mask）。A 类 IP 地址的默认子网掩码为 255.0.0.0，B 类的为 255.255.0.0，C 类的为 255.255.255.0。

5. 划分子网的几个捷径

确定子网地址的网络位数，借位就是从网络地址的主机最高位开始，将一部分主机位变为新的子网位，剩余部分仍为主机位。

① 所选择的子网位数将会产生多少个子网：2^x-2（x 代表网络位借用主机的位数，即二进制为 1 的部分）。

② 每个子网能有多少主机：2^y-2（y 代表主机位，即二进制为 0 的部分）。

有效子网是：有效子网号=256−十进制的子网掩码（结果称为 Block Size 或 Base Number）。

③ 每个子网的广播地址是：广播地址=下个子网号−1。

④ 每个子网的有效主机分别是：忽略子网内全为 0 和全为 1 的地址，剩下的就是有效主机地址。最后有效主机地址=下个子网号−2（即广播地址−1）。

根据上述捷径划分子网的具体实例如下。

例：现有 C 类网络地址 192.168.10.0，子网掩码 255.255.255.192（/26），则

子网数=$2^2-2=2$

主机数=$2^6-2=62$

有效子网：block size=256−192=64，所以第一个子网为 192.168.10.64，第二个为 192.168.10.128。

广播地址：下个子网 −1，所以两个子网的广播地址分别是 192.168.10.127 和 192.168.10.191。

有效主机范围：第一个子网的主机地址是 192.168.10.65～192.168.10.126，第二个是 192.168.10.129～192.168.10.190。

6. 子网划分的案例

例：本例通过子网数来划分子网，未考虑主机数。

某公司有 5 个分部，每个分部又有 9 个部门。总部给出 172.20.0.0/16 的网段，让每个分部自行给每个部门分配网段。

微课 1-11
子网划分案例解析

分析

有 5 个分部，需要将总部给的 172.20.0.0/16 的网段划分出 5 个子网，每个分部又有 9 个部门，则需要将每个分部子网划分成 4 个更小的子网给各部门使用。

解题过程

第 1 步：划分各分部的所属网段。

因为要保证可以划分 5 个子网给各分部使用，$2^2 \leqslant 5 \leqslant 2^3$，所以网络位需要向主机位借 3 位，先将 172.20.0.0/16 用二进制表示为：

10101100.00010100.00000000.00000000/16

借了 3 位以后，就可将 172.20.0.0/16 网段划分出 $2^3=8$ 个子网。

- 第 1 个子网：10101100.00010100.　000　00000.00000000/19【172.20.0.0/19】
- 第 2 个子网：10101100.00010100.　001　00000.00000000/19【172.20.32.0/19】
- 第 3 个子网：10101100.00010100.　010　00000.00000000/19【172.20.64.0/19】
- 第 4 个子网：10101100.00010100.　011　00000.00000000/19【172.20.96.0/19】
- 第 5 个子网：10101100.00010100.　100　00000.00000000/19【172.20.128.0/19】
- 第 6 个子网：10101100.00010100.　101　00000.00000000/19【172.20.160.0/19】
- 第 7 个子网：10101100.00010100.　110　00000.00000000/19【172.20.192.0/19】
- 第 8 个子网：10101100.00010100.　111　00000.00000000/19【172.20.224.0/19】

5 个分部从 8 个子网中选择 5 个即可，这里选择前 5 个网段，每个分部最多容纳主机数目为 $2^{13}-2=8190$。

第 2 步：划分分部各部门的所属网段。

以其中一个获得 172.20.0.0/19 的分部为例，分部为每个部门划分网段过程如下。

每个分部有 9 个部门，$2^3 \leqslant 5 \leqslant 2^4$，所以网络位需要向主机位借 4 位，借了 4 位以后，就可将 172.20.0.0/19 网段划分出 $2^4=16$ 个子网。

- 第 1 个子网：10101100.00010100.000　0000　0.00000000/23【172.20.0.0/23】
- 第 2 个子网：10101100.00010100.000　0001　0.00000000/23【172.20.2.0/23】
- 第 3 个子网：10101100.00010100.000　0010　0.00000000/23【172.20.4.0/23】
- 第 4 个子网：10101100.00010100.000　0011　0.00000000/23【172.20.6.0/23】
- 第 5 个子网：10101100.00010100.000　0100　0.00000000/23【172.20.8.0/23】

- 第 6 个子网：10101100.00010100.000 0101 0.00000000/23【172.20.10.0/23】
- 第 7 个子网：10101100.00010100.000 0110 0.00000000/23【172.20.12.0/23】
- 第 8 个子网：10101100.00010100.000 0111 0.00000000/23【172.20.14.0/23】
- 第 9 个子网：10101100.00010100.000 1000 0.00000000/23【172.20.16.0/23】
- 第 10 个子网：10101100.00010100.000 1001 0.00000000/23【172.20.18.0/23】
- 第 11 个子网：10101100.00010100.000 1010 0.00000000/23【172.20.20.0/23】
- 第 12 个子网：10101100.00010100.000 1011 0.00000000/23【172.20.22.0/23】
- 第 13 个子网：10101100.00010100.000 1100 0.00000000/23【172.20.24.0/23】
- 第 14 个子网：10101100.00010100.000 1101 0.00000000/23【172.20.26.0/23】
- 第 15 个子网：10101100.00010100.000 1110 0.00000000/23【172.20.28.0/23】
- 第 16 个子网：10101100.00010100.000 1111 0.00000000/23【172.20.30.0/23】

9 个部门从 16 个子网中选择 9 个即可，这里选择前 9 个网段，每个部门最多容纳主机数目为 $2^9-2=510$。

例：本例通过计算主机数来划分子网。

某公司有计算机 400 台左右，原来都是在 200.192.200.0/23 网络中，为了提高网络性能，加强网络安全性，现把公司的计算机按财务、人事、配件、售后这 4 个部门统筹划分，每个部门用一个独立子网，配件部门有 200 台主机，其他 3 个部门各自主机数在 40 台以内。如果你是该公司的网管，该怎么去规划这个 IP？

分析

在划分子网时，优先考虑最大主机数来划分。在本例中，先使用最大主机数来划分子网。200 个可用 IP 地址，$2^7-2\leqslant 200\leqslant 2^8-2$，所以需要 8 位表示主机位，余下一位表示子网号。如果保留一位子网位，那就只能划出两个网段，剩下两个部门所需要的网段就无法划分。但是财务、人事和售后部门各自最多只需要 40 个 IP 地址，因此，可以从第一次划出的两个网段中选择一个网段来继续划分财务、人事和售后部门所需要的网段。

解题过程

第 1 步：先根据大的主机数需求，划分子网。

因为要保证配件部门至少有 200 个可用 IP 地址，$2^7-2\leqslant 200\leqslant 2^8-2$，所以需要 8 位表示主机位，先将 200.192.200.0/23 网络用二进制表示为：

11001000.11000000. 11001000.00000000/23

需要 8 位表示主机位，所以在现有基础上网络位向主机位借一位（可划分出两个子网）。

- 第 1 个子网：11001000.11000000. 1100100 0. 00000000/24【200.192.200.0/24】
- 第 2 个子网：11001000.11000000. 1100100 1. 00000000/24【200.192.201.0/24】

配件部门从这两个子网段中选择一个即可，这里选择第一个子网 200.192.200.0/24。

财务、人事和售后 3 个部门所需要的网段从 200.192.201.0/24 中再次划分得到。

第 2 步：再划分财务、人事和售后 3 个部门所需要的网段。

财务、人事和售后 3 个部门所需要的网段从 200.192.201.0/24 这个子网段中再次划分子网获得。因为 3 个部门各自主机数在 40 台以内，$2^6-2\leqslant 40\leqslant 2^7-2$，所以需要 6 位表示主机位，余下两位可以划分 4 个子网。

将 11001000.11000000. 11001001.00000000/24【200.192.201.0/24】划分子网，需要 6 位

笔 记

表示主机位，即在现有基础上网络位向主机位借两位（可划分出 4 个子网）。

- 第 1 个子网：11001000.11000000. 11001001.　00　000000/26【200.192.201.0/26】
- 第 2 个子网：11001000.11000000. 11001001.　01　000000/26【200.192.201.64/26】
- 第 3 个子网：11001000.11000000. 11001001.　10　000000/26【200.192.201.128/26】
- 第 4 个子网：11001000.11000000. 11001001.　11　000000/26【200.192.201.192/26】

财务、人事和售后 3 个部门从 4 个子网中选择 3 个即可，具体选择如下。

- 财务：200.192.201.0/26
- 人事：200.192.201.64/26
- 售后：200.192.201.128/26

第 3 步：整理本例的规划地址。

配件部门如下。

- 网络地址：【200.192.200.0/24】
- 主机 IP 地址：【200.192.200.1/24～200.192.200.254/24】
- 广播地址：【200.192.200.255/24】

财务部门如下。

- 网络地址：【200.192.201.0/26】
- 主机 IP 地址：【200.192.201.1/26～200.192.201.62/26】
- 广播地址：【200.192.201.63/26】

人事部门如下。

- 网络地址：【200.192.201.64/26】
- 两个 IP 地址：【1200.192.201.65/26～200.192.201.126/26】
- 广播地址：【200.192.201.127/26】

售后部门如下。

- 网络地址：【200.192.201.128/26】
- 两个 IP 地址：【1200.192.201.129/26～200.192.201.190/26】
- 广播地址：【200.192.201.191/26】

1.3.4　IPv6 协议

微课 1-12
IPv6 报文的基本结构

1. IPv6 简介

IPv6 是第 6 版网际协议（Internet Protocol Version 6）的缩写，也被称为下一代互联网协议，它是由互联网工程任务组（Internet Engineering Task Force，IETF）设计的用于替代现行版本 IP 协议（IPv4）的下一代 IP 协议。

由于 IPv4 最大的问题在于网络地址资源有限，严重制约了互联网的应用和发展。同时，IPv4 还存在对服务质量没有保障、对移动特性没有很好支持、不提供数据的加密和鉴别等问题。

因此 Internet 研究组织发布新的主机标识方法，即 IPv6。在 RFC1884 中，规定的标准语法建议把 IPv6 地址的 128 位（16 字节）写成 8 个 16 位的无符号整数，每个整数用 4 个十六进制位表示，这些数之间用冒号（：）分开，例如：2a3e:3564:2351:1570:c9ef:ab7d:dc68:2347。

IPv6 有以下显著的特点。

（1）提供更大的地址空间

IPv4 中规定IP 地址长度为 32，最大地址个数为 2^{32}，IPv6 将 IP 地址长度从 32 位增大到 128 位，地址空间增大了 2^{96} 倍。

（2）具有更高的安全性

在 IPv6 网络中，用户可以对网络层的数据进行加密并对 IP 报文进行校验，在 IPv6 中的加密与鉴别选项提供了分组的保密性与完整性，极大增强了网络的安全性。

（3）更好的头部格式

IPv6 使用新的头部格式，其选项与基本头部分开，如果需要，可将选项插入基本头部与上层数据之间。这就简化和加速了路由选择过程，因为大多数的选项不需要由路由选择。

（4）标识流的能力

IPv6 增加了一种新的能力，使得标识属于发送方要求特别处理（如非默认的服务质量获“实时”服务）的特定通信“流”的包成为可能。

（5）允许扩充

如果新的技术或应用需要时，IPv6 允许协议进行扩充。

IPv6 报文的基本结构如图 1-23 所示。

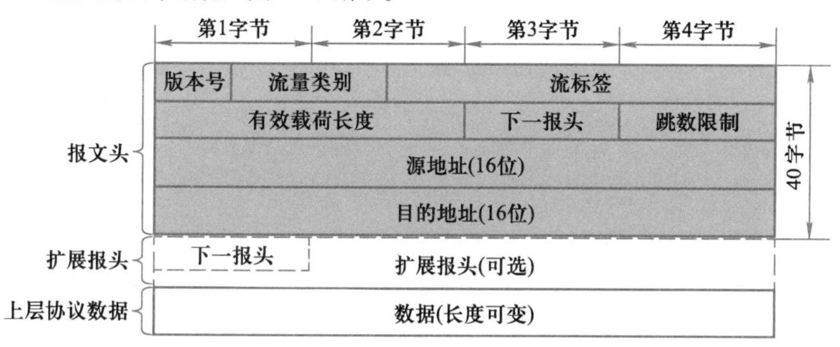

图 1-23
IPv6 报文的基本结构

- 版本号：表示协议版本，值为 6。
- 流量类别：主要用于 QoS。
- 流标签：用来标识同一个流中的报文。
- 有效载荷长度：表明该 IPv6 包头部后包含的字节数（包含扩展头部）。
- 下一报头：该字段用来指明报头后接的报文头部的类型，若存在扩展头，表示第一个扩展头的类型，否则表示其上层协议的类型，它是 IPv6 各种功能的核心实现方法。
- 跳数限制：该字段类似于 IPv4 中的 TTL，每次转发跳数减 1，该字段达到 0 时包将会被丢弃。
- 源地址：标识该报文的来源地址。
- 目的地址：标识该报文的目的地址。

微课 1-13
IPv6 地址的基本类型

2. IPv6 地址的表示方法

IPv6 的地址长度为 128 位，是 IPv4 地址长度的 4 倍，于是 IPv4 点分十进制格式不再适用，而采用十六进制表示。IPv6 有如下 3 种表示方法。

（1）冒分十六进制表示法

格式为 ×:×:×:×:×:×:×:×，其中每个 × 表示地址中的 16 位，以十六进制表示，例如：

ABCD:EF01:2345:6789:ABCD:EF01:2345:6789

这种表示法中，每个 × 的前导 0 可以省略，例如：

21DA:00D3:0000:2F3B:22AA:13FF:FE28:9C5A→21DA:D3:0:2F3B:22AA:13FF:FE28:9C5A

2001:0DB8:0000:0023:0008:0800:200C:417A→2001:DB8:0:23:8:800:200C:417A

（2）零位压缩表示法

在某些情况下，一个 IPv6 地址中间可能包含很长的一段 0，可以把连续的一段 0 压缩为"::"，但为保证地址解析的唯一性，地址中"::"只能出现一次，例如：

1080:0:0:0:0:800:200C:417A→1080::800:200C:417A

0:0:0:0:0:0:0:1→::1

0:0:0:0:0:0:0:0→::

（3）内嵌 IPv4 地址表示法

为了实现 IPv4 与 IPv6 互通，IPv4 地址会嵌入 IPv6 地址中，此时地址常表示为 ×:×:×:×:×:×:d.d.d.d，前 96 位采用冒分十六进制表示，最后 32 位地址则使用 IPv4 的点分十进制表示，如图 1-24 所示。

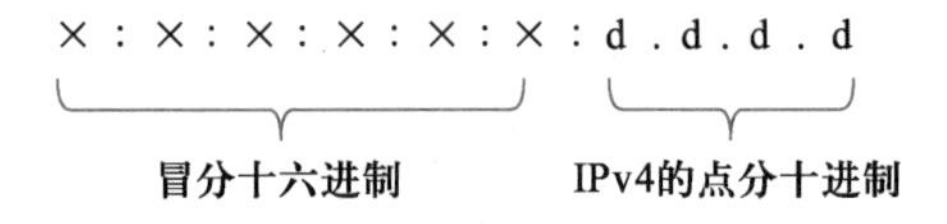

图 1-24
内嵌 IPv4 地址表示

例如，21DA:00D3:0000:2F3B:02AA:00FF:192.168.0.1 和::FFFF:192.168.0.1 就是两个典型的例子，注意在前 96 位中，零位压缩的方法依然适用。

3. 特殊的 IPv6 地址

（1）单播地址

用来唯一标识一个接口，类似于 IPv4 中的单播地址。发送到单播地址的数据报文将被传送给此地址所标识的一个接口。例如：

- 未指定地址：0:0:0:0:0:0:0:0（即::）作用和 IPv4 的 0.0.0.0 一样。
- 环回地址：0:0:0:0:0:0:0:1（即::1）作用和 IPv4 的环回地址一样。

（2）组播地址

用来标识一组接口（通常这组接口属于不同的结点），类似于 IPv4 中的组播地址。发送到组播地址的数据报文被传送给此地址所标识的所有接口，IPv6 组播地址最高的 8 位固定为 11111111（FF），如图 1-25 所示。

8字节	4字节	24字节	112字节
11111111	Flags	Scope	Group ID

图 1-25
IPv6 组播地址格式

（3）任播地址

用来标识一组接口（通常这组接口属于不同的结点）。发送到任播地址的数据报文被传送给此地址所标识的一组接口中距离源结点最近（根据使用的路由协议进行度量）的一个接口。任播地址不能用作源地址，而只能作为目的地址，也不能指定给 IPv6 主机，只能指定给 IPv6 路由器。

1.4 网络中的协议概述

1.4.1 TCP

1. TCP 概述

微课 1-14
TCP、UDP、TCP 与 UDP

“面向连接”就是在正式通信前必须要与对方建立起连接。例如，和别人打电话，必须先拨号等线路接通了建立连接，对方拿起话筒才能相互通话，通话结束后要挂机释放连接。

传输控制协议（Transmission Control Protocol，TCP）是一种面向连接的传输层协议，在正式收发数据前，必须和对方建立可靠的连接。也就是说，两个使用 TCP 的应用在彼此交换数据包之前必须先建立一个 TCP 连接。

TCP 把应用程序传输的数据看成是一连串无结构的字节流，与应用层写下来的报文长度没有任何关系。同样，TCP 也以字节流的形式把数据传递给接收者。

TCP 能为应用程序提供可靠的通信连接，使一台计算机发出的字节流无差错地发往网络上的其他计算机，对可靠性要求高的数据通信系统往往使用 TCP 传输数据。

TCP 为应用提供以下功能。

- 流量控制：TCP 连接的双方都有固定大小的缓冲空间。TCP 的接收端只允许另一端发送接收端缓冲区所能接纳的数据。
- 多路复用：TCP 可以在同一端系统支持多个应用程序。
- 拥塞控制：当路由器出现拥塞时，TCP 可以引导发送端降低发送速率。

2. TCP 报文格式

TCP 报文由报文头和数据组成，报文头的长度为 20～60 字节，报文头前 32 位用于标识数据发送方和接收方的端口号，如图 1-26 所示。

- 源端口号：占 2 字节，数据发送方的端口号，在需要对方回信时选用。
- 目的端口号：占 2 字节，数据接收方的端口号，这在终点交付报文时必须使用。
- 序号：占 4 字节，发送的数据包中第一个字节的序列号，序号保证了接收端可以按序接收数据包。
- 确认号：占 4 字节，期待收到的下一个报文的序号。
- 数据偏移：占 4 位，它指出 TCP 报文段的数据起始处距离 TCP 报文段的起始处有多远。
- 保留：占 6 位，供以后使用。
- 紧急 URG：当 URG=1 时，表示紧急指针有效。它告诉系统此报文段中有紧急数据，应尽快传送而不要按原来的排队顺序来传送。

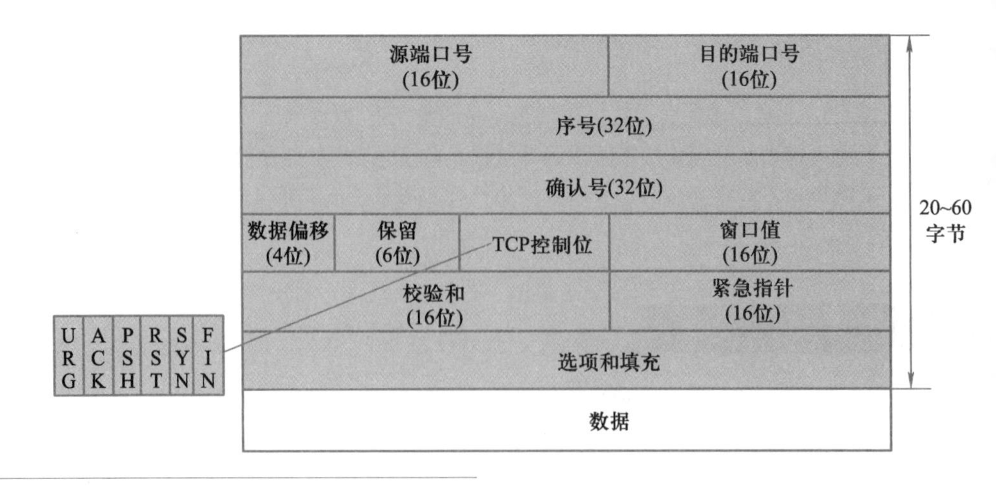

图 1-26
TCP 报文格式

- 确认 ACK：ACK=1 时，表示确认序号有效；ACK=0 时，表示确认序号无效。
- 推送 PSH：PSH=1 时，表示接收方应尽快将报文段提交至应用进程，而不再等到整个缓存都填满后再向上交付。
- 复位 RST：RST=1 时，表示异常终止，必须释放连接，然后重建传输连接。
- 同步 SYN：表示 SYN 同步请求报文，在建立 TCP 连接时使用。
- 终止 FIN：表示传输数据结束，在关闭 TCP 连接时使用。
- 窗口值：占 16 位，表示接收缓冲区的空闲空间，用来表明自己能够接收的最大数据长度。
- 校验和：占 16 位，用来检验首部和数据这两部分是否有错，在发送和接收时都要计算校验和。
- 紧急指针：占 16 位，只有 URG=1 时才有意义，表示紧急数据相对于序号的偏移。
- 选项和填充：是可选的，长度可变，最长可达 40 字节。当没有使用选项时，TCP 的首部长度是 20 字节。

3．TCP 的 3 次握手、4 次释放

（1）3 次握手

微课 1-15
TCP 的 3 次握手、4 次释放

TCP 是面向连接的，无论哪一方向另一方发送数据之前，都必须先在双方之间建立一条连接。在 TCP/IP 中，TCP 提供可靠的连接服务，连接是通过 3 次握手进行初始化的。

如图 1-27 所示，客户端 A 想与服务器 B 建立通信连接，需要通过 3 次握手。

第 1 次握手：客户端 A 发送同步请求 SYN 报文给服务器 B，将报文头部 TCP 控制位中的 SYN 位，也就是同步位设为 1，序号为 x，SYN 报文不能携带数据。之后客户端进入 SYN_SEND，同步已发送状态，等待服务器的确认。

第 2 次握手：服务器 B 收到客户端发来的 SYN 报文，需要向客户端发送 SYN+ACK 同步确认报文，将同步位和 ACK 确认位置为 1，设置确认号为 x+1，也就是之前客户端发送的报文序号+1，报文序号为 y，这个报文段也不能携带任何数据。此时服务器进入 SYN_RECV（同步收到）状态。

第 3 次握手：客户端收到服务器的 SYN+ACK 报文。然后向服务器发送 ACK 确认报文，将确认序列号 ACK 设置为 y+1，y 是服务器发送的报文序号，报文号为 x+1，表示是连在上一条报文后的。这个报文段发送完毕，客户端和服务器端就完成了 TCP 的 3 次握

手，可以开始传送数据。

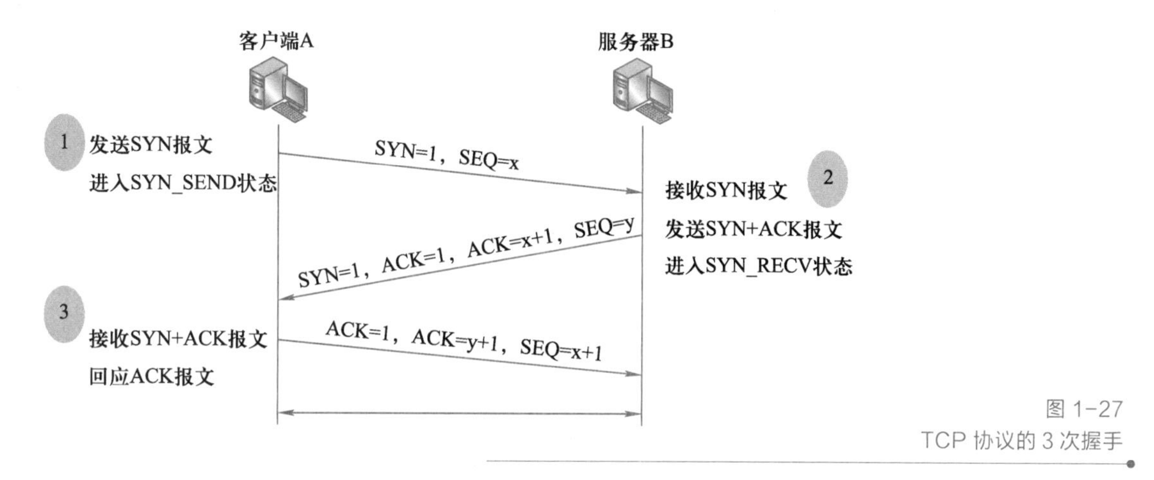

图 1-27
TCP 协议的 3 次握手

TCP 使用的流量控制协议是可变大小的滑动窗口协议，3 次握手的目的是同步连接双方的序列号和确认号并交换 TCP 窗口大小信息。

假如只使用前两次握手，如图 1-28 所示，这将出现一些问题。

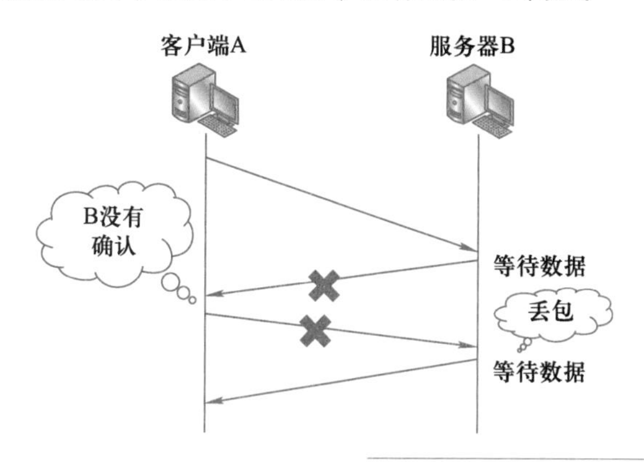

图 1-28
TCP 的两次握手

客户端 A 向服务器 B 发送同步请求报文后，服务器 B 回应确认报文。如果确认报文丢包了，客户端 A 会认为服务器 B 没有确认，不会发送任何数据，而服务器 B 事实上处于等待数据的状态，这样就造成了盲目等待的现象。为了避免盲目等待，就需要第 3 次握手，这样，服务器 B 要收到客服端 A 发送的确认报文后才开始等待。如果没有收到确认报文，服务器 B 会认为发生了丢包，而重新发送一遍。

（2）4 次释放

建立一个连接需要 3 次握手，而终止一个连接要经过 4 次释放。如图 1-29 所示，假设主机 A 想与主机 B 关闭通信连接，主机 A 可以是客户端，也可以是服务器端。通常情况是，客户执行主动关闭。

第 1 次释放：主机 A 发送 FIN 报文（终止报文）给主机 B，这个报文的 FIN 位为 1。序号为 x。x 等于前面已经传送过的最后一个数据报的序号加 1，FIN 报文表示数据发送完毕。这时，主机 A 进入 FIN_WAIT_1（终止等待 1）状态，等待主机 B 的确认。这一步相当于主机 A 告诉主机 B，我想关闭连接。

第 2 次释放：主机 B 收到了主机 A 发送的 FIN 报文段，向主机 A 回应一个 ACK 报文段，确认号为收到的数据报的序号加 1，即 x+1。而这个报文段自己的序号是 y，等于 B 前面已传送过的最后一个数据报的序号加 1，然后 B 就进入 CLOSE_WAIT（关闭等待）状态。这一步相当于主机 B 告诉主机 A，我“同意”你的关闭请求。这时，从 A 到 B 这个方向的连接就释放了，此时的 TCP 连接处于半关闭状态，即 A 无法向 B 发送数据，但是 B 如果发送数据，A 仍然要接收，也就是说从 B 到 A 这个方向的连接并未关闭。

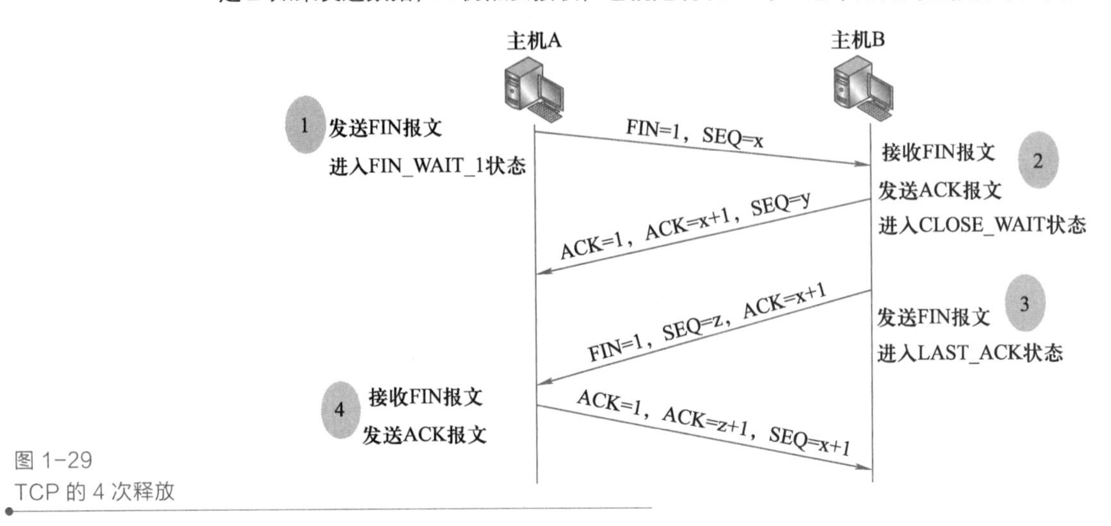

图 1-29
TCP 的 4 次释放

第 3 次释放：主机 B 向主机 A 发送 FIN 报文段，请求关闭连接。在半关闭状态下主机 B 可能又发送了一些数据，所以假定其序号为 z，主机 B 还必须重复上次已发送过的确认号 ACK=x+1。这时主机 B 就进入 LAST_ACK 最后确认状态，等待主机 A 的确认。

第 4 次释放：主机 A 收到主机 B 发送的 FIN 报文段，向主机 B 发送 ACK 报文段，在确认报文段中把 ACK 置 1，确认号 ACK=z+1，而自己的序号是 SEQ=x+1。然后进入 TIME_WAIT（时间等待）状态。主机 B 收到主机 A 的 ACK 报文段后，就关闭连接，这时 TCP 连接还没有完全释放掉。必须经过 2 倍的最长报文段寿命 MSL 后，才会断开连接。

1.4.2　UDP

1. UDP 概述

“面向非连接”就是在正式通信前不必与对方先建立连接，不管对方状态就直接发送。与手机短信非常相似，你在发短信的时候，只需要输入对方手机号即可。

用户数据报协议（User Data Protocol，UDP）是与 TCP 相对应的协议。它是面向非连接的协议，是一种无连接的传输层协议，它不与对方建立连接，而是直接发送数据包。

UDP 提供面向事务的简单不可靠信息传送服务，不提供数据包分组、组装，不对传送数据包进行可靠性保证和顺序保证。当报文发送之后，是无法得知其是否安全完整到达的，因而 UDP 适用于一次只传送少量数据、对可靠性要求不高的应用环境。但是也正因为 UDP 的这些特性，UDP 报文在数据传输过程中延迟小、数据传输效率高。

UDP 适合对可靠性要求不高的应用程序，或者可以保障可靠性的应用程序，如 DNS、TFTP、SNMP 等。

2. UDP 报文格式

每份 UDP 报文分 UDP 报头和 UDP 数据区两部分。报头由 4 个 16 位长（2 字节）字段组成，分别说明该报文的源端口、目的端口、报文长度以及校验和，如图 1-30 所示。

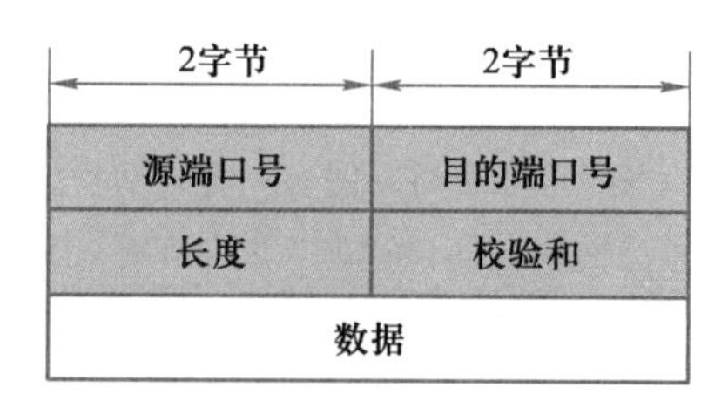

图 1-30
UDP 报文格式

- 源端口号：数据发送方的端口号。
- 目的端口号：数据接收方的端口号。
- 长度：UDP 用户数据报的长度，其最小值是 8（仅有报头）。
- 校验和：检验报文头和数据部分的正确性，有错就丢弃。

1.4.3 TCP 和 UDP 的比较

TCP 和 UDP 有下列不同。

① TCP 是面向连接的，而 UDP 是无连接的协议。

② TCP 提供可靠的信息传送服务，而 UDP 提供简单不可靠信息传送服务。TCP 可以保证数据的正确性和数据顺序，而 UDP 可能丢包，也不保证数据顺序。

③ TCP 要求系统资源较多，而 UDP 因为是无连接协议，资源消耗较小。

④ TCP 有缓冲区，与上层通信使用流模式，而 UDP 是面向报文的，对应用程序传下来的报文，既不拆分，也不合并。

⑤ TCP 处理速度较慢，而 UDP 处理速度较快。

1.4.4 网络中常用协议

1. ARP

微课 1-16
网络中常用协议

ARP（Address Resolution Protocol，地址解析协议）用于根据 IP 地址获取物理地址，也就是 MAC 地址的一个 TCP/IP。

在 TCP/IP 协议簇中，网络层和传输层用 IP 地址来标志主机和路由器，但是为了让报文在物理网络上传送，必须知道目的主机的物理地址，这时就需要使用 ARP。

ARP 的工作原理是：每台主机都有一个 ARP 缓存表，用来保存 IP 地址与物理地址的对应关系。当主机 A 要向主机 B 发送数据时，会先在自己的 ARP 缓存表中寻找主机 B 的 IP 地址。如果找到了，就知道目标主机的物理地址，可以直接通信。如果没有找到目标主机 B 的 IP 地址，主机会将包含目标 IP 地址的 ARP 请求广播到网络上的所有主机。主机 B 收到请求后会以单播方式向源主机 A 回应自己的物理地址，同时将主机 A 的 IP 地址和 MAC 地址存入自己的 ARP 缓存表中。主机 A 收到回应后，将目标主机 B 的 IP 地址和 MAC 地址存入 ARP 缓存表中。此后，主机 A 再向主机 B 发送数据时就可以直接从缓存表中查找地址。

笔 记

2. ICMP

ICMP（Internet Control Message Protocol，网际控制报文协议）是一种面向无连接的网络层协议，它是 TCP/IP 协议簇的一个子协议，用于在 IP 主机、路由器之间传递控制消息。

ICMP 报文类型分为两类，即差错报告报文和查询报文。当出现网络不通、主机不可达、协议不可达、路由不可用等情况时，ICMP 会向数据发送方发送一条差错报告报文，发送方可以根据 ICMP 报文确定错误类型。此外，ICMP 还提供查询报文、查询目的主机或路由器的情况，经常使用的用于检查网络是否连通的 Ping 命令就是使用 ICMP，还有跟踪路由的 trace route 命令也同样使用了 ICMP 报文。这些 ICMP 报文虽然不传输用户数据，但是对于用户数据的传递起着重要的作用，对于网络安全也具有极其重要的意义。

3. HTTP

HTTP（Hypertext Transfer Protocol，超文本传输协议）用于从 Web 服务器传输超文本到本地浏览器。

HTTP 可以使浏览器更加高效，使网络传输减少。它不仅保证计算机正确快速地传输超文本文档，还可以确定传输文档中的哪一部分，以及哪部分内容首先显示。

Web 服务器上存放的都是超文本信息，在浏览器地址栏中输入的网站地址叫作 URL 统一资源定位符，用来唯一标识因特网上的某一个文档。浏览器通过超文本传输协议，将 Web 服务器上的文档提取出来，翻译成网页并显示。HTTP 使用 TCP 连接来传输数据，协议端口号为 80。

HTTP 的特点如下。

① 支持客户/服务器模式。

② 简单快速：客户向服务器请求服务时，只需传送请求方法和路径。由于 HTTP 简单，使得 HTTP 服务器的程序规模小，通信速度很快。

③ 灵活：HTTP 允许传输任意类型的数据对象，正在传输的类型由 Content-Type 加以标记。

④ 无状态性，也就是说每次 HTTP 请求都是独立的。一个客户端第二次访问同一个 Web 服务器上的页面时，服务器无法知道这个客户是否曾经访问过。无状态性简化了服务器的设计，使其更容易支持大量并发的 HTTP 请求。

4. FTP

FTP（File Transfer Protocol，文件传输协议），简称文传协议。FTP 的任务是在两台计算机之间实现文件的上传与下载，而不受操作系统的限制。用户可以将文件从自己的计算机中上传至远程主机上，也可以从远程主机下载文件至自己的计算机。

FTP 的工作原理是：用户通过一个支持 FTP 的客户端程序，连接到在远程主机上的 FTP 服务器程序。客户端程序向服务器程序发出服务请求，服务器接收，并响应客户端的请求，向客户端提供所需的文件传输服务。FTP 使用 TCP 端口 21 作为控制端口，使用端口 20 进行数据传输。

5. DNS

DNS（Domain Name System，域名系统）是因特网上的一个域名和 IP 地址相互映射的分布式数据库，能够使用户更方便地访问互联网，而不用去记住能够被机器直接读取的 IP 数串，通过域名，最终得到该域名对应的 IP 地址的过程叫作域名解析。域名是由一串用点号分隔的字符组成的字符串，每一个域名都对应一个唯一的 IP 地址，在因特网上域名与 IP 地址一一对应，DNS 就是进行域名解析的服务器。

DNS 服务是如何实现的呢？首先计算机中都会有一个 DNS 服务器的 IP 地址，可以手动设置，也可以自动获取。应用程序需要与其他主机进行通信时，首先发起访问请求，将目的主机的域名交给本机 DNS 服务器，本地 DNS 服务器根据解析情况回答一份相应报文，应用程序获得 IP 地址后就可以开始通信。DNS 协议运行在 UDP 之上，使用端口号 53。

1.5 网络互联设备概述

1. 交换机

微课 1-17
交换机、路由器、防火墙及其基本功能

在局域网（LAN）中，交换机类似于城市中的立交桥，其主要功能是桥接其他网络设备（路由器、防火墙和无线接入点），并连接客户端设备（计算机、服务器、网络摄像机和 IP 打印机）。简而言之，交换机可以为网络上所有的不同设备提供一个中心连接点。

2. 路由器

路由器检查每个数据包的源 IP 地址和目的 IP 地址，并在 IP 路由表中查找数据包的目的地，再一遍又一遍地将数据包路由到另一个路由器或交换机上，直至到达目的 IP 地址并做出回应。当有多种方式都可以到达目的 IP 地址时，路由器可以巧妙地选择最经济快捷的方式。当路由表中没有列出报文的目的地时，报文将被发送到默认路由器(如果有)，如果数据包没有目的地，它将被丢弃。

3. 防火墙

防火墙也被称为防护墙。它是一种位于内部网络与外部网络之间的网络安全系统，可以将内部网络和外部网络隔离。通常，防火墙可以保护内部/私有局域网免受外部攻击，并防止重要数据泄露。在没有防火墙的情况下，路由器会在内部网络和外部网络之间盲目传递流量且没有过滤机制，而防火墙不仅能够监控流量，还能够阻止未经授权的流量。

防火墙有硬件防火墙和软件防火墙两种类型，硬件防火墙允许通过端口的传输控制协议（TCP）或用户数据报协议（UDP）来定义阻塞规则，如禁止不必要的端口和 IP 地址的访问。软件防火墙就像互联内部网络和外部网络的代理服务器，它可以让内部网络不直接与外部网络进行通信，但是很多企业和数据中心会将这两种类型的防火墙进行组合，这样可以更加有效地提升网络的安全性。

通常而言，路由器是局域网的第一步，而内部网络和路由器之间的防火墙用来过滤非法入侵，接下来需要连接的是交换机。需要注意的是，许多互联网提供商现在正在提供光纤服务（FiOS），因此需要在防火墙之前使用调制解调器将数字信号转换成可通过以太网铜缆传输的电信号。所以，典型的连接方式依次是 Internet→调制解调器→路由器→防火墙→交换机，然后交换机再连接其他网络设备，如图 1-31 所示。

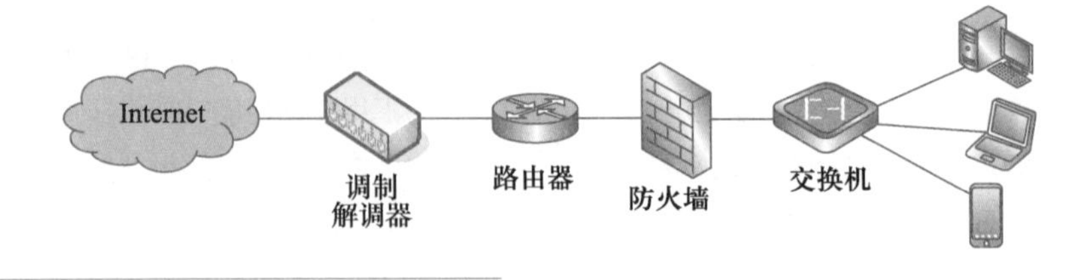

图 1-31
网络设备连接

1.6 路由交换实验环境的构建

微课 1-18
Cisco Packet Tracer 模拟器的安装与使用

1.6.1 Cisco Packet Tracer 模拟器的安装与使用

1. Packet Tracer（PT）的安装

安装 PT 软件的具体流程如下。

步骤 1　双击打开安装包，如图 1-32 所示，单击 Next 按钮。

步骤 2　接受安装协议。选择 I accept the agreement 单选按钮进行下一步安装过程，如图 1-33 所示，单击 Next 按钮。

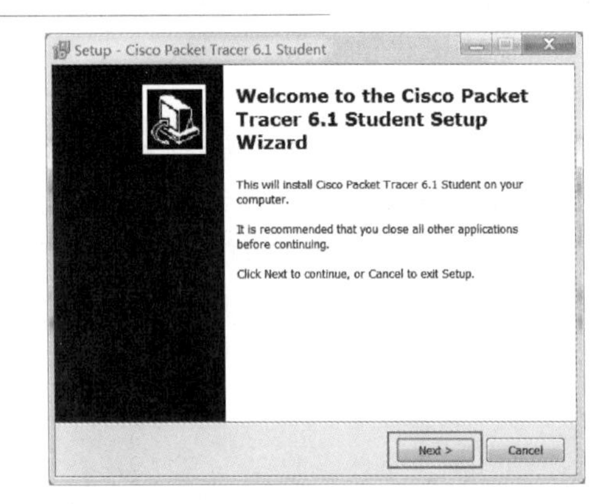

图 1-32
打开安装包

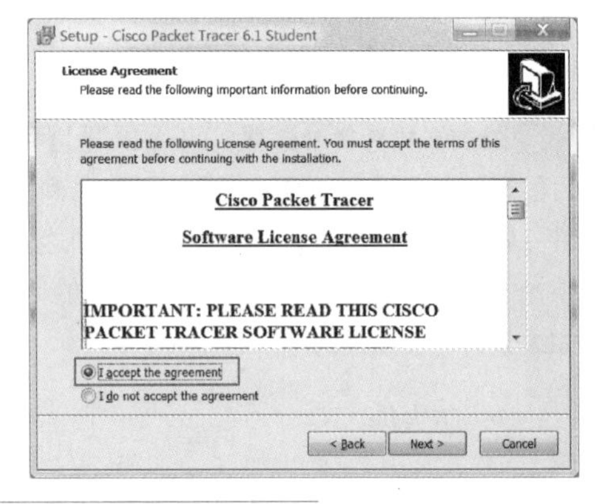

图 1-33
接受协议

步骤 3　选择安装路径（见图 1-34）后，单击 Next 按钮开始安装，如图 1-35 所示。

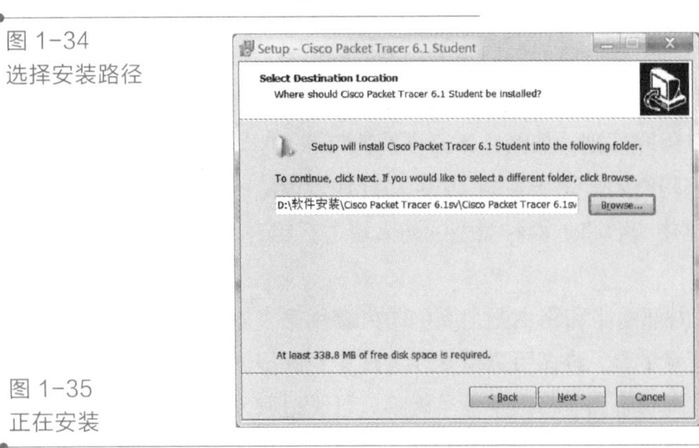

图 1-34
选择安装路径

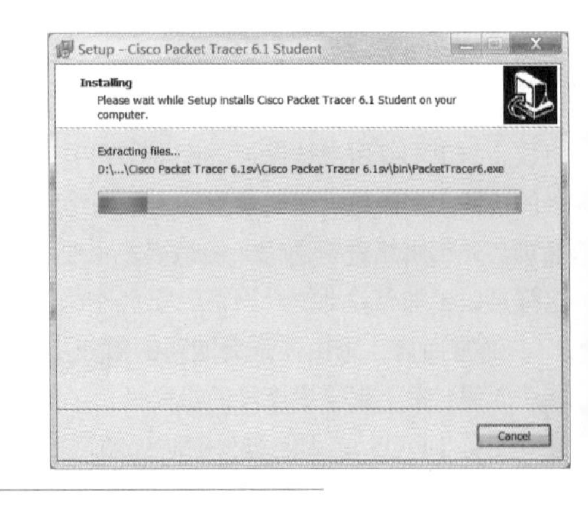

图 1-35
正在安装

步骤 4 安装完毕，系统询问是否需要马上启动 PacketTracer。选中 Launch Cisco Packet Tracer 复选框，然后单击 Finish 按钮完成安装，如图 1-36 所示。

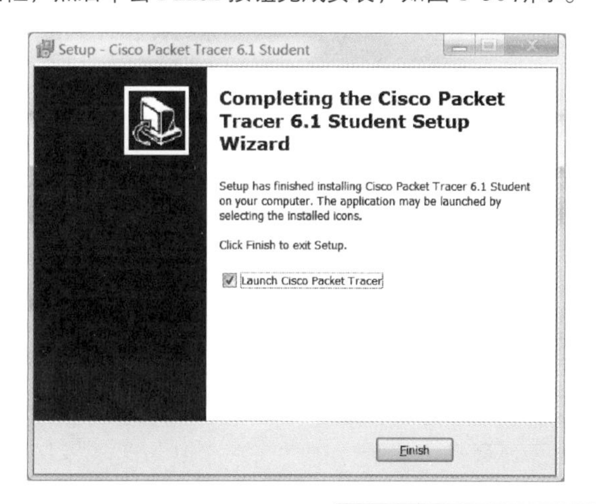

图 1-36
安装完成

2. PT 的界面

设备的选择与连接

在界面的左下方区域，有许多种类的硬件设备图标，从左至右、从上到下依次为路由器、交换机、集线器、无线设备、设备之间的连线（Connections）、终端设备、安全设备、仿真广域网、Custom Made Devices（自定义设备）。下面着重讲解 Connections。单击该图标后，会在右侧看到各种类型的线，依次为 Automatically Choose Connection Type（自动选线，一般不建议使用）、控制线、直通线、交叉线、光纤、电话线、同轴电缆、DCE、DTE。其中，DCE 和 DTE 是用于路由器之间的连线，实际应用中，需要把 DCE 和一台路由器相连，DTE 和另一台设备相连。这里只需选一根，若选了 DCE，则和这根线相连的路由器为 DCE，配置该路由器时需配置时钟。交叉线只在路由器和计算机直接相连，或交换机和交换机之间相连时才会用到。

值得注意的是，通过实验发现，当用鼠标拖曳位于第一行的第一个设备（也就是 Router 中任意一个）到工作区，然后再拖一个，之后尝试用串行线 Serial DTE 连接两个路由器时，它们之间不会正常连接，原因是这两个设备初始化时都是模块化的，但是没有添加，如多个串口等。此时使用 Custom Made Devices 设备就更好，它会自动添加一些“必需设备”，在实验环境下每次选择设备就不用手动添加所需设备，使用起来很方便，除非想添加“用户自定义设备”中没有的设备。

选中设备后，先单击，然后在中央工作区域单击即可，或者直接用鼠标拖曳这个设备。连线就选择一种线，然后单击要连线的设备选择接口，再单击另一设备，选择接口即可。线连接好后，将鼠标指针移到该连线上，可以观察到连线两端的接口类型和名称。

（1）对设备进行编辑

如图 1-37 所示，界面右侧区域从上到下依次为选定/取消、移动（总体移动，即移动某一设备，直接拖曳它即可）、Place Note（注解）、删除、Inspect（选中后在路由器、PC 上可看到各种表，如路由表）等。

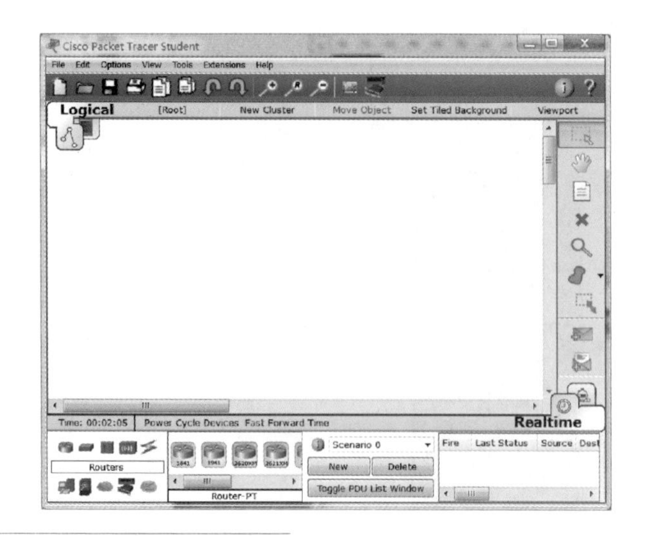

图 1-37
Packet Tracer 软件界面

（2）Realtime mode（实时模式）和 Simulation mode（模拟模式）

界面的右下角有两个切换模式，分别是 Realtime mode（实时模式）和 Simulation mode（模拟模式）。实时模式，顾名思义，为即时模式，也就是真实模式。例如，两台主机通过直通双绞线连接并将它们设为同一个网段，那么主机 A Ping 主机 B 时，瞬间可以完成，这就是实时模式。至于模拟模式，切换到该模式后主机 A 的 CMD 中将不会立即显示 ICMP 信息，而是软件正在模拟这个瞬间的过程，以用户能够理解的方式展现出来。

① 有趣的 Flash 动画。只需单击 Auto Capture（自动捕获），直观、生动的 Flash 动画即显示网络数据包的来龙去脉，如图 1-38 所示。

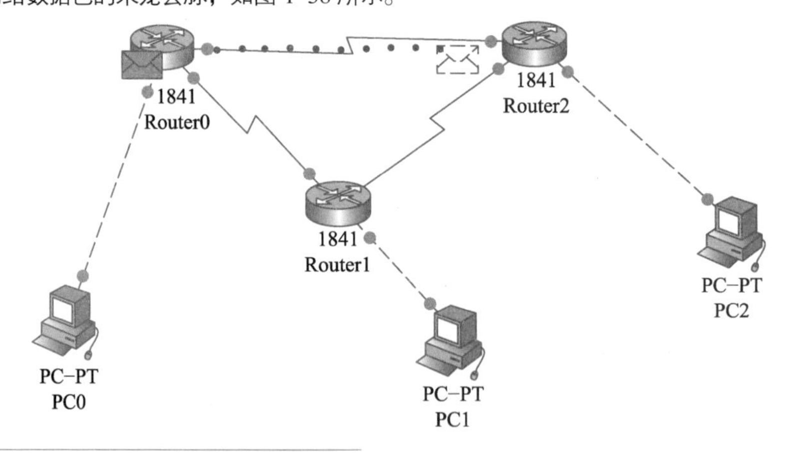

图 1-38
本地主机 PC0 对远程主机 PC2 执行 Ping 命令

② 单击 Simulate mode，会出现 Event List 对话框，该对话框显示当前捕获到的数据包的详细信息，包括持续时间、源设备、目的设备、协议类型和协议详细信息，如图 1-39 所示。

③ 要了解协议的详细信息，需单击显示不同颜色的协议类型信息 Info，这个功能非常强大，详细的 OSI 模型信息和各层 PDU 如图 1-40 所示。

3. 设备管理

Packet Tracer 提供了很多典型的网络设备，它们有各自迥然不同的功能，管理界面和使用方式也不相同。这里不一一介绍，只详细介绍 PC 和路由器这两个设备的设备管理方法。

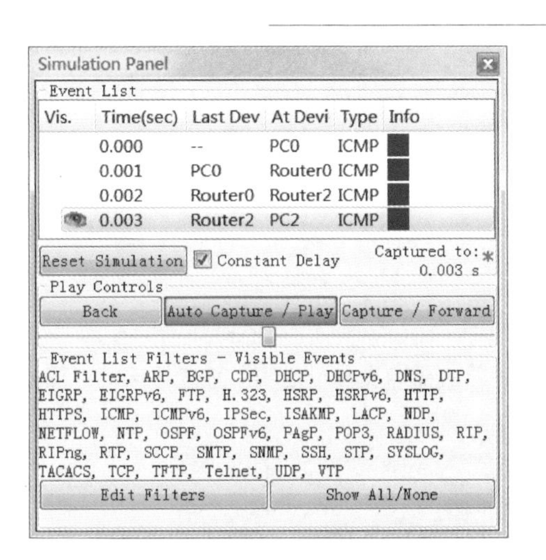

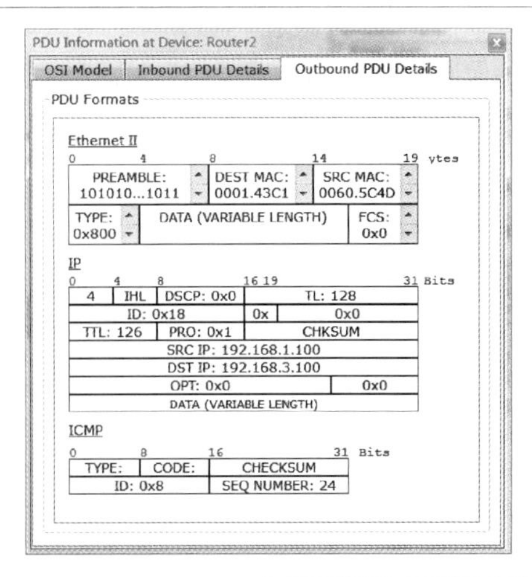

图 1-39 捕获到的数据包的详细信息

图 1-40 详细信息

（1）PC

一般情况下，PC 不像路由器有 CLI，它只需要在图形界面下简单进行配置即可。一般通过 Desktop 选项卡中的 IP Configuration 就能实现简单的 IP 地址、子网、网关和 DNS 的配置，如图 1-41 所示。此外，还提供了拨号、终端、命令行（只能执行一般的网络命令）、Web 浏览器和无线网络等功能。如果要设置 PC 自动获取 IP 地址，可以在 Config 选项卡的 Global Settings 中设置。

（2）路由器

选好设备，连好线后就可以直接进行配置，然而有些设备，如某些路由器需添加一些模块才能用。直接单击设备，就进入其属性配置界面。这里只举例介绍路由器和 PC，其他请读者自行研究。

路由器配置窗口有 Physical、Config、CLI 这 3 个选项卡。在 Physical 选项卡中有许多模块，最常用的有 WIC-1T 和 WIC-2T。左下方是对该模块的文字描述，右下方是该模块的示意图，如图 1-42 所示。

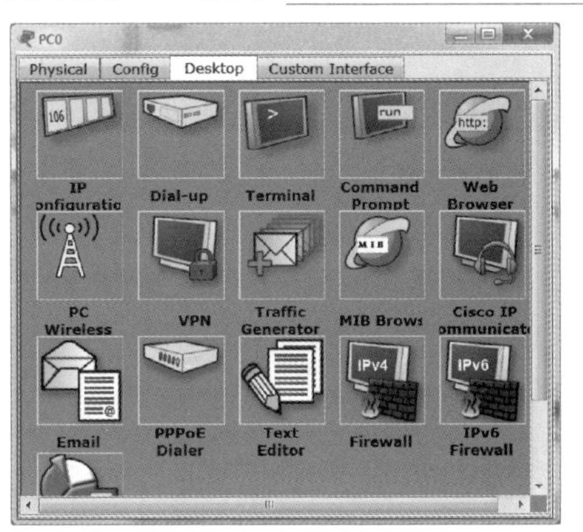

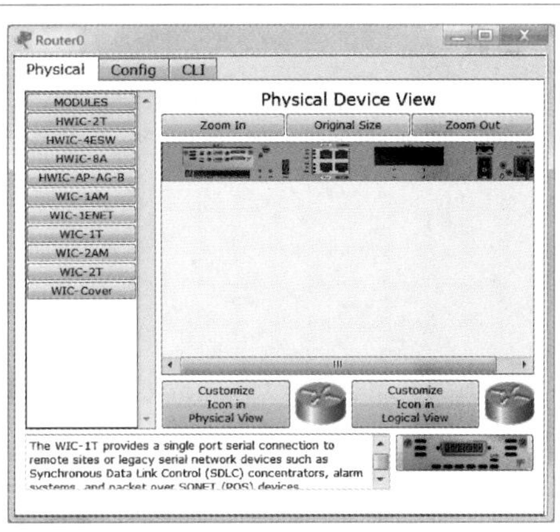

图 1-41 PT 管理界面

图 1-42 路由器的配置窗口

右侧区域显示该路由器，可以看到有许多现成的接口在矩形框中，也有许多空槽，在其上可添加模块，如 WIC-1T、WIC-2T，用鼠标将该模块拖曳到想放的插槽中即可添加，注意首先要关闭电源。电源位置如图 1-43 所示，即带绿点的小方块。绿色表示开，路由器默认情况下电源是开通的，单击绿点，就会关闭。添加模块后重新打开电源，这时路由器重新启动。如果没有添加 WIC-1T 或 WIC-2T 模块，当用 DTE 或 DCE 线连接两台路由器（Router PT 除外）时，就无法连接，因为还缺少 Serial 接口。

在 Config 选项卡中，可以设置路由器的显示名称、查看和配置路由协议与接口。

4．PT 的基本操作实例

（1）在 PT 软件中完成如下实验环境，设备有 PC、路由器和交换机

PC 与路由器中间用 Console 配置线连接，路由器与交换机之间用直连线连接，路由器与路由器之间使用交叉线，如图 1-43 所示。

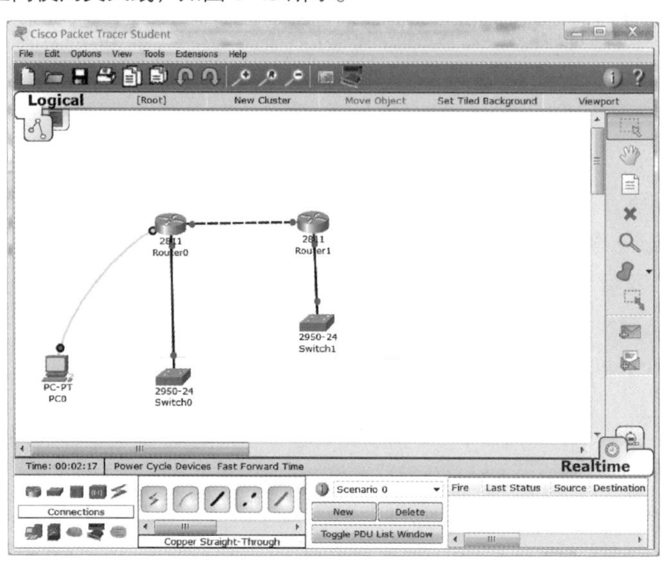

图 1-43
PT 软件基本操作的拓扑图

（2）路由器之间连接串口线

步骤 1　选择两台 1814 路由器到工作区域，如图 1-44 所示。

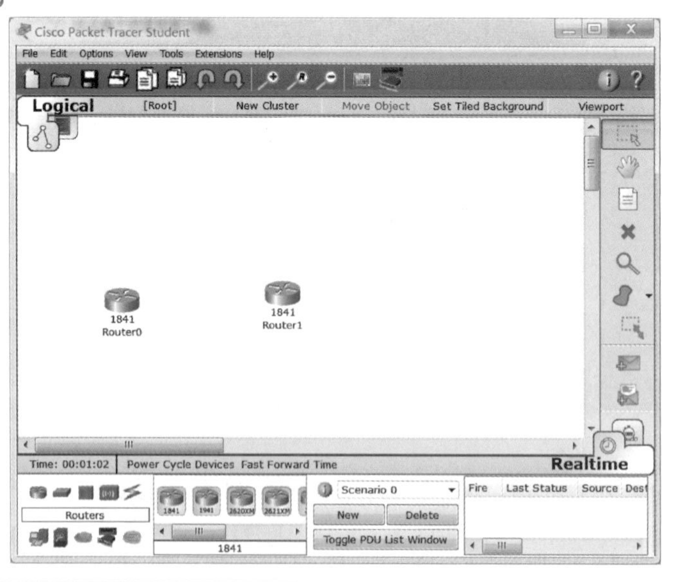

图 1-44
选择两台路由器

步骤 2 Physical 选项卡主要用于配置设备接口模块。单击路由器图标，打开配置界面，如图 1-45 所示。

步骤 3 关闭电源，如图 1-46 所示。

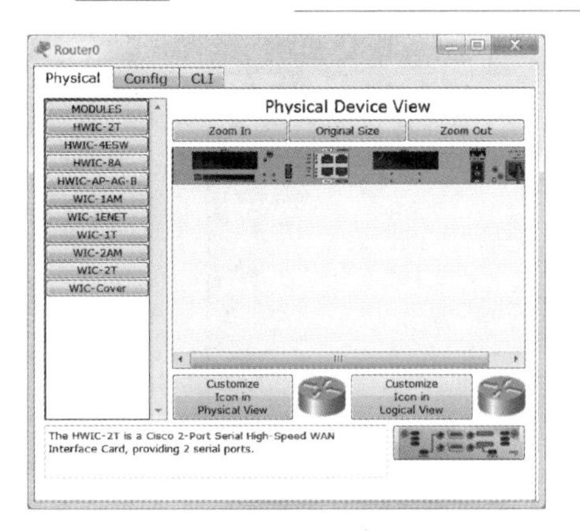

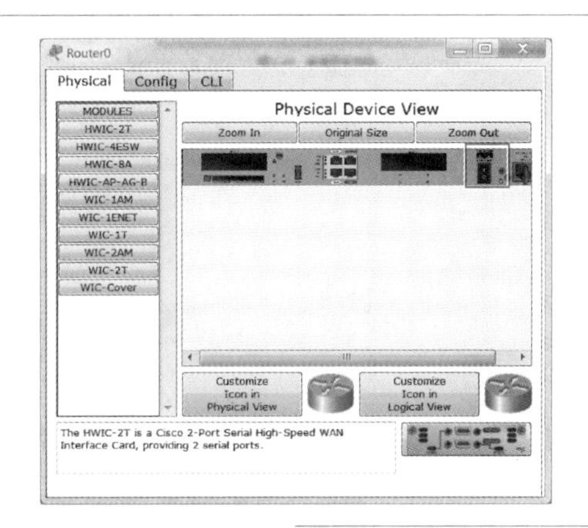

图 1-45 路由器配置界面

图 1-46 电源开关按钮

步骤 4 选择左侧 WIC-1T 模块，拖入设备插槽后开启电源，如图 1-47 所示。

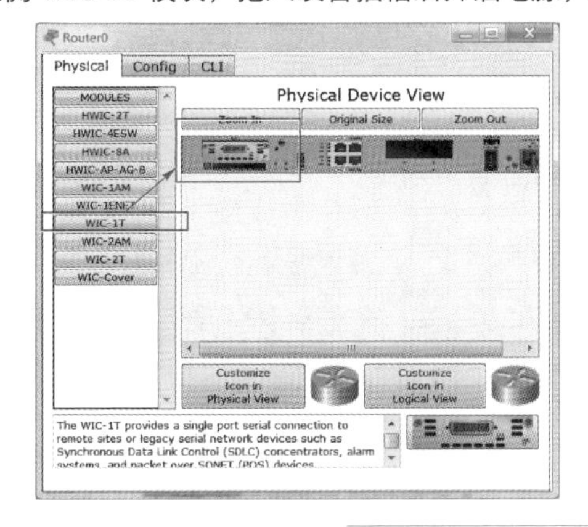

图 1-47 插入 WIC-1T 模块

步骤 5 在另一台路由器上进行相同操作后，在设备区选择串口线，如图 1-48 所示。

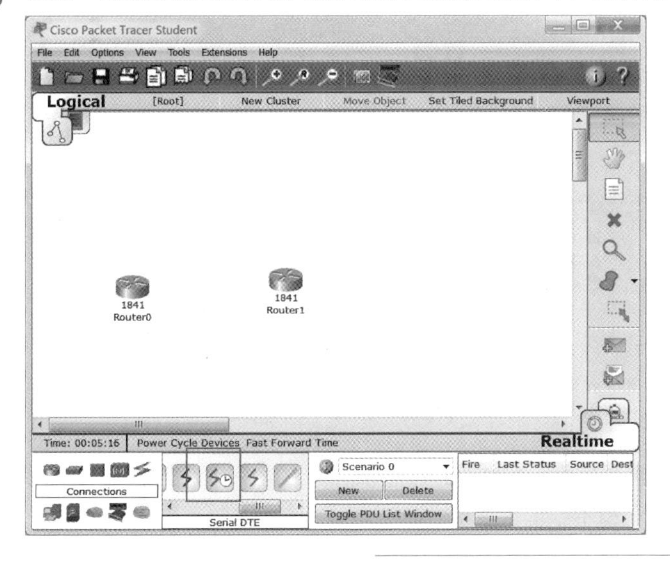

图 1-48 连接线选择

步骤 6　单击路由器，选择 Serial 接口并与另一台路由器的 Serial 接口相连，如图 1-49 所示。

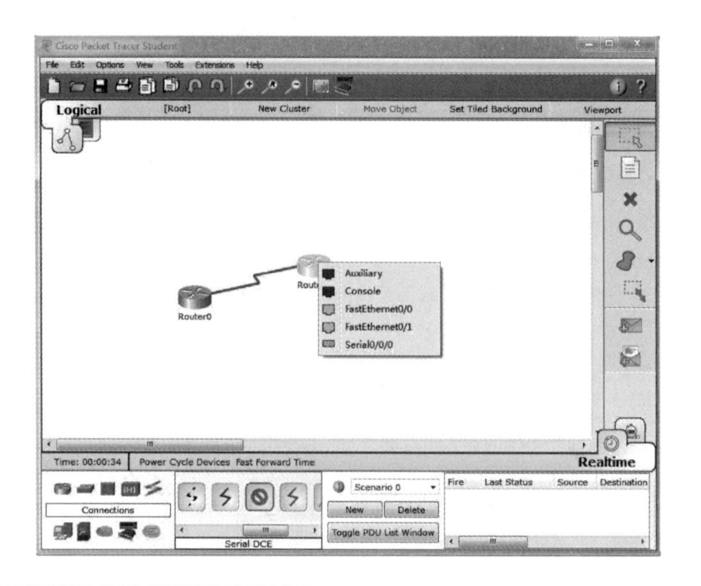

图 1-49
Serial 接口连接

步骤 7　最终结果如图 1-50 所示。

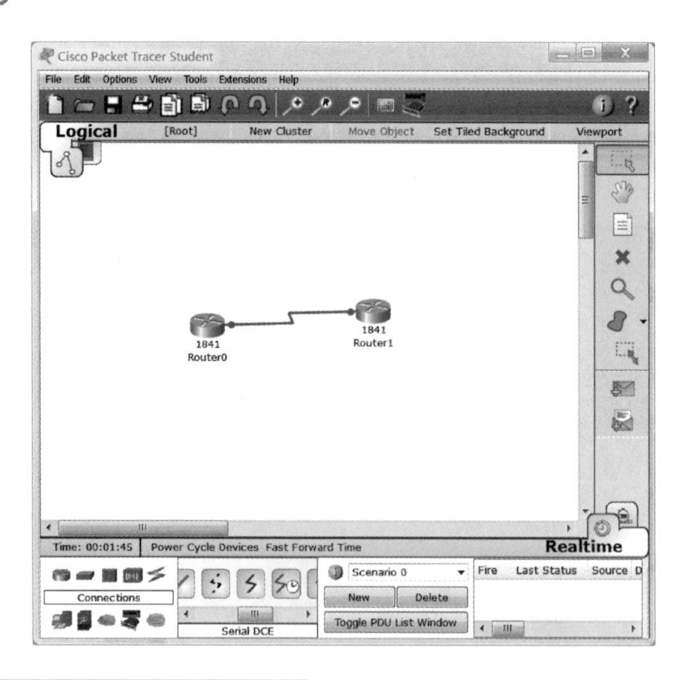

图 1-50
路由器连接结果

（3）添加标注

在设备编辑区域单击按钮，再单击工作区，会出现文本框，这时可以添加并编辑标注，如图 1-51 所示。

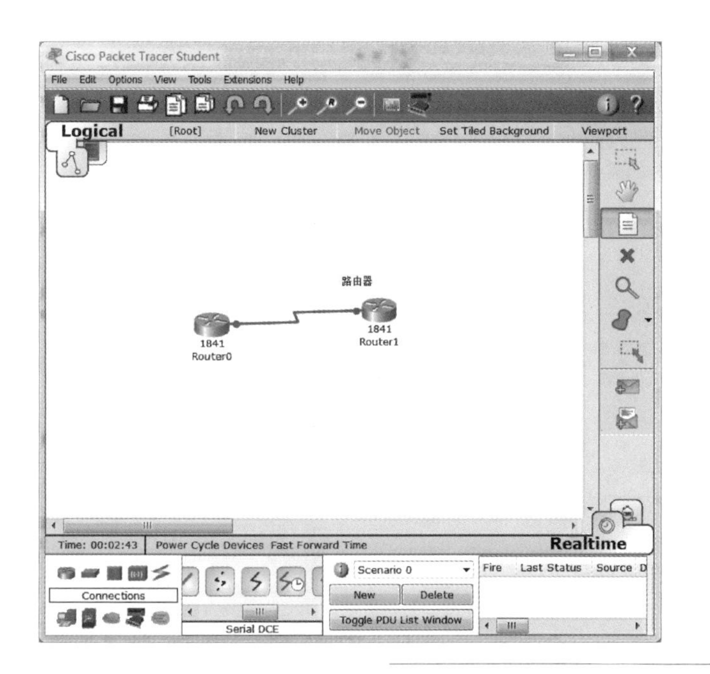

图 1-51
添加及编辑备注

1.6.2　eNSP 模拟器的安装与使用

1. eNSP 的安装

微课 1-19
eNSP 模拟器的安装与使用

安装 eNSP 实验流程如下。

步骤 1 打开下载的软件包，双击打开安装程序，选择语言选项（中文简体），在欢迎界面单击“下一步”按钮，如图 1-52 所示。

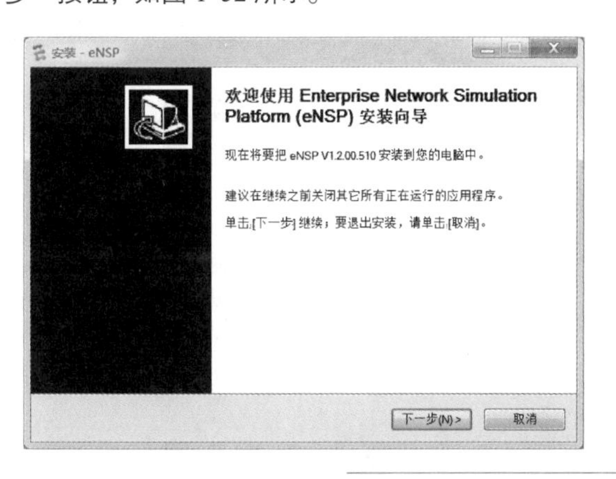

图 1-52
打开安装程序

步骤 2 选择“我愿意接受此协议”单选按钮，单击“下一步”按钮，如图 1-53 所示。

步骤 3 选择安装位置，单击“下一步”按钮，如图 1-54 所示。

步骤 4 选择默认的“开始”菜单文件夹，单击“下一步”按钮，如图 1-55 所示。

步骤 5 选中“创建桌面快捷图标”复选框，单击“下一步”按钮，如图 1-56 所示。

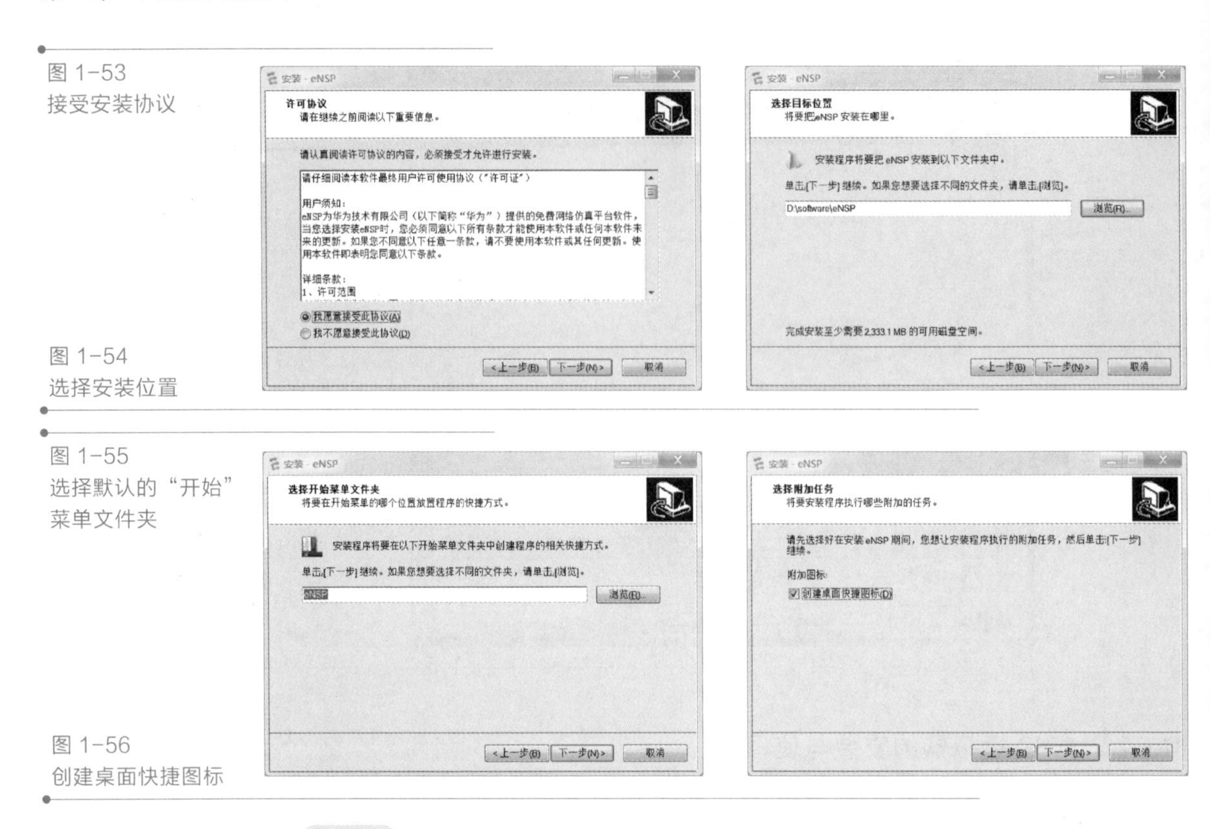

图 1-53
接受安装协议

图 1-54
选择安装位置

图 1-55
选择默认的“开始”菜单文件夹

图 1-56
创建桌面快捷图标

步骤 6　选择安装所有其他程序后，单击“下一步”按钮，如图 1-57 所示。

步骤 7　单击“安装”按钮，如图 1-58 所示，程序开始安装，如图 1-59 所示。

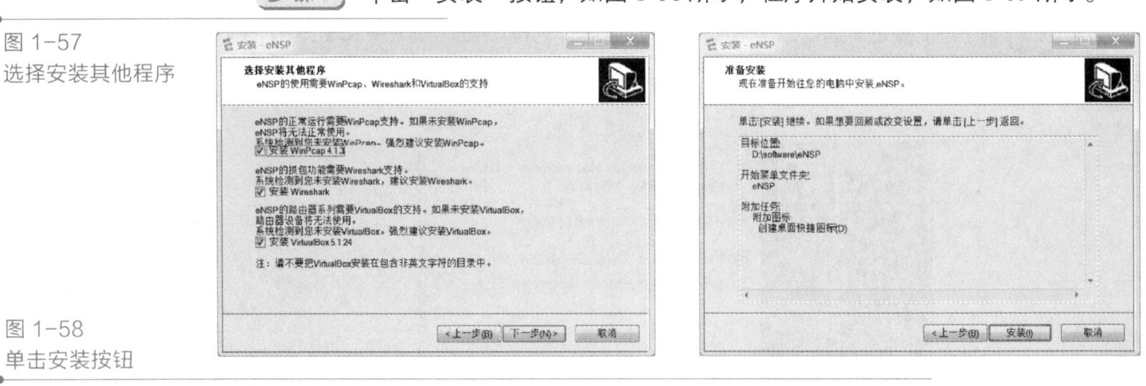

图 1-57
选择安装其他程序

图 1-58
单击安装按钮

步骤 8　单击“完成”按钮，如图 1-60 所示。

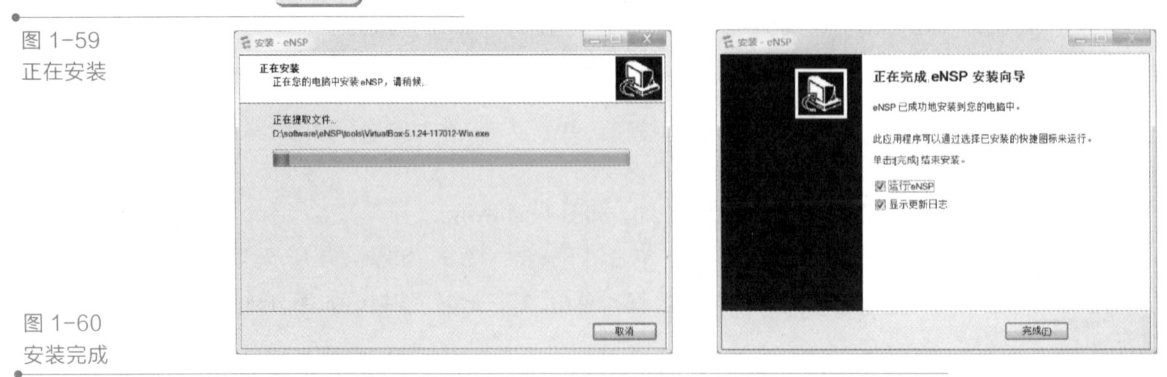

图 1-59
正在安装

图 1-60
安装完成

2．选用设备

eNSP 上有很多已有的拓扑和网络工程的模拟供读者学习，eNSP 的界面如图 1-61 所示，左侧面板中的图标代表 eNSP 所支持的各种产品及设备，中间面板则包含多种网络场景的样例，单击左上角的“新建拓扑”按钮即可开始构建拓扑图。

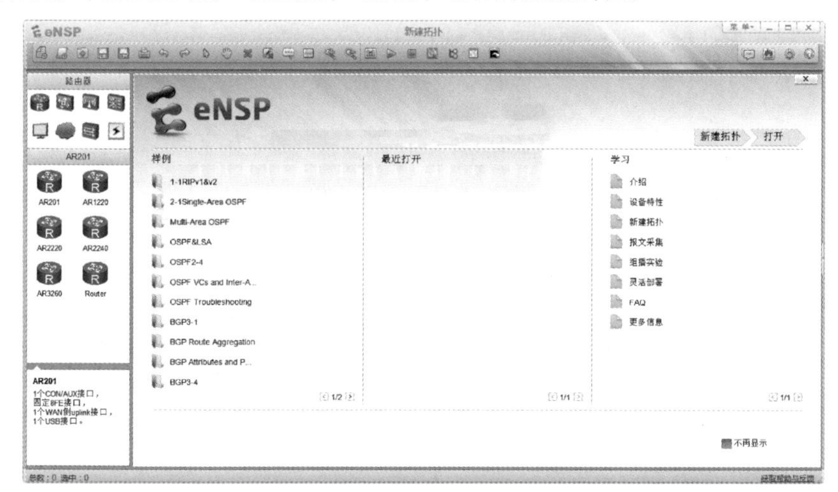

图 1-61
eNSP 软件界面

单击窗口左上角的“新建”图标，创建一个新的实验场景，可以在弹出的空白界面上搭建网络拓扑图、练习组网、分析网络行为。

下面以在 eNSP 中选用设备建立拓扑结构为例进行讲解。

步骤 1　在打开的 eNSP 窗口中，单击“新建拓扑”按钮，如图 1-62 所示。

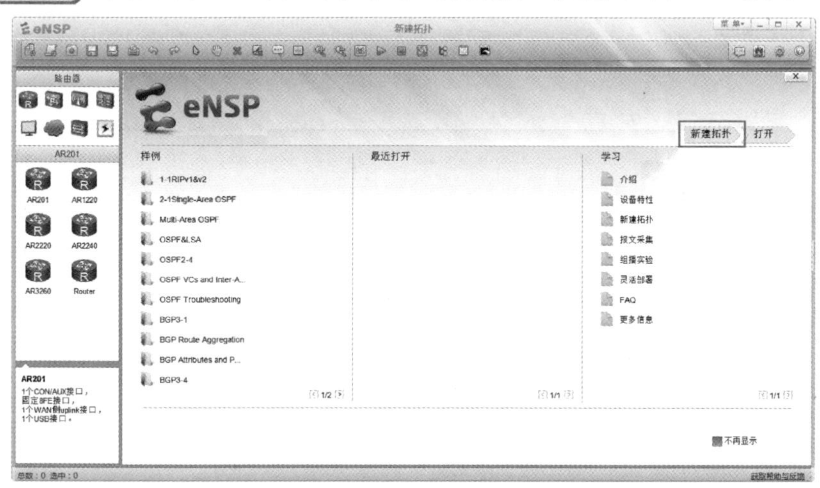

图 1-62
单击“新建拓扑”按钮

步骤 2　在窗口左侧设备栏中单击“路由器”图标，接着在设备栏下方的型号栏中单击 AR1220 路由器图标，将其拖至右侧空白画图区，这样在拓扑图中添加了一台路由器，如图 1-63 所示。

步骤 3　在窗口左侧设备栏中单击交换机图标，接着在设备栏下方的型号栏中单击 S5700 交换机图标，将其拖至右侧空白画图区，这样在拓扑图中又添加了一台交换机，如图 1-64 所示。

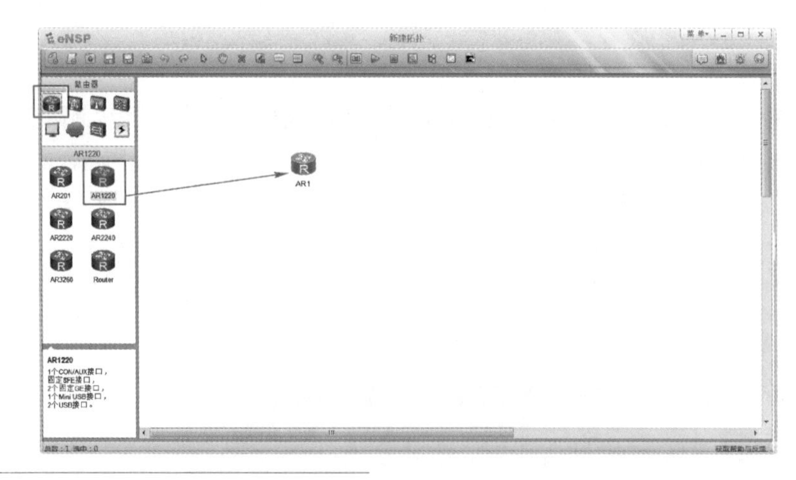

图 1-63
成功添加一台路由器

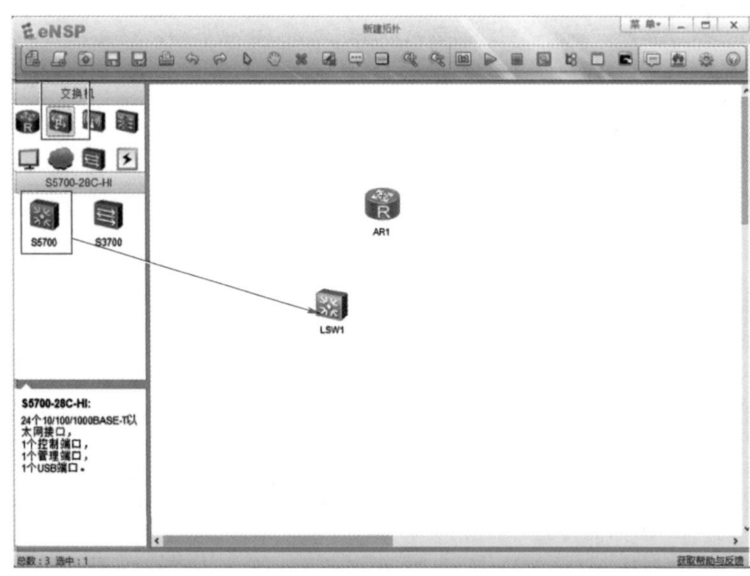

图 1-64
成功添加交换机

步骤 4　在窗口左侧设备栏中单击终端图标，接着在设备栏下方的型号栏中单击 PC 终端图标，将其拖至右侧空白画图区，这样在拓扑图中再次添加了一台 PC，经过步骤 2～步骤 4，拓扑图中共有 3 台设备，如图 1-65 所示。

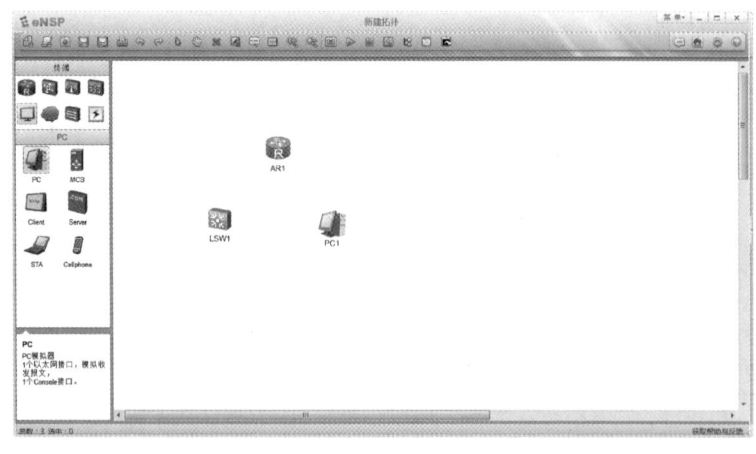

图 1-65
成功添加设备

3. 路由器添加模块

在 eNSP 中为路由器添加模块，具体流程如下。

步骤 1 右击画图区中的 AR1 路由器图标，在弹出的快捷菜单中选择“设置”命令，进入设备设置窗口。在设置窗口中，检查路由器设备图中的 ON/OFF 开关是否处于 OFF 状态，在下方“eNSP 支持的接口卡”栏中，选择 2SA 串口模块，如图 1-66 所示。

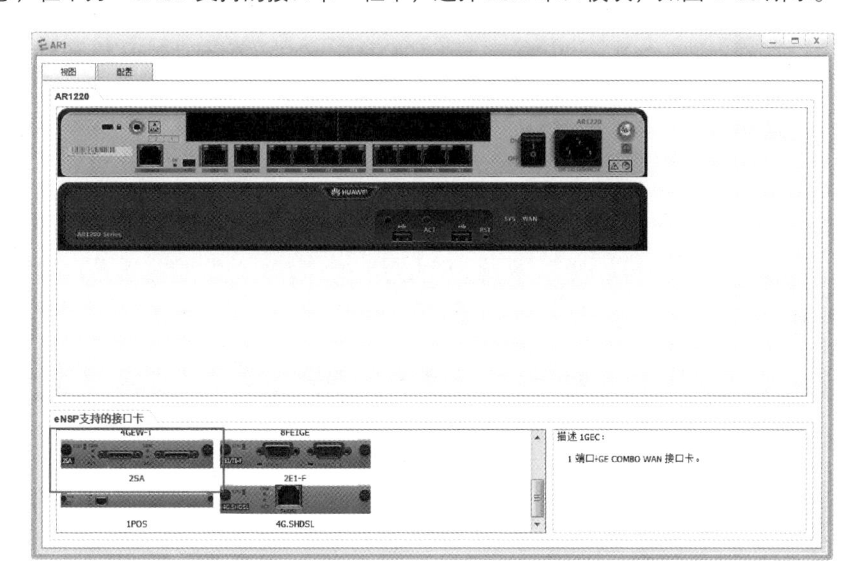

图 1-66
单击“2SA”串口模块

步骤 2 选中 2SA 串口模块后，将其拖至路由器设备图的空白接口区，然后单击窗口右上角的关闭按钮，如图 1-67 所示，关闭窗口。

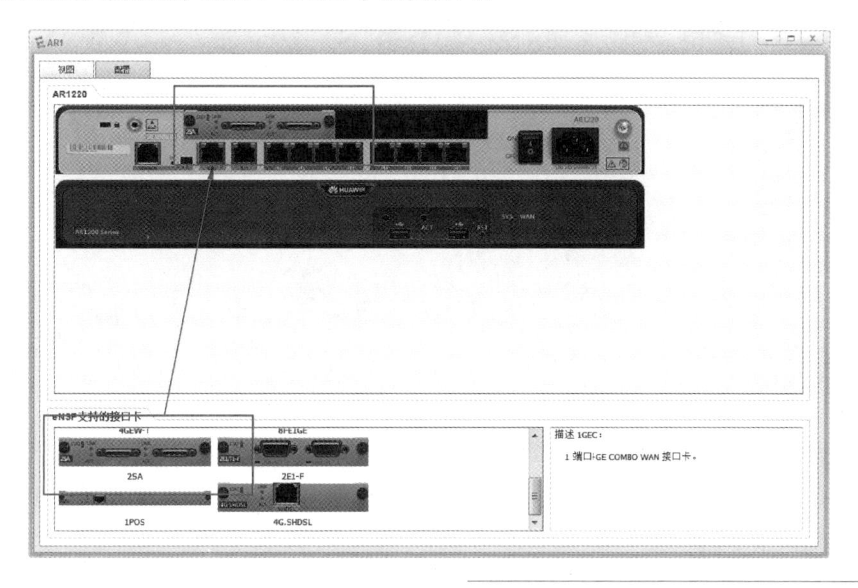

图 1-67
添加“2SA”串口模块

4. 设备连线

在 eNSP 中为设备连线，具体流程如下。

步骤 1　在窗口左侧设备栏中单击连线图标，接着在设备栏下方的型号栏中单击 Copper 线图标，然后单击画图区中的 AR1 路由器，在端口菜单中选择 Ethernet 0/0/0，与 LSW1 交换机的 GE 0/0/1 接口相连，如图 1-68 所示。

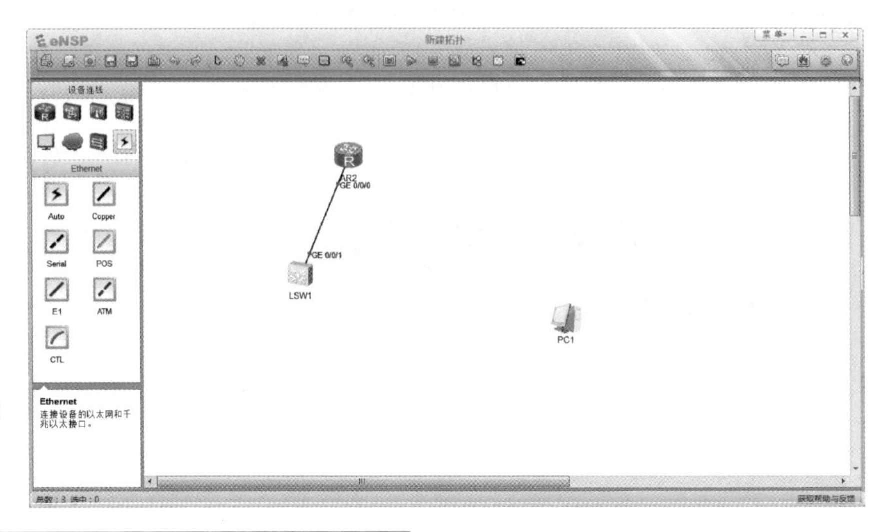

图 1-68
AR1 路由器的 Ethernet 0/0/0 接口与 LSW1 交换机的 GE 0/0/1 接口相连

步骤 2　在窗口左侧设备栏中单击连线图标，接着在设备栏下方的型号栏中单击 Copper 线图标，然后单击画图区中的 AR1 路由器，在端口菜单中选择 Ethernet 0/0/1，与 PC 相连。经过以上步骤，路由器与交换机、路由器与 PC 终端就连接起来，如图 1-69 所示。

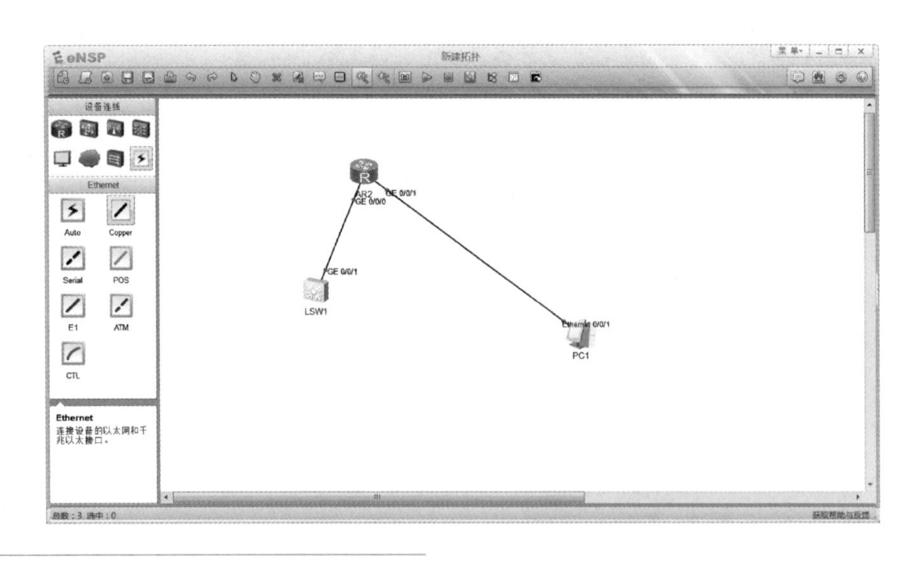

图 1-69
设备连接完成

5. 打开 CLI

在 eNSP 中打开交换机 CLI：交换机启动后，双击画图区中的 LSW1 交换机，出现 CLI（命令行界面），在光标处按 Enter 键，即可开始使用 CLI 配置交换机，如图 1-70 所示。

```
LSW1
Dec  4 2018 15:20:09-08:00 Huawei %%01IFNET/4/IF_ENABLE(l)[39]:Interface G
Ethernet0/0/14 has been available.
Dec  4 2018 15:20:09-08:00 Huawei %%01IFNET/4/IF_ENABLE(l)[40]:Interface G
Ethernet0/0/15 has been available.
Dec  4 2018 15:20:09-08:00 Huawei %%01IFNET/4/IF_ENABLE(l)[41]:Interface G
Ethernet0/0/16 has been available.
Dec  4 2018 15:20:09-08:00 Huawei %%01IFNET/4/IF_ENABLE(l)[42]:Interface G
Ethernet0/0/17 has been available.
Dec  4 2018 15:20:09-08:00 Huawei %%01IFNET/4/IF_ENABLE(l)[43]:Interface G
Ethernet0/0/18 has been available.
Dec  4 2018 15:20:09-08:00 Huawei %%01IFNET/4/IF_ENABLE(l)[44]:Interface G
Ethernet0/0/19 has been available.
Dec  4 2018 15:20:09-08:00 Huawei %%01IFNET/4/IF_ENABLE(l)[45]:Interface G
Ethernet0/0/20 has been available.
Dec  4 2018 15:20:09-08:00 Huawei %%01IFNET/4/IF_ENABLE(l)[46]:Interface G
Ethernet0/0/21 has been available.
Dec  4 2018 15:20:09-08:00 Huawei %%01IFNET/4/IF_ENABLE(l)[47]:Interface G
Ethernet0/0/22 has been available.
Dec  4 2018 15:20:09-08:00 Huawei %%01IFNET/4/IF_ENABLE(l)[48]:Interface G
Ethernet0/0/23 has been available.
Dec  4 2018 15:20:09-08:00 Huawei %%01IFNET/4/IF_ENABLE(l)[49]:Interface G
Ethernet0/0/24 has been available.
<Huawei>
<Huawei>
```

图 1-70
打开设备 CLI

1.6.3 GNS3 模拟器的安装与使用

微课 1-20
GNS3 模拟器的安装与使用

1. GNS3 的安装

GNS3 的安装比前两个软件（Packet Tracer 和 eNSP）复杂一些，具体流程如下。

步骤 1 解压 GNS3 的压缩包，双击打开 GNS3-0.7.3-win32-all-in-one.exe 安装程序，单击 Next 按钮，如图 1-71 所示。

步骤 2 单击 I Agree 按钮同意许可协议，如图 1-72 所示。

图 1-71
单击 Next 按钮

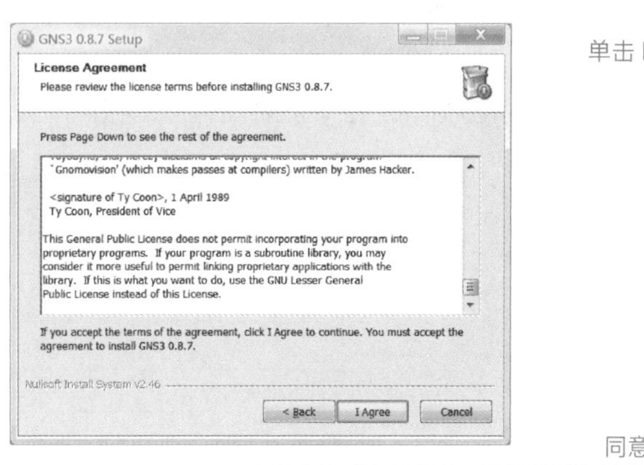

图 1-72
同意许可协议

步骤 3 单击 Next 按钮，如图 1-73 所示。

步骤 4 根据提示选择安装组件和路径，完成安装包的安装，如图 1-74 所示。

2. 安装路由器镜像

在 GNS3 中给路由器安装镜像，具体流程如下。

步骤 1 双击桌面上的 GNS3 图标，选择菜单 Edit→IOS images and hypervisors 命令，进入 IOS images and hypervisors 界面，如图 1-75 所示。

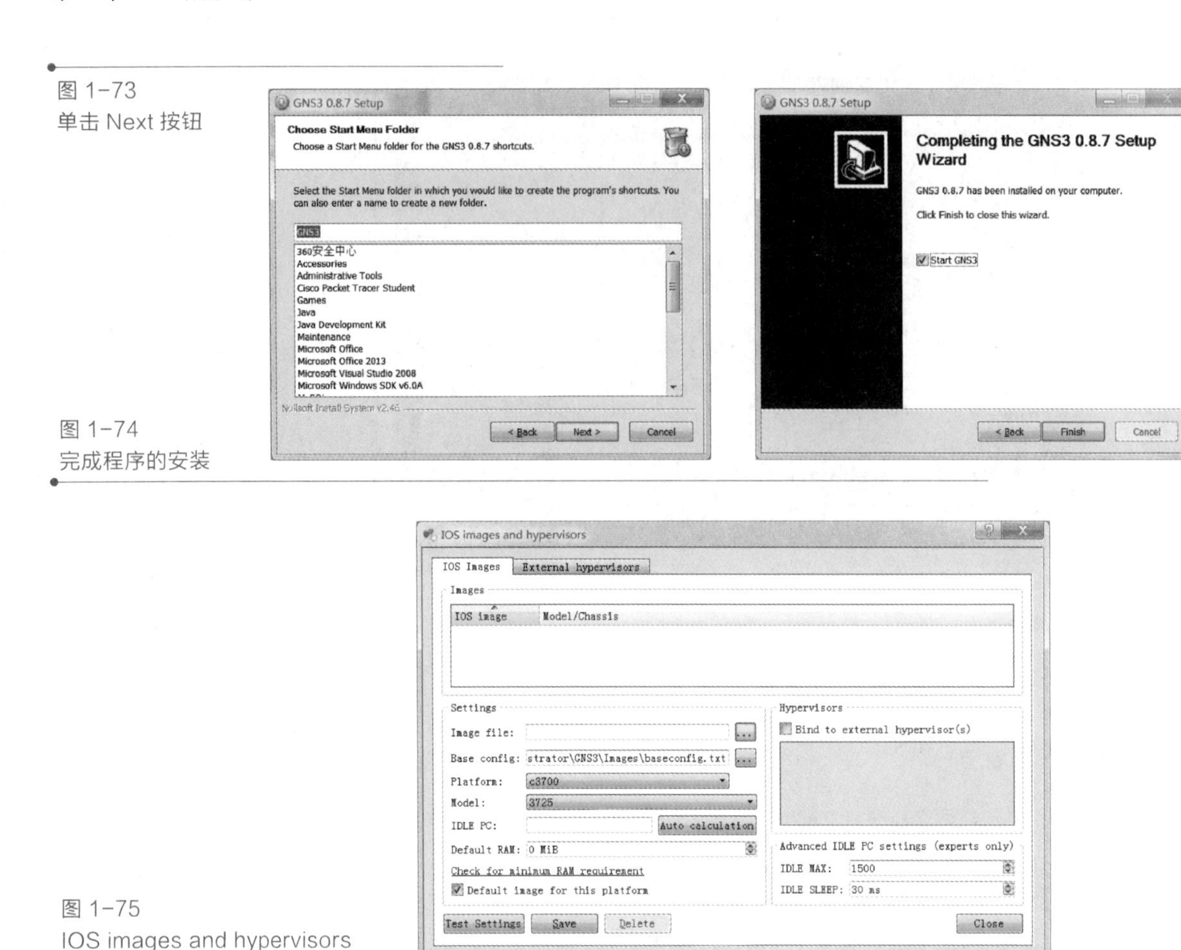

图 1-73
单击 Next 按钮

图 1-74
完成程序的安装

图 1-75
IOS images and hypervisors
界面

步骤 2 在 Image file 处单击"…"按钮，如图 1-76 所示，在正确路径下选择 c7200-js-mz.123-6b.bin 文件，如图 1-77 所示，再单击"打开"按钮。

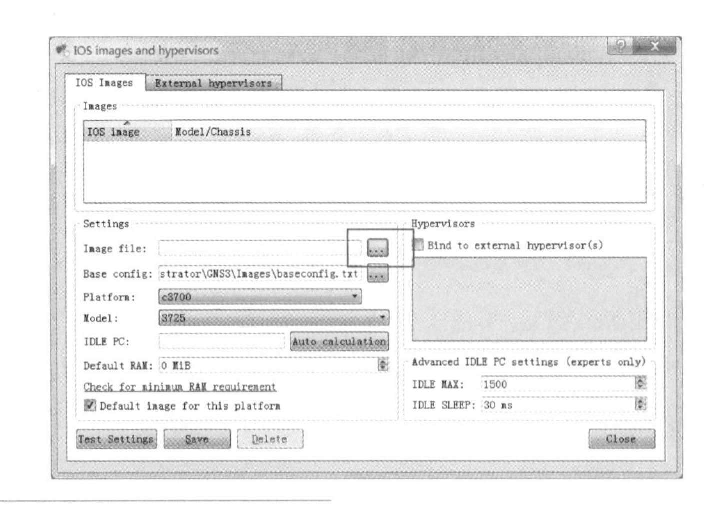

图 1-76
单击"…"按钮

步骤 3 单击界面左下角 Save 按钮保存设置，添加 IOS 镜像后，单击界面右下角 Close 按钮关闭界面，如图 1-78 所示。

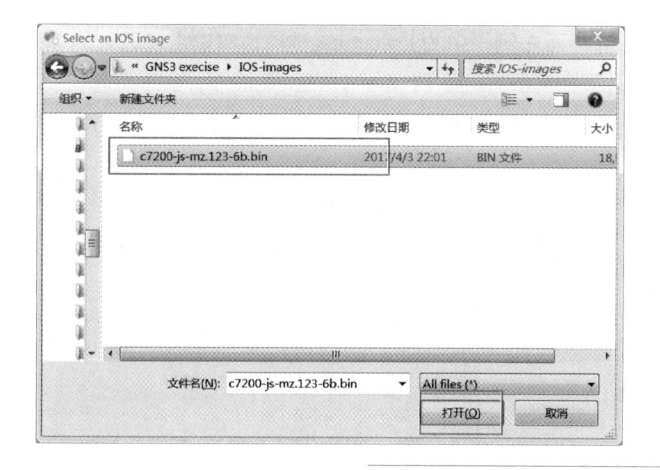

图 1-77
选择文件

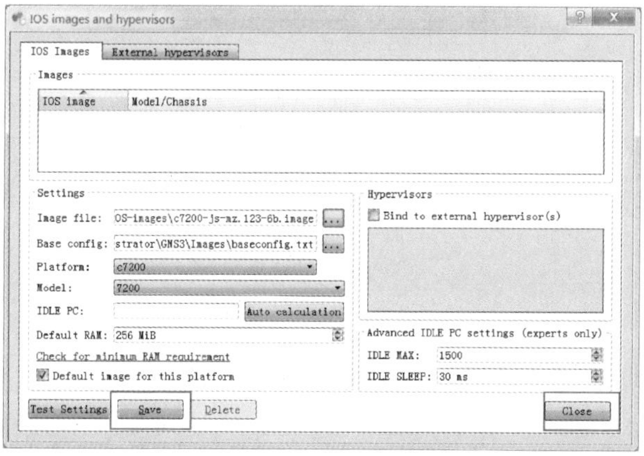

图 1-78
保存设置

步骤 4 选择菜单 Edit→Preferences 命令，进入 Preferences 界面，如图 1-79 所示。

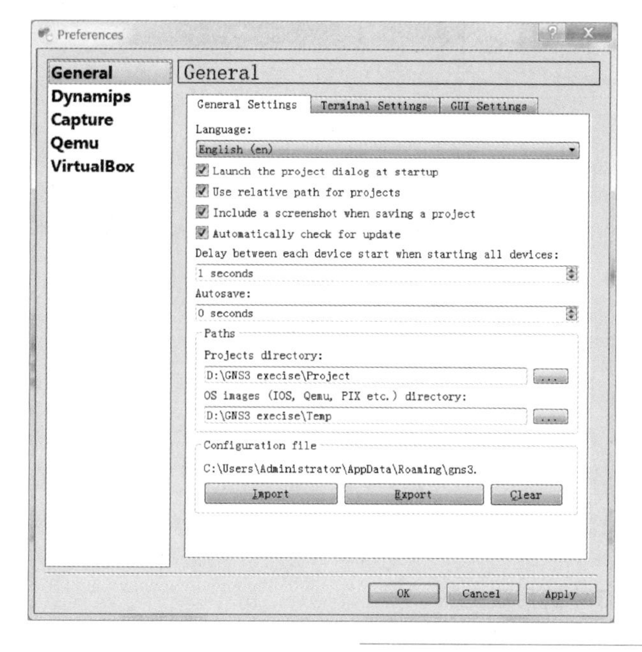

图 1-79
Preferences 界面

步骤 5　选择界面左侧栏中的 Dynamips 选项，单击右侧区域的 Test Settings 按钮进行模拟器测试，显示 Dynamips 0.2.12-x86/Windows stable) successfully，表示模拟器可以使用。单击 OK 按钮，保存并关闭界面，如图 1-80 所示。

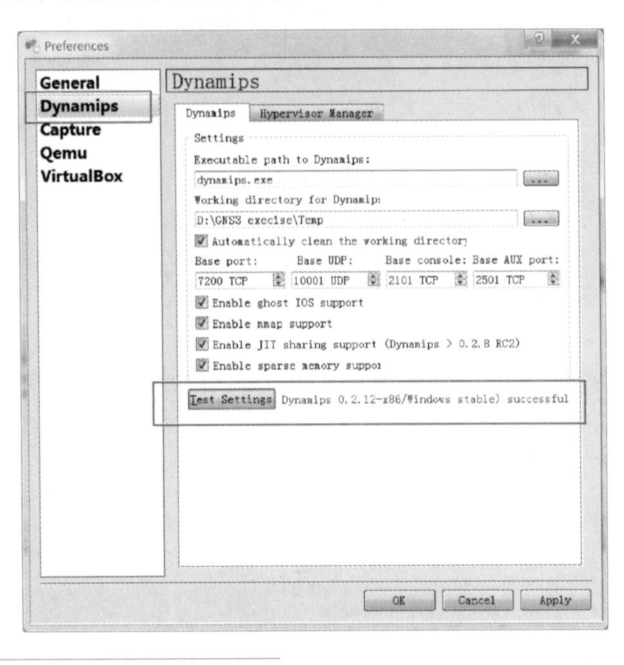

图 1-80
模拟器测试

这样就添加成功 c7200 路由器的镜像，如图 1-81 所示。

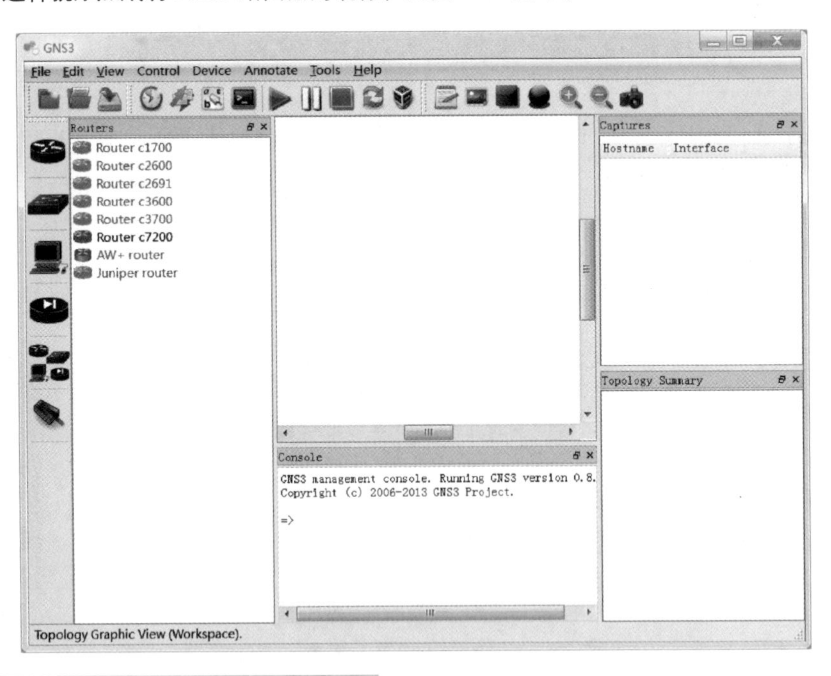

图 1-81
路由器镜像成功添加

3. 在 GNS3 中选用路由器

在 GNS3 中选用部分设备，具体流程如下。

步骤 1　选中 GNS3 界面左侧的 Router c7200 路由器，将其拖至中间画图区域，即可在拓扑图中添加一台 c7200 路由器，如图 1-82 所示。

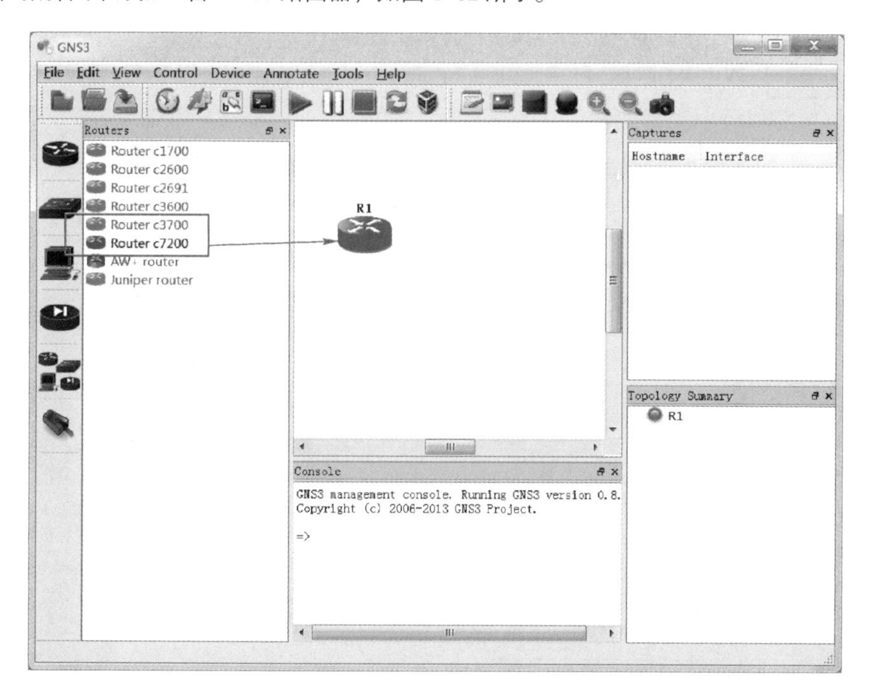

图 1-82
成功添加一台
Router c7200 路由器

步骤 2　选中 GNS3 界面左侧的 Router c7200 路由器，将其拖至中间画图区域，即可在拓扑图中再添加一台 c7200 路由器，如图 1-83 所示。

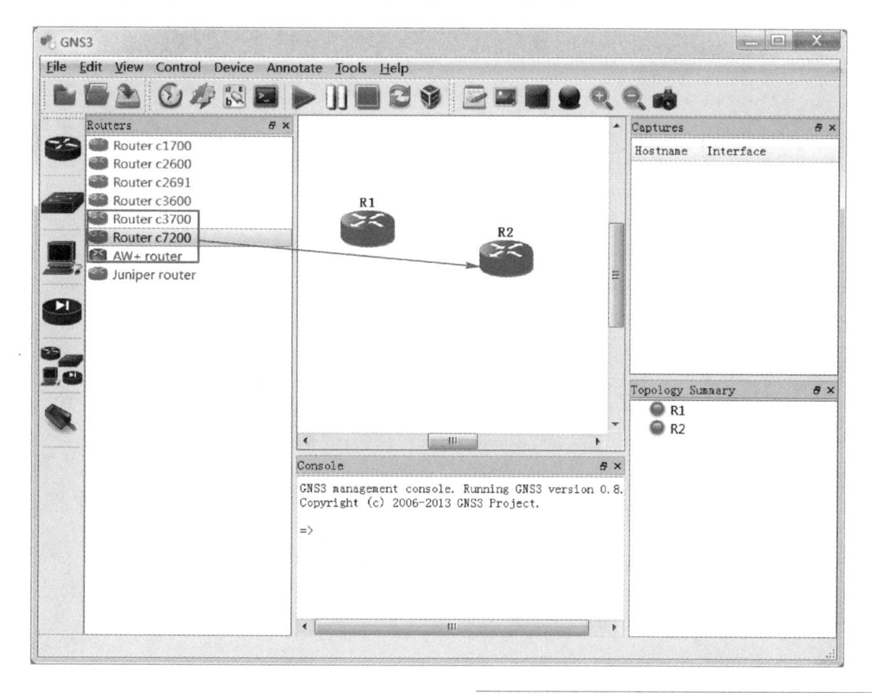

图 1-83
成功添加两台设备

这样，两个路由器就选用好了。

4. 路由器添加模块

在 GNS3 中给路由器添加串口模块，具体流程如下。

步骤 1　双击 R1 图标，打开 Node configurator 界面，在左侧选择 R1 选项，如图 1-84 所示。

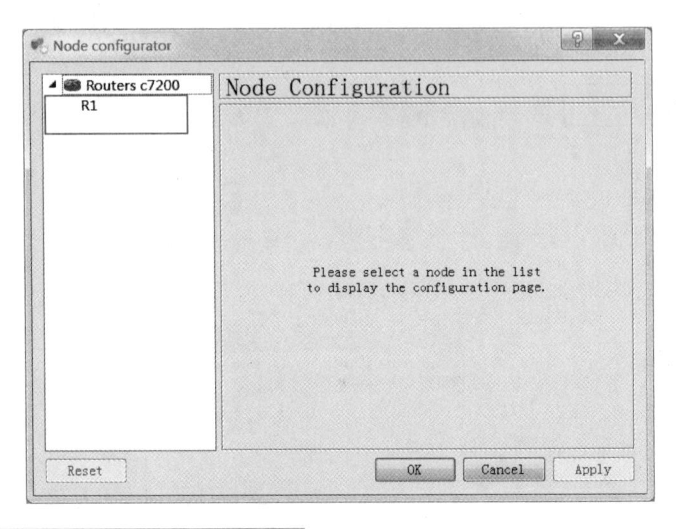

图 1-84
选择 R1 选项

步骤 2　在右侧区域选择 Slots 选项卡，并在 slot 1 下拉列表中选择 PA-8T，单击 OK 按钮，保存并退出配置界面，如图 1-85 所示。

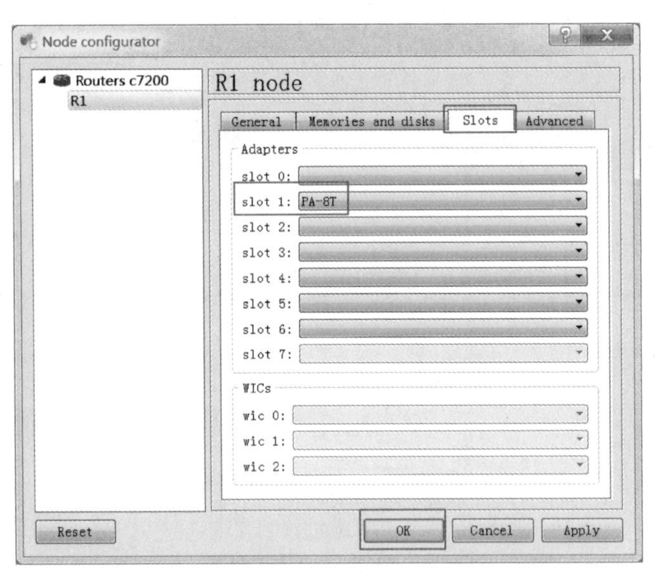

图 1-85
设置 Slots 选项卡相关参数

R2 的模块添加过程类似。

5. 在 GNS3 中连线

在 GNS3 中用串口线连接两台路由器，具体流程如下。

步骤 1　单击左侧的“添加连线”图标，选中路由器 R1 的 S1/0 接口，连接到路由器 R2 的 S1/1 接口，如图 1-86 所示。

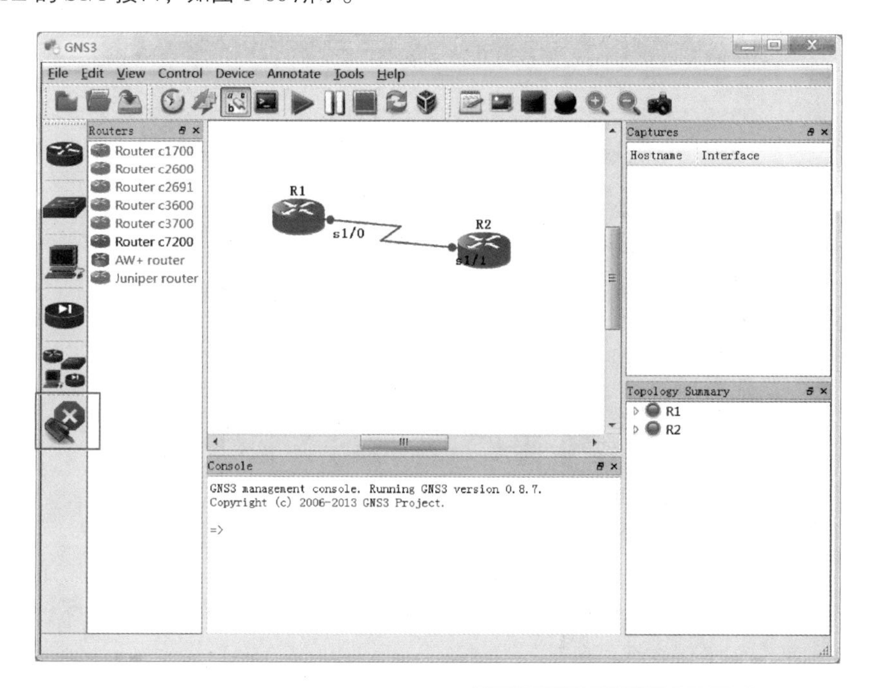

图 1-86
两台路由器完成连接

步骤 2　右击路由器 R1（R2），在弹出的快捷菜单中选择 Start 命令开启此路由器，这时两台路由器开启，线路连通，如图 1-87 所示。

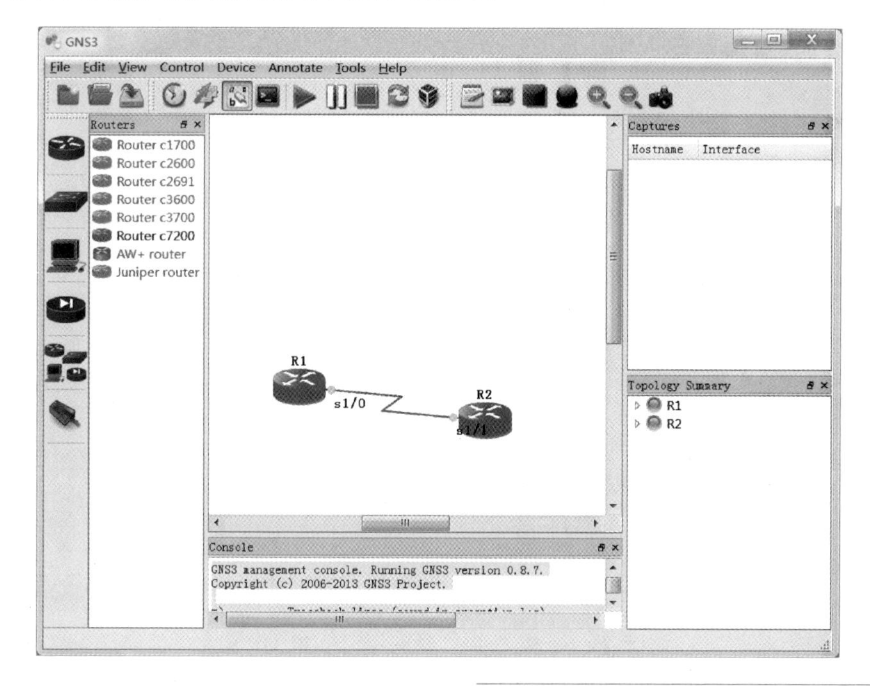

图 1-87
开启路由器

6. 打开命令行界面

在 GNS3 中打开路由器的 CLI（命令行界面）：路由器启动后，双击 R1 路由器图标，出现 CLI（命令行界面），在光标处按 Enter 键，即可开始使用 CLI 配置路由器，如图 1-88 所示。

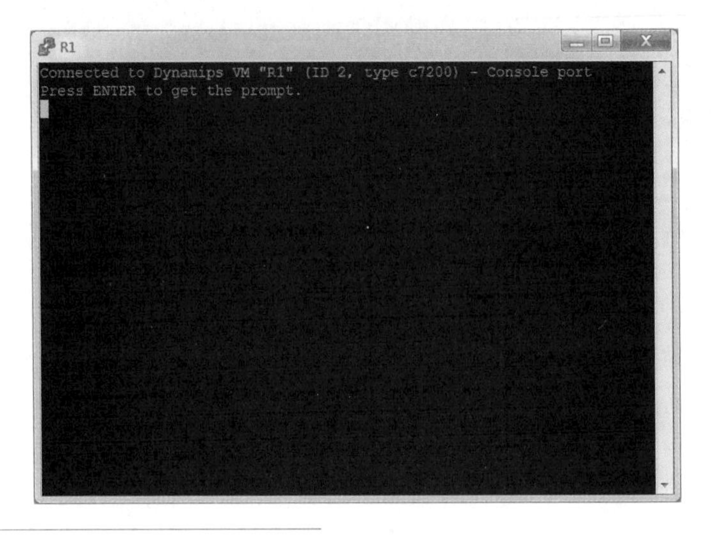

图 1-88
打开设备 CLI

第2章

交换技术基础

笔 记

2.1　以太网交换机

2.1.1　二层交换机的产生

第一个局域网网桥从 20 世纪 80 年代中期开始进入市场。为了能够让局域网满足当时的应用需求，需要扩展局域网系统。同时，为了保证网络系统运行的可靠性，需要将一个局域网划分成若干个物理网段。扩展局域网系统的需求和实现物理网段之间的连接促进了网桥的发展。

在早期，网桥主要应用于局域网分段、传输距离延伸和增加设备等方面，并突破局域网共享网络带宽的限制。网桥初期大多数都是两个端口，很少支持两个以上的端口。由于限制网桥性能的主要因素是网桥内部的容量而不是与之相连的 LAN 带宽，所以增加网桥端口数量并没有太大的意义。因此，在半导体技术发展到能提供商业上可接受的价格前，制造高端口密度网桥是不现实的。

随着应用专用集成电路（Application Specific Integrated Circuit，ASIC）、处理器和存储技术的飞速发展，网桥的芯片技术越来越先进，网桥技术和产品得到了不断发展和升级，网络系统设计要求高性能网桥具有多端口的应用需求提到了议事日程。20 世纪 90 年代，设计与制造出所有端口都能以线速转发帧的高性能网桥成为可能，这种高性能网桥在市场上被称为交换机。二层交换机完成的功能与网桥相同，二层交换机通常可以看成是多端口的网桥。确切地说，高端口密度的网桥就成为局域网交换机。

由于二层交换机能够支持多个端口，所以可以把一个网络从逻辑上划分成若干个较小的网段，交换机属于 OSI 模型的数据链路层，并且，它还能够解析出 MAC 地址信息。从这个意义上讲，交换机与网桥相似。但事实上，在交换机工作时，允许多组端口间的通道同时工作，所以，交换机的功能体现出不仅仅是一个网桥的功能，而是多个网桥功能的集合。交换机的每一个端口都扮演一个网桥的角色，而且每一个连接到交换机上的设备都可以享有它们自己的专用信道。此外，在传输速率方面，交换机要快于网桥。

早期的设计并制造网桥的基本目的是延伸局域网的距离和扩展客户机的数量。随着能以线速操作的高端口密度网桥的出现，出现了新型的局域网——交换式局域网。在传统的共享式局域网中，人们大规模部署共享式的集线器，而在交换式局域网中，二层交换机替代了传统的集线器。另外，与共享式局域网相比，交换式局域网支持更多的配置。

2.1.2　以太网交换机转发原理

微课 2-1
以太网交换机转发原理

交换机通过不断自学习，在交换机内部逐步建立起一张 MAC 地址和端口号的映射表，即转发表，见表 2-1。交换机依据数据帧中目的 MAC 地址，查找转发表，并将数据帧从相应的端口转发出去，如图 2-1 所示。可以看出，当交换机收到一个数据帧，首先获取这个数据帧中的目的 MAC 地址，如果目的 MAC 地址是主机 A，那么交换机就将此数据帧从端口 1 转发出去；如果目的 MAC 地址是主机 C，那么交换机就将此数据帧就从端口 6 转发出去。

表 2-1 交换机内部的转发表

数据帧要去往的 MAC 地址	交换机端口
03-D2-E8-20-A1-11	1
03-D2-E8-20-A1-22	5
03-D2-E8-20-A1-33	6
03-D2-E8-20-A1-44	11

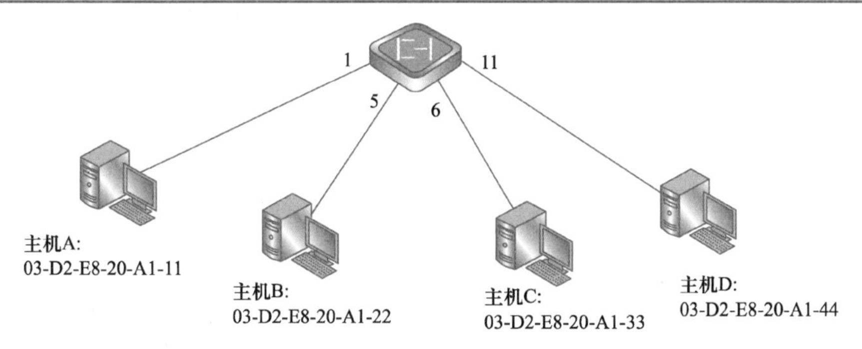

图 2-1
交换式网络

以太网交换机的工作过程如下。

① 接收网段上的所有数据帧。

② 交换机根据收到的数据帧中的源 MAC 地址建立该地址同交换机端口的映射（源地址自学习），即每收到一个数据帧，就记下该帧的源 MAC 地址和进入交换机的端口，作为转发表中的一个项目，同时使用地址老化机制进行转发表的维护。

③ 交换机获取数据帧中的目的 MAC 地址，并在转发表中查找该目的 MAC 地址。如果转发表中有目的 MAC 地址，就将该数据帧从相应的端口（不包括源端口）转发出去；如果转发表中没有目的 MAC 地址，就将该数据帧从所有的端口发送（不包括源端口）转发出去，即泛洪。

④ 对于广播帧和组播帧，交换机向所有的端口（不包括源端口）转发。

图 2-2 中交换机的端口 1、2、3、4 分别连接了主机 A、B、C、D。初始情况下，交换机的转发表为空，见表 2-2。

表 2-2 初始情况下交换机内部的转发表

数据帧要去往的 MAC 地址	交换机端口

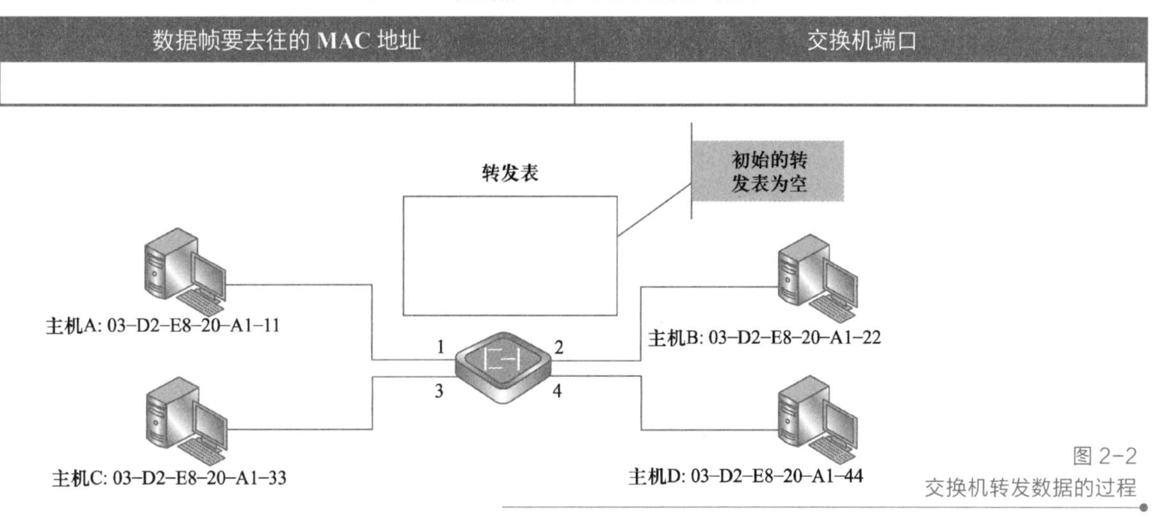

图 2-2
交换机转发数据的过程

当主机 A 给主机 C 发送数据帧时，交换机从端口 1 收到该数据帧后，首先将数据帧中的源 MAC 地址（主机 A 的 MAC 地址）与端口 1 做映射，并将该映射写入转发表中，见表 2-3。接着，交换机根据数据帧中的目的 MAC 地址（主机 C 的 MAC 地址），查找转发表，发现转发表中没有主机 C 的 MAC 地址和端口的映射关系，于是，该数据帧被泛洪，如图 2-3 所示。

表 2-3　交换机内部的转发表

数据帧要去往的 MAC 地址	交换机端口
03-D2-E8-20-A1-11	1

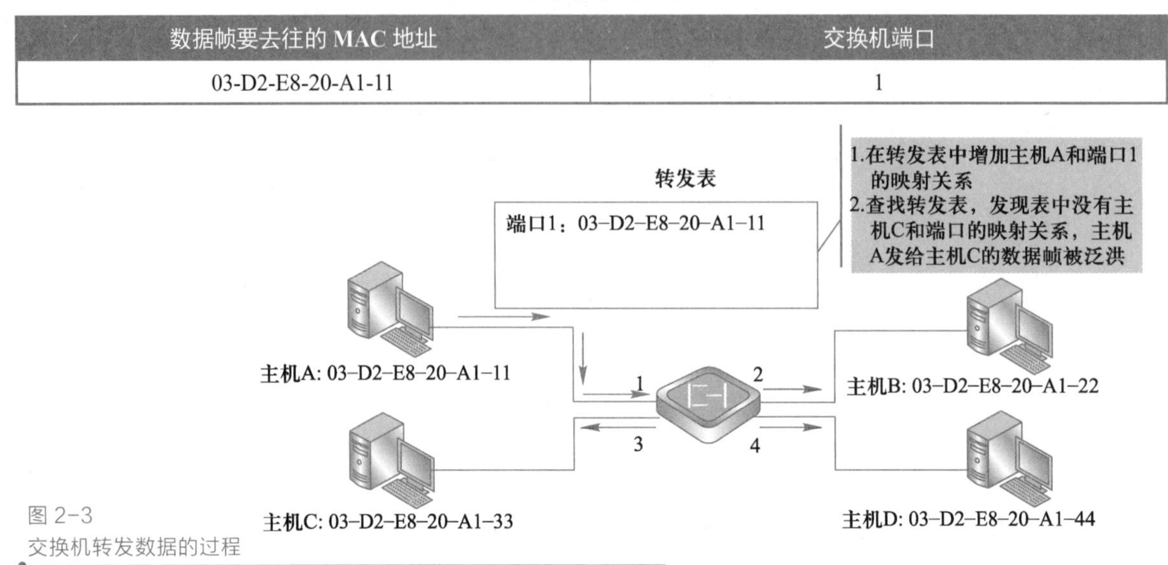

图 2-3
交换机转发数据的过程

当主机 B 给主机 C 发送数据帧时，交换机从端口 2 收到该数据帧后，首先将数据帧中的源 MAC 地址（主机 B 的 MAC 地址）与端口 2 做映射，并将该映射写入转发表中，见表 2-4。接着，交换机根据数据帧中的目的 MAC 地址（主机 C 的 MAC 地址），查找转发表，发现转发表中没有主机 C 的 MAC 地址和端口的映射关系，于是，该数据帧被泛洪，如图 2-4 所示。

表 2-4　交换机内部的转发表

数据帧要去往的 MAC 地址	交换机端口
03-D2-E8-20-A1-11	1
03-D2-E8-20-A1-22	2

转发表
端口1：03-D2-E8-20-A1-11
端口2：03-D2-E8-20-A1-22

1.在转发表中增加主机B和端口2的映射关系
2.查找转发表，发现表中没有主机C和端口的映射关系，主机B发给主机C的数据帧被泛洪

主机A: 03-D2-E8-20-A1-11
主机B: 03-D2-E8-20-A1-22
主机C: 03-D2-E8-20-A1-33
主机D: 03-D2-E8-20-A1-44

图 2-4
交换机转发数据的过程

经过上述数据帧的转发，此时交换机的转发表已经有了主机 A 的 MAC 地址与端口、主机 C 的 MAC 地址与端口这两条映射，那么经过若干次数据帧的转发后，交换机的转发表逐渐增加项目条数，见表 2-5。此时，当主机 D 给主机 B 发送数据帧时，交换机从端口 4 收到该数据帧后，首先将数据帧中的源 MAC 地址（主机 D 的 MAC 地址）与端口 4 做映射更新。接着，交换机根据数据帧中的目的 MAC 地址（主机 B 的 MAC 地址），查找转发表，发现转发表中有主机 B 的 MAC 地址和端口 2 的映射关系，于是，该数据帧从端口 2 转发出去，如图 2-5 所示。

表 2-5　交换机内部的转发表

数据帧要去往的 MAC 地址	交换机端口
03-D2-E8-20-A1-11	1
03-D2-E8-20-A1-22	2
03-D2-E8-20-A1-44	4
03-D2-E8-20-A1-33	3

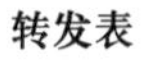

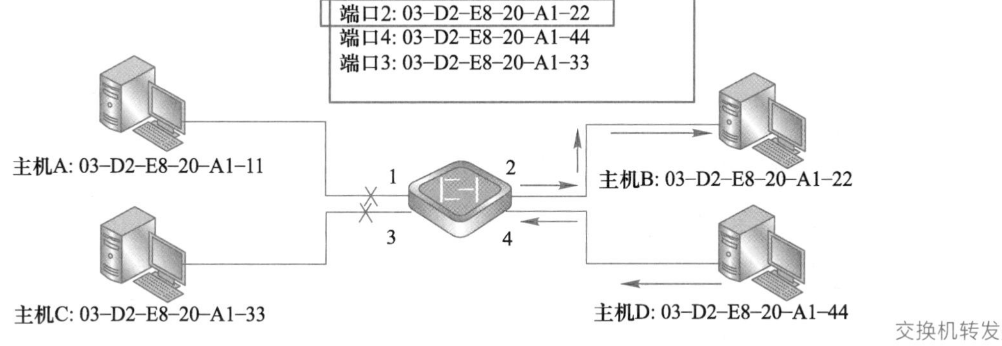

图 2-5
交换机转发数据的过程

2.1.3　以太网交换机的基本参数

1. 以太网设备接口

微课 2-2
以太网交换机的基本参数

以太网设备接口分为固化接口和扩展插槽。

（1）固化接口

直接与主板集成在一体的端口就叫固化端口，这类端口在设备上不允许插拔。

（2）扩展插槽

扩展插槽主要是用来扩展端口的，用于安装各种功能模块和接口模块，如可以插 10/100/1000M 自适应电口，也可以插 100/1000M 光纤接口，还可以再扩展 16 口 100M 的铜端口。由于各个接口模块的端口数量有限，因此扩展插槽的数量往往对交换机所能容纳的端口数量影响很大。此外，所有功能模块（如 IP 语音模块、安全服务模块、扩展服务模块、网络监控模块等）都需要占用一个插槽，所以扩展插槽的数量对交换机的可扩展性影响也很大。

笔 记

2. 模块化硬件设计

模块化设计可以提高设备的灵活性与扩展性，在实现硬件冗余与更换方面比较便捷，模块化设计可分为简单模块化和全模块化。

（1）简单模块化

简单模块化设计一般在中低端设备中用得比较多，一般采用“固化端口+扩展插槽”方式设计，如盒式设备。

（2）全模块化

全模块化设计一般在高端设备中用得比较多，电源、线卡（端口接入）、引擎（控制中心）、风扇等都可以采用此设计，如箱式设备。

3. 交换容量

交换容量是指网络设备接口处理器或接口卡和数据总线间所能吞吐的最大数据量，它是网络设备设计时决定的参数，常常用来衡量交换机的转发能力。

交换容量的衡量标准如下。

① 盒式交换机交换容量≥端口速率×端口数×2 时，可实现全双工无阻塞转发数据。

② 箱式交换机整机交换容量=线卡交换容量×线卡数。

4. 背板带宽

背板带宽是指线卡插槽和背板之间的接口带宽，它是背板设计时决定的参数，常常用来衡量箱式交换机的背板。

背板带宽决定着交换机的处理数据能力，一台交换机的背板带宽越高，它处理数据的能力就越强。所以，背板带宽越大越好，尤其是对汇聚层交换机和中心交换机而言。若欲实现网络的全双工无阻塞传输，必须满足最小背板带宽的要求，其计算公式如下：

背板带宽=端口数×相应端口速率×2

当背板带宽≥线卡交换容量×线卡数×2 时，可实现全双工无阻塞交换。

5. 包转发率

网络中的数据是由一个个数据包构成的，处理每个数据包都需要消耗资源。包转发率是指在不丢包的情况下，以太网接口每秒转发数据包的个数，又叫端口吞吐量，单位为 pps（packet per second）。

其实决定包转发率的一个重要指标就是交换机的背板带宽，背板带宽标志了交换机总的数据交换能力。一台交换机的背板带宽越高，它处理数据的能力就越强，也就是包转发率越高。

6. 模块冗余

冗余能力在保证网络安全运行方面尤为重要。交换机的工作状态直接影响着网络的稳定性，然而，交换机在运行过程中部分的物理损坏是无法避免的，因此，故障发生时能否迅速切换，保证应用和服务的连续性就取决于设备的冗余能力。对于核心交换机而言，重要部件（如管理模块、电源模块等）都应当提供冗余支持，从而尽可能地减少服务的中断，保证网络的稳定性。

7. 路由冗余

利用 HSRP、VRRP 协议实现核心设备的负荷分担和热备份，当核心交换机和双汇聚交换机中的某台交换机出现故障时，三层路由设备和虚拟网关可以迅速切换，实现双线路的冗余备份，保证整网稳定性。

2.1.4 网管式以太网交换机的管理

网络管理可分为带内管理和带外管理两种管理模式。

微课 2-3
网管式以太网交换机的管理

带内管理，是指网络的管理控制信息与业务信息在同一个逻辑信道上传输，也就是说管理控制信息占用业务带宽。当网络中出现故障时，无论是管理控制信息还是业务数据都无法正常进行。使用带内管理，可以通过交换机的端口对设备进行远程管理配置，通常使用的 Telnet、Web、SNMP 等方式对交换机进行远程管理，都是属于交换机的带内管理。

带外管理，是指网络的管理控制信息与业务信息在不同的逻辑信道上传输，也就是说带外管理将管理控制数据与业务数据分离，为网络的管理控制数据建立独立的通道。带外管理可以提高网络管理的效率与可靠性，有利于提高网络管理数据的安全性。通过 console 口管理交换机的方式属于带外管理。

1. 通过 console 口管理

通过 console 口本地登录是登录交换机最基本的方式，也是配置通过其他方式登录交换机的基础。通过 console 口管理交换机时，先把 console 线的一端插在交换机的 console 口中，另一端连在 USB 转 COM 口线上，同时，USB 转 COM 口线的另一端插在计算机的 USB 口中。如果计算机拥有 COM 口，可以将 console 线的两端分别连接计算机的 COM 口和交换机的 console 口，然后接通交换机和计算机电源，利用用户终端程序进行交换机管理。

在这种管理方式下，交换机提供了一个命令行界面，用户可以使用专用的交换机管理命令集管理交换机。不同品牌的交换机命令集是不同的，甚至同一品牌的交换机，其命令也不同。

2. 通过 Telnet 管理

只要以太网交换机支持 Telnet 功能，用户就可以通过 Telnet 方式对交换机进行远程管理和维护。采用此种管理方式，交换机需要配置管理 IP 地址、密码等，并开启 Telnet。

3. 通过 Web 管理

网管交换机可以通过 Web（网络浏览器）管理，采用该方式，交换机需要配置管理 IP 地址。在默认状态下，交换机没有 IP 地址，需要通过串口或其他方式指定一个 IP 地址。同时，交换机还需配置密码，并开启 HTTP。

通过 Web 管理交换机时，交换机相当于一台 Web 服务器，只是网页并不存储在硬盘中，而是在交换机的 NVRAM 中，通过程序可以把 NVRAM 中的 Web 程序升级。当管理员在浏览器中输入交换机管理 IP 地址时，交换机就像一台服务器一样把网页传递给计算机，此时给用户的感觉就像在访问一个网站。

4. 通过网管软件管理

只要是遵循 SNMP 协议的设备，用户都能通过网管软件进行管理。用户仅需要安装一套 SNMP 网络管理软件，就可以通过网络实现对路由器、交换机、服务器等设备的管理。

2.2 虚拟局域网

2.2.1 VLAN 的概述

微课 2-4
VLAN 的概述

1. VLAN 的产生

早期的共享 LAN 是基于总线型结构的，它主要存在以下问题。

- 第一点，若某时刻有多个各主机同时试图发送消息，那么信道上将会发送冲突，并且随着主机数量的增加，产生冲突的概率也随之增加。
- 第二点，从任意一主机发出的消息将会被发送到其他主机，形成广播，并且当网络中发送信息的主机数量越多，广播流量将会消耗更多的带宽。

网络交换机的引入分割了冲突域，解决了共享冲突问题。但是从根本上说，以太网交换机仍是一个高速网桥，交换机下连接的结点依然在一个广播域中，当交换机收到广播数据包时，会在所有的结点中进行传播，它无法过滤局域网的广播信息。当网络中结点数足够多时，广播信息包所占用的带宽就可能影响其他信息流的传输，导致网络速度和通信效率下降，这就是所谓的“广播风暴”。

为了避免因不可控制的广播导致的网络故障风险，通信网络需要隔离广播域。显而易见的解决方法是限制以太网上的结点，这就需要对网络进行物理分段。将网络进行物理分段的传统方法是使用路由器，如图 2-6 所示。相比于交换机，路由器并不通过 MAC 地址来确定转发数据的目的地址。路由器工作在网络层，它是基于网络层 IP 地址信息来选择路由，MAC 地址通常由设备硬件出厂自带不能更改，IP 地址一般由网络管理员手工配置或系统自动分配。路由器通过 IP 地址将连接到其端口的设备划分为不同的逻辑网络（子网），每个端口下连接的网络即为一个广播域，广播数据不会扩散到该端口以外，因此说路由器隔离了广播域。随着网络的不断扩展，接入设备逐渐增多，网络结构日趋复杂，必

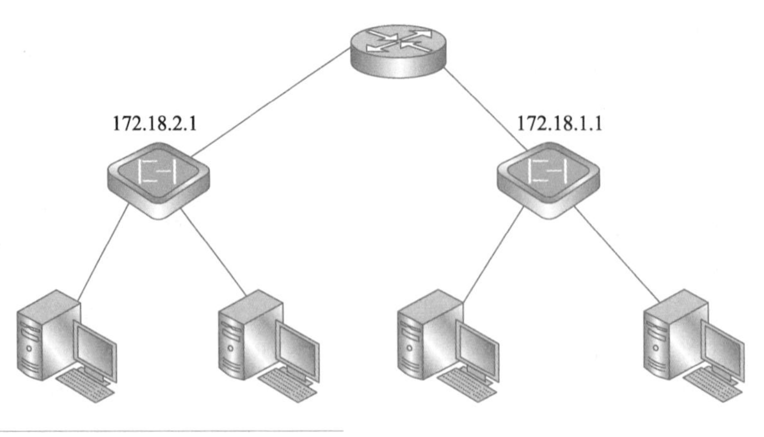

图 2-6
两个子网

须使用更多的路由器才能将不同的用户划分到各自的广播域中，在不同的局域网之间提供网络互联。大量使用路由器无疑是一笔不小的投资，同时，路由器所造成的通信“瓶颈”也会使网络的效率大打折扣。

交换机有较多的以太网接口，为在交换机中实现不同网段的广播隔离产生了 VLAN 技术，它是一种不用路由器解决隔离广播域的网络技术。VLAN 概念的引入，使交换机代替路由器承担了网络的分段工作。一个 VLAN 就是一个网段，可以在交换机上划分 VLAN（同一个交换机上可划分不同 VLAN，不同交换机上可以属于同一个 VLAN）。通过划分 VLAN，能够实现将一个大的局域网划分成若干个小的子网，同一个 VLAN 中的成员都共享广播，而不同 VLAN 之间广播信息是相互隔离的，如图 2-7 所示。

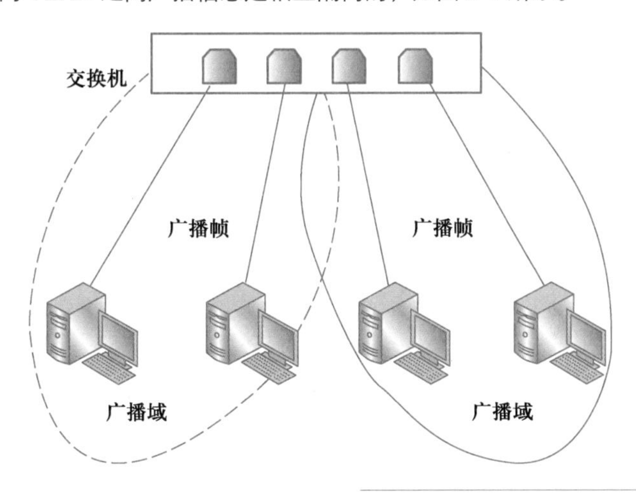

图 2-7
两个广播域

VLAN 打破了传统网络的许多固有观念，使网络结构变得灵活、方便、随心所欲。VLAN 不必考虑用户的物理位置，根据功能、应用等因素，将用户从逻辑上划分为一个个功能相对独立的工作组，每一个 VLAN 都可以对应于一个逻辑单位，如部门、项目组等。

通常使用 VLAN 建立虚拟工作组。当企业 VLAN 建成之后，某一部门或分支机构的职员可以在虚拟工作组模式下共享同一个“局域网”，这样绝大多数的网络流量都限制在 VLAN 广播域内部了。当部门内的某一个成员移动到另一个网络位置上时，他所使用的工作站不需要做任何改动。另一方面，一个用户根本不用移动他的工作站就可以调整到另一个部门去。管理员只需要在控制台上简单地敲几个键或操作一下鼠标即可。

2. VLAN 的标准

VLAN 的标准最初是由 Cisco 公司提出的，后来由 IEEE 接收，演化为以 IEEE 为代表的国际规范，这是目前各交换机厂家都遵循的技术规范。VLAN 的 IEEE 专业标准有两个，一个是 IEEE 802.10，另外一个是 IEEE 802.1Q，主要规定在现有的局域网（如以太网）物理帧的基础上添加用于 VLAN 信息传输的标志位。另外有些厂家，如 Cisco、3Com 等公司，还在自己的产品中保留了它们开发的技术协议。影响比较大的是 Cisco 的 ISL 协议和 VTP 协议。下面简单介绍这 4 种标准。

（1）IEEE 802.10

IEEE 802.10 标准原来是为了安全因素而提出的一种帧标签格式。1995 年 Cisco 公司提倡使用 IEEE 802.10 协议。在此之前，IEEE 802.10 曾经在全球范围内作为 VLAN 安全性的统一规范。Cisco 公司试图采用优化后的 IEEE 802.10 帧格式在网络上传输帧标签（Frame Tagging）模式中所必需的 VLAN 标签。然而，大多数 802 委员会的成员都反对推广 802.10，因为，该协议是基于 Frame Tagging 方式的。

IEEE 802.10 标准本身就是一个 LAN/MAN 的安全性方面的标准。IEEE 802.10 标准定义了一个单独的协议数据单元，通常被称为 Secure Data Exchange（SDE）PDU，也称为 802.10 报头，该标准把 802.10 报头插在了 MAC 地址的帧头和数据区之间。802.10 报头由 Clear Header 和 Protected Header 两部分组成。

（2）IEEE 802.1Q

微课 2-5
802.1Q 协议的实现

IEEE 802.1Q 标准制定于 1996 年 3 月，它定义了同一 VLAN 跨交换机通信桥接的规则以及正确标识 VLAN 的帧格式，在 802.1Q 帧格式中，使用 4字节的标识首部来定义标识（Tag）。这 4 个字节的 802.1Q 标签头包含了 2 个字节的标签协议标识（TPID）和 2 个字节的标签控制信息（TCI）。其中，使用 VLAN ID 划分不同的 VLAN，当数据帧通过交换机的时候，交换机会根据数据帧中 Tag 的 VLAN ID 信息，来标识它们所在的 VLAN，这使得所有属于该 VLAN 的数据帧，不管是单播帧、多播帧还是广播帧，都被限制在该逻辑 VLAN 内传输。

IEEE 802.1Q 协议不仅规定 VLAN 中的 MAC 帧的格式，而且还制定诸如帧发送及校验、回路检测，对业务质量（QoS）参数的支持以及对网管系统的支持等方面的标准。

IEEE 802.1Q 的出现打破了 VLAN 依赖于单一厂商的僵局，从侧面推动了 VLAN 的迅速发展。

（3）Cisco ISL 标签

ISL（Inter-Switch Link）是 Cisco 公司的专有封装方式，因此仅在 Cisco 的设备上支持。ISL 是一个在交换机之间、交换机与路由器之间及交换机与服务器之间传递多个 VLAN 信息及 VLAN 数据流的协议，通过在交换机直接相连的端口配置 ISL 封装，即可跨越交换机进行整个网络的 VLAN 分配和配置。ISL 主要用在以太网上。

ISL 协议对 IEEE 802.1Q 进行了很好的补充，使得交换机之间的数据传送具有更高的效率，主要应用于互联多个交换机，并且把 VLAN 信息作为通信量在交换机间传送。在全双工或半双工模式下的快速以太网链路上，ISL 可提供 VLAN 的能力，同时仍保持全线速的性能。

（4）VTP（Vlan Trunking Protocol）

Trunk（链路聚合）也是一种封装技术，它是一条点到点的链路，链路的两端可以都是交换机，也可以是交换机和路由器，还可以是主机和交换机或路由器。Trunk 的主要功能就是仅通过一条链路就可以连接多个 VLAN。

VTP 是一种通过 Trunk 来进行 VLAN 管理的协议，属于客户/服务器方式。首先，VTP 包含域的概念，只有处在同一个域内的交换机才能构成一个管理体系。其次，在整个域内，VLAN 的添加和删除都是在服务器端完成的。修改的结果通过 Trunk 发给客户端，客户端的 VLAN 数据库也会发生相应的变化，也就是说，客户端内的 VLAN 数据库总是与服务器端的 VLAN 数据库保持一致（同步）。

VTP 是一个在交换机之间同步及传递 VLAN 配置信息的协议。一个 VTP Server 上的配置将会传递给网络中的所有交换机，VTP 通过减少手工配置而支持较大规模的网络。

VTP 有 Server、Client 和 Transparent 3 种模式，交换机在默认情况下设为 Server 模式。

笔 记

3. 划分 VLAN 的优点

虽然虚拟局域网技术出现时间不长，但是它却改变了传统网络的结构，为计算机网络的不断发展创造了新的条件，也为新的网络应用推出了提供了可能。归纳起来，虚拟局域网技术主要有以下几方面的优点。

（1）控制网络广播风暴

在局域网中，大量的广播信息将带来网络带宽的消耗和网络延迟，导致网络传输效率的下降，引起网络堵塞。一个 VLAN 就是一个逻辑广播域，通过对 VLAN 的创建，将网络划分为多个 VLAN，可以将广播信息限制在各个 VLAN 内，进而减少了网络上不必要的广播通信，这样就有效地控制了广播风暴。

（2）增强网络安全性

含有敏感数据的用户组可与网络的其余部分隔离，从而降低泄露机密信息的可能性。不同 VLAN 内的报文在传输时是相互隔离的，即一个 VLAN 内的用户不能和其他 VLAN 内的用户直接通信，如果不同 VLAN 要进行通信，则需要通过路由器或三层交换机等三层设备。这种情况下可以在三层设备上设置访问控制列表，组织部分业务在 VLAN 间的流动，从而使安全绝对可靠。

（3）增加网络组织结构的灵活性

借助 VLAN 技术，可以将不同地点、不同网络、不同用户组合在一起，形成一个虚拟的网络环境，就像使用本地 VLAN 一样方便、灵活、有效。例如，集团公司的财务部在各子公司均有分部，但都属于财务部管理，虽然这些数据都是要保密的，但需统一结算时，就可以跨地域（也就是跨交换机）将其设在同一虚拟局域网之中，实现数据安全和共享。

（4）简化网络管理

对于传统结构的局域网，如果对某些用户重新进行网段分配，需要网络管理员对网络系统的物理结构重新进行调整，甚至需要追加网络设备，增大网络管理的工作量。而对于采用 VLAN 技术的网络来说，一个 VLAN 可以根据部门职能、对象组或者应用将不同地理位置的网络用户划分为一个逻辑网段，如同在一个房间一样。在不改动网络物理连接的情况下，可以任意地将工作站在工作组或子网之间移动。利用虚拟网络技术，大大减轻了网络管理和维护工作的负担，降低了网络维护费用。在一个交换网络中，VLAN 提供了网段和机构的弹性组合机制。

2.2.2 划分虚拟局域网的方法

微课 2-6
按端口划分 VLAN 的命令行以及脚本

从技术角度讲，VLAN 的划分可依据不同原则，一般有以下 5 种划分方法：按端口划分 VLAN、按照 MAC 地址划分 VLAN、按照 IP 地址划分、按 IP 组播划分 VLAN 和按用户定义、非用户授权划分 VLAN。

（1）按端口划分 VLAN

根据端口来划分 VLAN，顾名思义，就是明确指定各端口属于哪个 VLAN 的设定方

笔 记

法，这是最常用的一种 VLAN 划分方法，应用也较为广泛、较有效，目前绝大多数 VLAN 协议的交换机都提供这种 VLAN 配置方法。此方法优点是简单明了，管理也非常方便；缺点是灵活性不好。例如，当一个客户主机变更所连端口时，如果新端口与旧端口不属于同一个 VLAN，此时用户必须对该客户机重新进行网络地址配置，否则，该客户主机将无法进行网络通信。显然，根据端口划分 VLAN 的方式不适合那些需要频繁改变拓扑结构的网络。

（2）按照 MAC 地址划分 VLAN

按照 MAC 地址划分 VLAN 是根据每个主机的 MAC 地址来划分，即对每个 MAC 地址的主机都配置它属于哪个 VLAN。由于客户主机的 MAC 地址保持不变，所以，无论客户主机的物理位置在网络中如何移动，VLAN 不用重新配置。这种方法的缺点是客户主机入网时，需要对交换机进行比较复杂的手工配置，如果有几百个甚至上千个客户主机的话，配置是非常累的。而且这种划分的方法也导致了交换机执行效率的降低，因为在每一个交换机的端口都可能存在很多个 VLAN 组的成员，这样就无法限制广播包。另外，对于使用笔记本电脑的用户来说，他们的网卡可能经常更换，这样，VLAN 就必须不停地配置。所以，这种划分方法通常适用于小型局域网或者针对安全性要求比较高的部分终端。

（3）按照 IP 地址划分

按照 IP 地址划分 VLAN 则是通过所连计算机的 IP 地址，来决定端口所属 VLAN 的。不像基于 MAC 地址的 VLAN，即使计算机因为交换了网卡或是其他原因导致 MAC 地址改变，只要它的 IP 地址不变，就仍可以加入原先设定的 VLAN。

（4）按 IP 组播划分 VLAN

IP组播实际上也是一种 VLAN 的定义，即认为一个组播组就是一个 VLAN，这种划分的方法将 VLAN 扩大到了广域网，因此这种方法具有更大的灵活性，而且也很容易通过路由器进行扩展，当然这种方法不适合局域网，主要是效率不高。

（5）按用户定义、非用户授权划分 VLAN

按用户定义、非用户授权划分 VLAN，是指为了适应特别的 VLAN 网络，根据具体的网络用户的特别要求来定义和设计 VLAN，而且可以让非 VLAN 群体用户访问 VLAN，但是需要提供用户密码，在得到 VLAN 管理的认证后才可以加入一个 VLAN。

2.2.3　VLAN 的基本原理

在引入 VLAN 后，交换机的端口按用途分为访问连接（Access Link）端口和汇聚连接（Trunk Link）端口两种。

基于端口的 VLAN 分为两类：Port-VLAN 和 Tag-VLAN。

第一类：访问连接端口一般用于连接客户的 PC，以提供网络接入服务。该端口只属于某一个 VLAN，并且仅向该 VLAN 发送或接收数据帧。端口所属的 VLAN 通常也称作 Port-VLAN。

Port-VLAN 有以下特点：VLAN 是划分出来的逻辑网络，是第二层网络；VLAN 端口不受物理位置的限制；VLAN 隔离广播域。

Port-VLAN 的工作机制是：通过查找 MAC 地址表，交换机只对同一 VLAN 中的数据进行转发，对发往不同 VLAN 的数据不转发。

第二类：汇聚连接端口属于所有 VLAN 共有，承载所有 VLAN 在交换机间的通信流量。此端口所属的 VLAN 通常也称作 Tag-VLAN。

Tag-VLAN 的特点为：传输多个 VLAN 的信息；实现同一 VLAN 跨越不同的交换机；要求 Trunk 至少要 100Mbps。

在实际应用中，会遇到一个 VLAN 的所属端口，分布在两个或多个交换机上的情况。例如，按照部门划分 VLAN 时，同一部门的员工，可能分布在不同的楼层，其接入交换机不同，而又需要在同一 VLAN 之中，此时的 VLAN 需要跨越多台交换机。

为了解决该问题，将交换机级联的链路允许各 VLAN 数据通过，这条链路称之为 Trunk 链路，如图 2-8 所示。

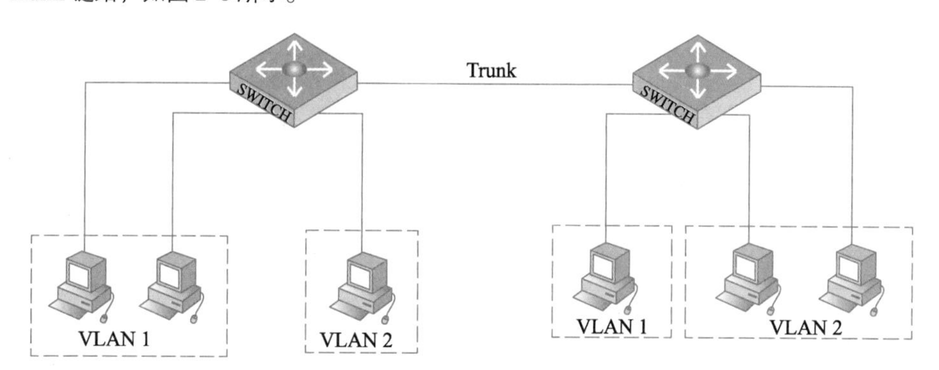

图 2-8
Trunk 链路

用于做 Trunk 链路的交换机接口工作模式必须设置为 Trunk 模式，接口速率必须大于等于 100Mbps。因此，当属于同一个 VLAN 的端口分布在两个或多个交换机上时，交换机之间的级联链路必须采用 Trunk 链路，即链路两端的交换机级联端口必须设置为 Trunk 模式。

Trunk 链路允许所有 VLAN 数据通过，为了区分各数据帧属于哪一个 VLAN，需要对流经 Trunk 链路的数据帧进行打标（Tag）封装，经过打标操作在原数据帧上附加一些 VLAN 信息，使得交换机通过识别附加上的 VLAN 信息，将数据帧转发到相应的 VLAN 中去。

目前交换机支持的打标封装协议主要包括：802.1Q 和 ISL。其中，802.1Q 是一个工业标准的 Trunk 协议，支持不同厂商的 VLAN 设备，在 Cisco 环境中，802.1Q 被称为“dot1q”；ISL 是 Cisco 公司制定的私有协议，只适用 Cisco 某些产品。

（1）IEEE 802.1Q 封装协议

IEEE 802.1Q 协议为标识带有 VLAN 成员信息的以太帧建立了一种标准方法。IEEE 802.1Q 标准定义了 VLAN网桥操作，从而允许在桥接局域网结构中实现定义、运行以及管理 VLAN 拓扑结构等操作。IEEE 802.1Q 标准主要用来解决如何将大型网络划分为多个小网络，如此广播和组播流量就不会占据更多带宽的问题。此外 IEEE 802.1Q 标准还提供更高的网络段间安全性。IEEE 802.1Q 完成这些功能的关键在于标签，一个包含 VLAN 信息的标签字段可以插入到以太帧中。如果端口有支持 802.1Q 的设备（如另一个交换机）相连，那么这些标签帧可以在交换机之间传送 VLAN 成员信息，这样 VLAN 就可以跨越多台交换机。

在以太网帧格式里，在MAC 地址源与以太网类型/长度的原始帧里添加 IEEE 802.1Q 所附加的 VLAN 标签，所添加的内容为 2 字节的 TPID 和 2 字节的 TCI，共计 4 字节，对数据帧的封装过程如图 2-9 所示。

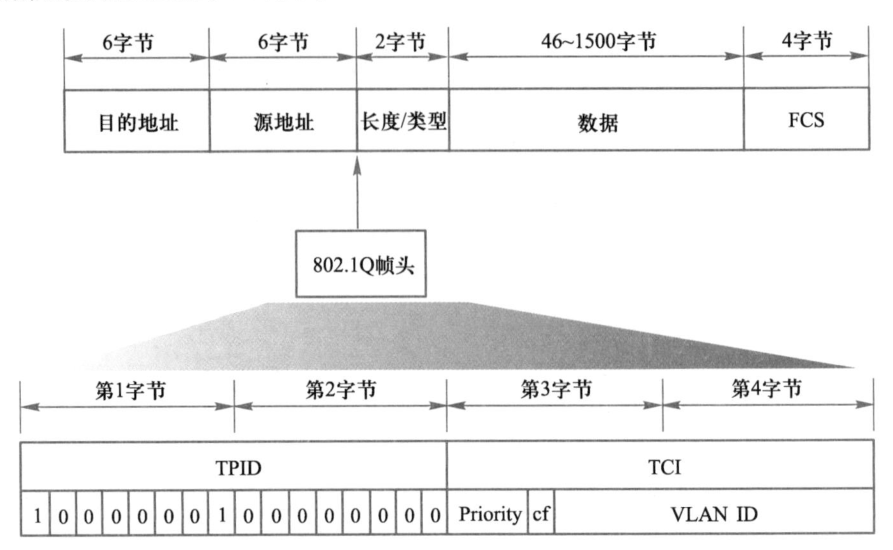

图 2-9
802.1Q 对数据帧的封装过程

TPID（Tag Protocol Identifier）该字段为 16 位，其数值被设置在 0x8100，以用来辨别某个 IEEE 802.1q 的帧成为“已被标注的”，而这个域所被标定位置与以太形式/长度与未标签帧的域相同，这是为了用来区别未标签的帧。

TCI（Tag Control Information）该字段 3 位，标签控制信息字段，包括用户优先级（User Priority）、规范格式指示器（Canonical Format Indicator，CFI）和 VLAN ID。

- User Priority：定义用户优先级，包括 8 个优先级别。IEEE 802.1P 为 3 比特的用户优先级位定义了操作。
- CFI：该字段为 1 位，若是 CFI=1，则 MAC 地址则为非标准格式；若 CFI=0，则为标准格式；在以太交换器中通常默认为 0。在以太和令牌环中，CFI 用来作为两者的兼容。若帧在以太端中接收数据，则 CFI 的值须设为 1，且这个端口不能与未标签的其他端口桥接。
- VLAN ID：该字段为 12 位，用来具体指出帧是属于哪个特定 VLAN。在标准 802.1Q 中常被使用，支持 4096 个 VLAN 的识别。在 4096 个可能的 VLAN ID 中，VLAN ID = 0 表示帧不属于任何一个 VLAN，此时，802.1Q 标签代表优先权，4095（FFF）作为预留值，所以 VLAN 配置的最大可能值为 4094。

VLAN 的工作原理如图 2-10 所示。当主机 A 向主机 B 发送数据时，数据在进入交换机 A 之前，数据帧没有被加上 VLAN Tag 标识，当数据通过端口 1 进入交换机 A 后，根据端口 1 所属的 VLAN 10，在数据帧上打上 VLAN 10 的 Tag 标识，交换机 A 根据数据帧中目的 MAC 地址（主机 B 的 MAC 地址），查找交换机转发表，从交换机 A 的端口 24 转发此帧，由于该端口为 Trunk 口，数据从此端口转出时仍带有 VLAN 10 的 Tag 标识，接着数据帧从交换机 B 的端口 24 进入交换机 B，交换机 B 根据 VLAN 10 的 Tag 标识，在交换机 B 的 VLAN 10 中广播，主机 B 响应，得到对应的目标端口 2，交换机 B 剥去 VLAN 10 的 Tag 标识后，将数据帧从端口 2 转发给主机 B。

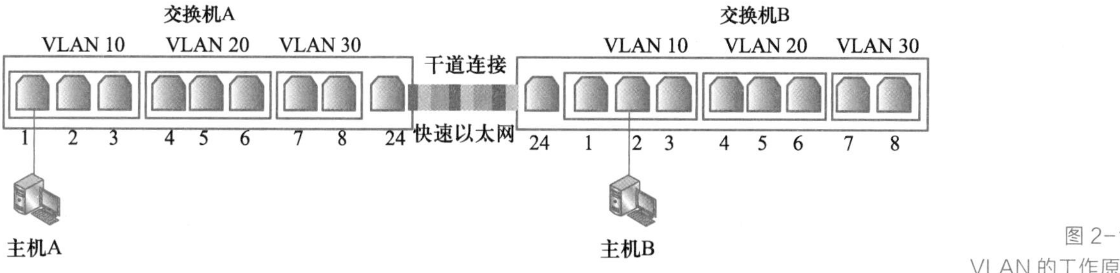

图 2-10
VLAN 的工作原理

（2）ISL 封装协议

ISL（Inter-Switch Link Protocol，交换链路内协议），是 Cisco 公司的私有协议，因此只能在 Cisco 公司的设备上支持。它是一个在交换机之间、交换机与路由器之间及交换机与服务器之间传递多个 VLAN 信息及 VLAN 数据流的协议。ISL 标签（Tagging）能与 802.1Q 干线执行相同任务，只是所采用的帧格式不同。

ISL 干线（Trunks）是 Cisco 私有，是指两个设备之间（如交换机）的一条点对点连接线路，在"交换链路内协议"名称中即包含了这层含义。ISL 帧标签采用一种低延迟（Low-Latency）机制为单个物理路径上的多个 VLAN 数据提供复用技术。ISL 主要用于实现交换机、路由器以及各结点（如服务器所使用的网络接口卡）之间的连接操作。为支持 ISL 功能特征，每台连接设备都必须采用 ISL 配置，ISL 所配置的路由器支持 VLAN 内通信服务。

笔 记

和 802.1Q 一样，ISL 作用于 OSI 模型的第 2 层，所不同的是，ISL 协议头和协议尾封装了整个第 2 层的以太帧。正因为此，ISL 被认为是一种能在交换机间传送第 2 层任何类型的帧或上层协议的独立协议。ISL 所封装的帧可以是令牌环（Token Ring）或快速以太网（Fast Ethernet），它们在发送端和接收端之间不断传送。交换机在以太网中的使用，解决了集线器所不能解决的冲突域的问题，但是交换技术并没有有效地抑制广播帧。即当站点向交换机的某个端口发送了广播帧后，交换机将把收到的广播帧转发到所有的与其他端口相连的网络上，造成网络上通信量的剧增。

2.2.4 虚拟局域网的基本配置

1. 单交换机 VLAN 划分过程

【实验目的】

① 了解 VLAN 的基本配置。

② 能够将在交换机上启用 VLAN，并将相应的端口划入 VLAN。

【实验设备】

在 PT 平台上拖放一台 2960-24TT 交换机和两台 PC，直通双绞线若干，进行设备配置。

【实验拓扑】

实验拓扑如图 2-11 所示。

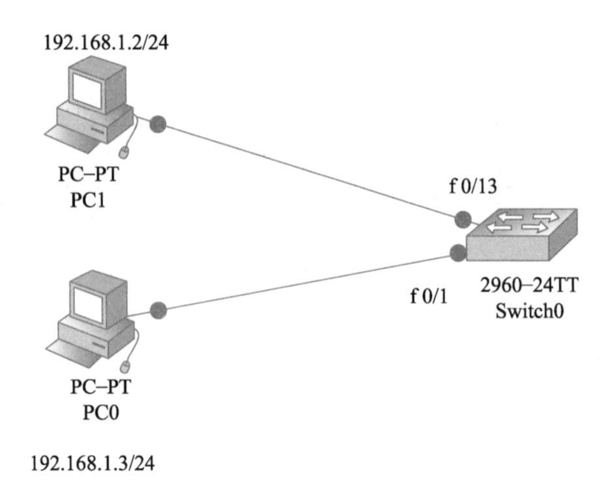

图 2-11
单交换机 VLAN 划分实验拓扑图

【实验步骤】

根据如图 2-11 所示，为了清晰起见，建议删除交换机上所有配置并且重新启动交换机。现在在交换机上划分两个 VLAN，即 VLAN 2 和 VLAN 3。一台没有经过任何配置的交换机默认是将所有的端口划分在 VLAN 1 中。RG S2126G 交换机共有 24 个端口，现在从前面将 1～12 端口划分在 VLAN 2 中，将后面的 13~24 端口划分在 VLAN 3 中。然后通过 PC 之间看能否 Ping 通，同一个 VLAN 间的 PC 若能 Ping 通，而不同 VLAN 间的 PC 不能 Ping 通，说明 VLAN 配置成功。具体操作如下：

```
switch >enable              （进入特权模式）
switch #conf t
switch(config)#hostname sw2950       （交换机重命名为 sw2950）
sw2950 (config)#
sw2950 (config)#vlan ?  （查看当前命令下的子命令）
    <1-1005>   ISL VLAN IDs 1-1005
sw2950 (config)#vlan 2   （创建 VLAN 2）
sw2950 (config-vlan)#name ?
WORD       Ascii name of the VLAN
sw2950 (config-vlan)#name Workgroup2     （为 VLAN 2 命名：Workgroup2）
sw2950 (config-vlan)#exit
sw2950 (config)#vlan 3           （创建 VLAN 3）
sw2950 (config-vlan)#name Workgroup3     （为 VLAN 3 命名：Workgroup3）
sw2950 (config-vlan)#exit
sw2950 (config)#
sw2950 (config)#interface range fastEthernet 0/1 – 12          （定义端口范围）
sw2950 (config-if-range)#switchport access vlan 2（将所定义的端口划分到 VLAN2）
sw2950 (config-if-range)#no shut        （激活所定义的端口）
sw2950 (config-if-range)#exit
sw2950 (config)#interface range fastEthernet 0/13 – 24   （定义端口范围）
sw2950 (config-if-range)#switchport access vlan 3（将所定义的端口划分到 VLAN3）
sw2950 (config-if-range)#no shut        （激活所定义的端口）
sw2950 (config-if-range)#exit
sw2950 (config)#exit
sw2950#show vlan          （查看 VLAN 数据库信息）
VLAN Name Status Ports
```

```
------------------------------------------------------------------------
1       default active
2       Workgroup2  active Fa0/1 ,Fa0/2 ,Fa0/3
Fa0/4 ,Fa0/5 ,Fa0/6
Fa0/7 ,Fa0/8 ,Fa0/9
Fa0/10,Fa0/11,Fa0/12
3       Workgroup3 active Fa0/13,Fa0/14,Fa0/15
Fa0/16,Fa0/17,Fa0/18
Fa0/19,Fa0/20,Fa0/21
Fa0/22,Fa0/23,Fa0/24
sw2950#
sw2950# write memory  （保存配置信息）
Building configuration...
[OK]
```

注意

在定义端口范围时，如 sw2950 (config)#interface range fastEthernet 0/1 – 12，"fastEthernet 0/1 – 12" 中 "–" 的左右两边都加空格也可以都不加。

配置完成后，将 PC1 和 PC2 同时接入 VLAN 2 中，测试一下同一 VLAN 内的主机之间是否可以 Ping 通，答案是肯定的。接下来将 PC2 接入 VLAN 3 中，测试一下不同 VLAN 内的主机是否可以 Ping 通，答案是否定的，因为 PC1 和 PC2 不属于同一个 VLAN 中。

通过测试可以知道不在同一个 VLAN 中的计算机之间不能通信，同一个 VLAN 中的计算机可以相互通信。

2. 跨交换机 VLAN 划分过程

【实验目的】

① 实现不同交换机上相同 VLAN 间的通信。

② 能够在交换机上熟练划分和配置 VLAN。

微课 2-7
跨交换机实现 VLAN 的命令行以及脚本

【实验设备】

在 PT 平台上拖放两台 2950-24 交换机和 3 台 PC，直通双绞线若干，交叉双绞线若干，进行设备配置。

【实验拓扑图】

实验拓扑如图 2-12 所示。

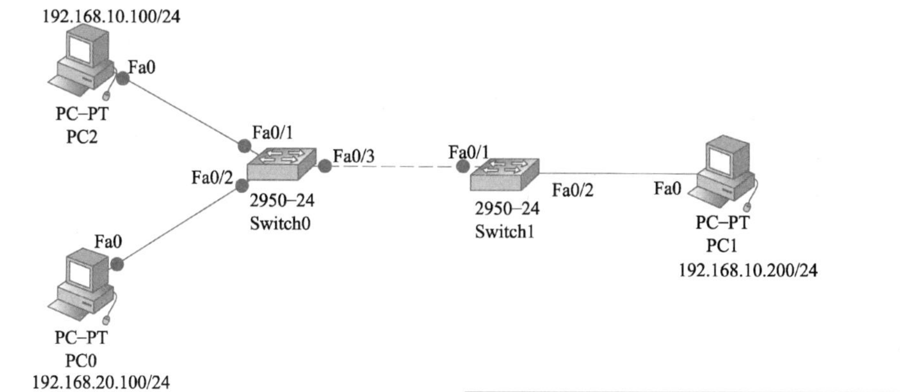

图 2-12
跨交换机 VLAN 划分实验拓扑图

【实验步骤】

（1）配置交换机 Switch0

在交换机 Switch0 上划分两个 VLAN，分别为 VLAN 10 和 VLAN 20。将 Fa0/1 端口划分到 VLAN10，将 Fa0/2 口划分到 VLAN 20，并将两台交换机相连的端口定义为 Mode Trunk 模式。

```
Switch>en
Switch#conf t
Switch(config)#vlan 10        （创建 vlan 10）
Switch(config-vlan)#exit
Switch(config)#vlan 20        （创建 vlan 20）
Switch(config-vlan)#exit
Switch(config)#int fa0/1
Switch(config-if)#switchport access vlan 10     （将 fa0/1 端口划分到 vlan10）
Switch(config-if)#exit
Switch(config)#int fa0/2
Switch(config-if)#switchport access vlan 20     （将 fa0/2 端口划分到 vlan20）
Switch(config-if)#exit
Switch(config)#int fa0/3
Switch(config-if)#switchport mode trunk    （将 fa0/3 端口设置为 mode trunk 模式）
Switch(config-if)#exit
```

（2）配置交换机 Switch1

在交换机 Switch1 上划分一个 VLAN 为 VLAN 10，将 Fa0/2 口划分到 VLAN 10，并将两台交换机相连的端口定义为 Mode Trunk 模式。

```
Switch>en
Switch#conf t
Switch(config)#vlan 10
Switch(config-vlan)#exit
Switch(config)#int fa0/2
Switch(config-if)#switchport access vlan 10    （将 fa0/2 端口划分到 vlan10）
Switch(config-if)#exit
Switch(config)#int fa0/1
Switch(config-if)#switchport mode trunk  （将 fa0/1 端口设置为 mode trunk 模式）
Switch(config-if)#exit
```

（3）配置 PC

```
PC0：IP：192.168.20.100    子网掩码：255.255.255.0
PC1：IP：192.168.10.200    子网掩码：255.255.255.0
PC2：IP：192.168.10.100    子网掩码：255.255.255.0
```

（4）验证配置

PC1 与 PC2 都属于 VLAN 10，它们的 IP 地址都在网络 192.18.10.0/24 内，PC0 属于 VLAN 20，它的 IP 地址在网络 192.168.20.0/24 内。利用 Ping 命令验证 PC1 与 PC2

能相互通信（图 2-13），但 PC0 与 PC1 不能相互通信（图 2-14）。若是，说明 VLAN 配置成功。

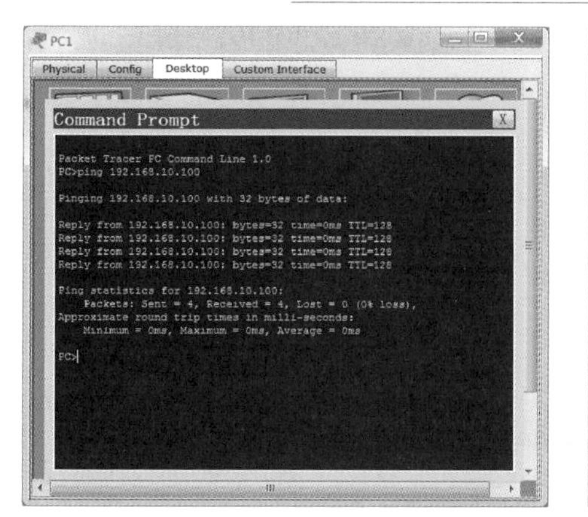

图 2-13
PC1 与 PC2
通信测试

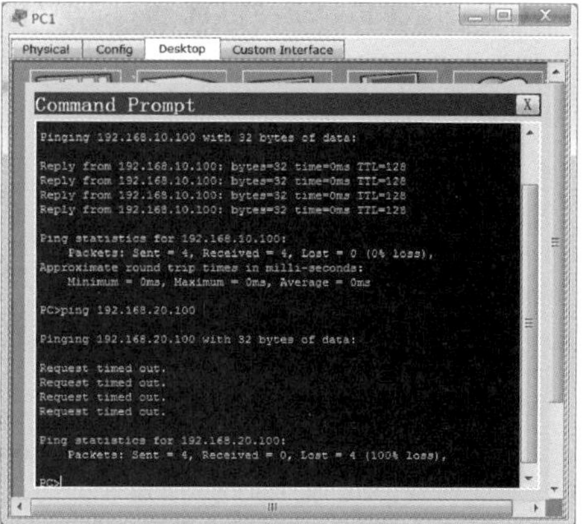

图 2-14
PC0 与 PC1
通信测试

3．基于单臂路由的不同 VLAN 之间通信的划分过程

【实验目的】

① 实现不同 VLAN 之间通信。

② 能够在交换机上熟练划分和配置 VLAN。

【实验设备】

在 PT 平台上拖放一台 Router0 1841 路由器、一台 2950-24 交换机和两台 PC，直通双绞线若干，进行设备配置。

【实验拓扑】

实验拓扑如图 2-15 所示。

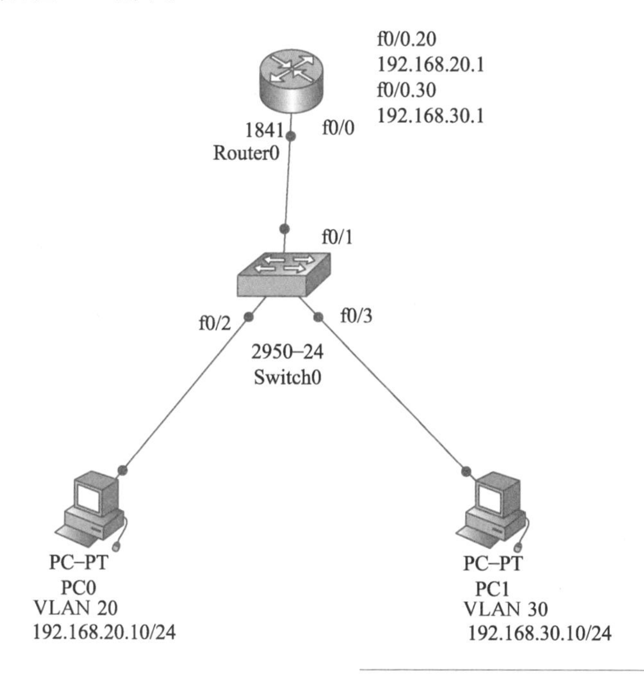

图 2-15
基于单臂路由的不同 VLAN
之间通信实验拓扑图

【实验步骤】

（1）配置路由器 Router0

在路由器 Router0 的 f0/0 接口上划分 2 个子接口：f0/0.20 和 f0/0.30，它们的 IP 地址分别为 192.168.20.1 和 192.168.30.1。

```
Router>enable
Router#
Router#conf t
Enter configuration commands, one per line.    End with CNTL/Z.
Router(config)#int f0/0
Router(config-if)#no ip address
Router(config-if)#no shutdown     （激活所定义的端口）
%LINK-5-CHANGED: Interface FastEthernet0/0, changed state to up
%LINEPROTO-5-UPDOWN: Line protocol on Interface FastEthernet0/0, changed state to up
Router(config-if)#
Router(config-if)#exit
Router(config)#interface f0/0.20          （进入 f0/0 的子接口 f0/0.20）
%LINK-5-CHANGED: Interface FastEthernet0/0.20, changed state to up
%LINEPROTO-5-UPDOWN: Line protocol on Interface FastEthernet0/0.20, changed state to up
Router(config-subif)#encapsulation dot1Q 20 （封装协议设置为 dot1q ，允许通过的 vlan 为 20）
Router(config-subif)#ip address 192.168.20.1 255.255.255.0 （为子接口 f0/0.20 配置 IP 地址）
Router(config-subif)#no shutdown
Router(config-subif)#interface f0/0.30          （进入 f0/0 的子接口 f0/0.30）
%LINK-5-CHANGED: Interface FastEthernet0/0.30, changed state to up
%LINEPROTO-5-UPDOWN: Line protocol on Interface FastEthernet0/0.30, changed state to up
Router(config-subif)#encapsulation dot1Q 30 （封装协议设置为 dot1q ，允许通过的 vlan 为 30）
Router(config-subif)#ip address 192.168.30.1 255.255.255.0 （为子接口 f0/0.30 配置 IP 地址）
Router(config-subif)#no shutdown
```

（2）配置交换机 Switch0

在交换机 Switch0 上划分两个 VLAN，分别为 VLAN 20 和 VLAN 30。将 fa0/2 端口划分到 VLAN 20，将 fa0/3 口划分到 VLAN 30，并将交换机与路由器相连的端口 f0/1 定义为 Mode Trunk 模式。

```
Switch>enable
Switch#
Switch#conf t
Enter configuration commands, one per line.    End with CNTL/Z.
Switch(config)#vlan 20
Switch(config-vlan)#vlan 30
Switch(config-vlan)#exit
Switch(config)#interface f0/1
Switch(config-if)#switchport mode trunk
%LINEPROTO-5-UPDOWN: Line protocol on Interface FastEthernet0/1, changed state to down
%LINEPROTO-5-UPDOWN: Line protocol on Interface FastEthernet0/1, changed state to up
Switch(config-if)#interface f0/2
Switch(config-if)#switchport mode access
```

```
Switch(config-if)#switchport access vlan 20
Switch(config-if)#no shutdown
Switch(config-if)#interface f0/3
Switch(config-if)#switchport mode access
Switch(config-if)#switchport access vlan 30
Switch(config-if)#no shutdown
```

（3）配置 PC

```
PC0：IP：192.168.20.10    子网掩码：255.255.255.0
PC1：IP：192.168.30.10    子网掩码：255.255.255.0
```

（4）配置验证

PC0 与 PC1 分别属于 VLAN 20、VLAN 30，它们的 IP 地址分别在网络 192.18.20.0/24、192.18.30.0/24 内。利用 Ping 命令验证 PC0 与 PC1 能相互通信，若是，说明 VLAN 配置成功。

4．基于三层交换机的不同 VLAN 之间通信的划分过程

【实验目的】

① 实现不同 VLAN 之间通信。

② 能够在交换机上熟练划分和配置 VLAN。

【实验设备】

在 PT 平台上拖放一台 SW3 3560-24P 三层交换机和两台 PC，直通双绞线若干，进行设备配置。

【实验拓扑】

实验拓扑如图 2-16 所示。

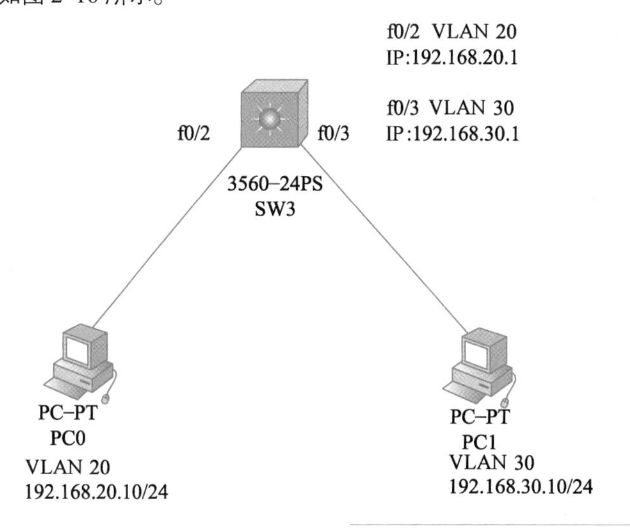

图 2-16
基于三层交换机的不同 VLAN 之间通信实验拓扑图

【实验步骤】

（1）配置三层交换机 SW3

在三层交换机 SW3 上划分两个 VLAN，分别为 VLAN 20 和 VLAN 30。将 fa0/2 端口

划分到 VLAN 20，将 fa0/3 口划分到 VLAN 30，并在三层交换机 SW3 上配置两个 SVI 接口 interface　vlan 10、interface　vlan 20，两个 SVI 接口的 IP 地址分别是 192.168.20.1、192.168.30.1。

```
Switch>
Switch>enable
Switch#
Switch#conf t
Enter configuration commands, one per line.   End with CNTL/Z.
Switch(config)#vlan 20
Switch(config-vlan)#vlan 30
Switch(config-vlan)#exit
Switch(config)#interface vlan 20
%LINK-5-CHANGED: Interface Vlan20, changed state to up
Switch(config-if)#ip address 192.168.20.1 255.255.255.0
Switch(config-if)#no shutdown
Switch(config-if)#interface vlan 30
%LINK-5-CHANGED: Interface Vlan30, changed state to up
Switch(config-if)#ip address 192.168.30.1 255.255.255.0
Switch(config-if)#no shutdown
Switch(config-if)#interface f0/2
Switch(config-if)#switchport mode access
Switch(config-if)#switchport access vlan 20
%LINEPROTO-5-UPDOWN: Line protocol on Interface Vlan20, changed state to up
Switch(config-if)#no shutdown
Switch(config-if)#interface f0/3
Switch(config-if)#switchport mode access
Switch(config-if)#switchport access vlan 30
%LINEPROTO-5-UPDOWN: Line protocol on Interface Vlan30, changed state to up
Switch(config-if)#no shutdown
```

（2）配置 PC

```
PC0：IP：192.168.20.10    子网掩码：255.255.255.0
PC1：IP：192.168.30.10    子网掩码：255.255.255.0
```

（3）配置验证

PC0 与 PC1 分别属于 VLAN 20、VLAN 30，它们的 IP 地址分别在网络 192.18.20.0/24、192.18.30.0/24 内。利用 Ping 命令验证 PC0 与 PC1 能相互通信，若是，说明 VLAN 配置成功。

5. 跨交换机实现不同 VLAN 之间的通信

【实验目的】

① 实现不同 VLAN 之间通信。

② 能够在交换机上熟练划分和配置 VLAN。

【实验设备】

在 PT 平台上拖放一台 SW3 3560-24P 三层交换机、两台 2950-24 交换机和两台 PC，直通双绞线若干，交叉双绞线若干，进行设备配置。

【实验拓扑】

实验拓扑如图 2-17 所示。

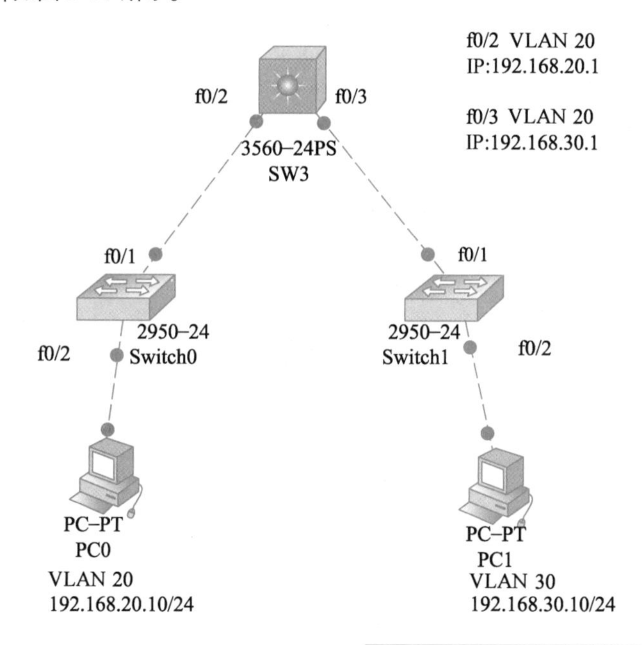

图 2-17 跨交换机实现不同 VLAN 之间的通信实验拓扑图

【实验步骤】

（1）配置三层交换机 SW3

在三层交换机 SW3 上划分两个 VLAN，分别为 VLAN 20 和 VLAN 30，在三层交换机 SW3 上配置两个 SVI 接口：interface vlan 20 和 interface vlan 30，两个 SVI 接口的 IP 地址分别是 192.168.20.1 和 192.168.30.1，并将三层交换机 SW3 与 Switch0、Switch1 相连的端口 f0/2、f0/3 定义为 Mode Trunk 模式。

```
Switch>enable
Switch#
Switch#conf t
Enter configuration commands, one per line.   End with CNTL/Z.
Switch(config)#
Switch(config)#vlan 20
Switch(config-vlan)#
Switch(config-vlan)#vlan 30
Switch(config-vlan)#
Switch(config-vlan)#exit
Switch(config)#
Switch(config)#interface vlan 20
%LINK-5-CHANGED: Interface Vlan20, changed state to up
Switch(config-if)#ip address 192.168.20.1 255.255.255.0
Switch(config-if)#no shutdown
Switch(config-if)#interface vlan 30
%LINK-5-CHANGED: Interface Vlan30, changed state to up
```

```
Switch(config-if)#ip address 192.168.30.1 255.255.255.0
Switch(config-if)#no shutdown
Switch(config-if)#interface f0/2
Switch(config-if)#switchport mode trunk
%LINEPROTO-5-UPDOWN: Line protocol on Interface FastEthernet0/2, changed state
to down
%LINEPROTO-5-UPDOWN: Line protocol on Interface FastEthernet0/2, changed state to up
%LINEPROTO-5-UPDOWN: Line protocol on Interface Vlan20, changed state to up
%LINEPROTO-5-UPDOWN: Line protocol on Interface Vlan30, changed state to up
Switch(config-if)#no shutdown
Switch(config-if)#interface f0/3
Switch(config-if)#switchport mode trunk
%LINEPROTO-5-UPDOWN: Line protocol on Interface FastEthernet0/3, changed state
to down
%LINEPROTO-5-UPDOWN: Line protocol on Interface FastEthernet0/3, changed state to up
Switch(config-if)#no shutdown
```

（2）配置交换机 Switch0

在交换机 Switch0 上划分 VLAN 20，将 fa0/2 端口划分到 VLAN 20，并将 Switch0 与三层交换机 SW3 相连的端口 f0/1 定义为 Mode Trunk 模式。

```
Switch>enable
Switch#
Switch#conf t
Enter configuration commands, one per line.   End with CNTL/Z.
Switch(config)#
Switch(config)#vlan 20
Switch(config-vlan)#
Switch(config-vlan)#exit
Switch(config)#interface f0/1
Switch(config-if)#switchport mode trunk
Switch(config-if)#interface f0/2
Switch(config-if)#switchport mode access
Switch(config-if)#switchport access vlan 20
Switch(config-if)#no shutdown
```

（3）配置交换机 Switch1

在交换机 Switch1 上划分 VLAN 30，将 fa0/2 端口划分到 VLAN 30，并将 Switch1 与三层交换机 SW3 相连的端口 f0/1 定义为 Mode Trunk 模式。

```
Switch>enable
Switch#
Switch#conf t
Enter configuration commands, one per line.   End with CNTL/Z.
Switch(config)#
Switch(config)#vlan 30
Switch(config-vlan)#exit
Switch(config)#interface f0/1
```

```
Switch(config-if)#switchport mode trunk
Switch(config-if)#interface f0/2
Switch(config-if)#switchport mode access
Switch(config-if)#switchport access vlan 30
Switch(config-if)#no shutdown
```

（4）配置 PC

```
PC0：IP：192.168.20.10    子网掩码：255.255.255.0
PC1：IP：192.168.30.10    子网掩码：255.255.255.0
```

（5）配置验证

PC0 与 PC1 分别属于 VLAN 20、VLAN 30，它们的 IP 地址分别在网络 192.18.20.0/24、192.18.30.0/24 内。利用 Ping 命令验证 PC0 与 PC1 能相互通信，若是，说明 VLAN 配置成功。

6. 实现 VLAN 裁剪功能

【实验目的】

微课 2-8
VLAN 的裁剪

① 了解 VLAN 裁剪的作用。

② 能够通过 PT 仿真软件建立拓扑图。

③ 能够在交换机上正确使用命令行，进行 VLAN 裁剪的操作。

【实验设备】

在 PT 平台上拖放两台 2960-24TT 交换机和两台 PC，直通双绞线若干，交叉双绞线若干，进行设备配置。

【实验拓扑图】

实验拓扑如图 2-18 所示。

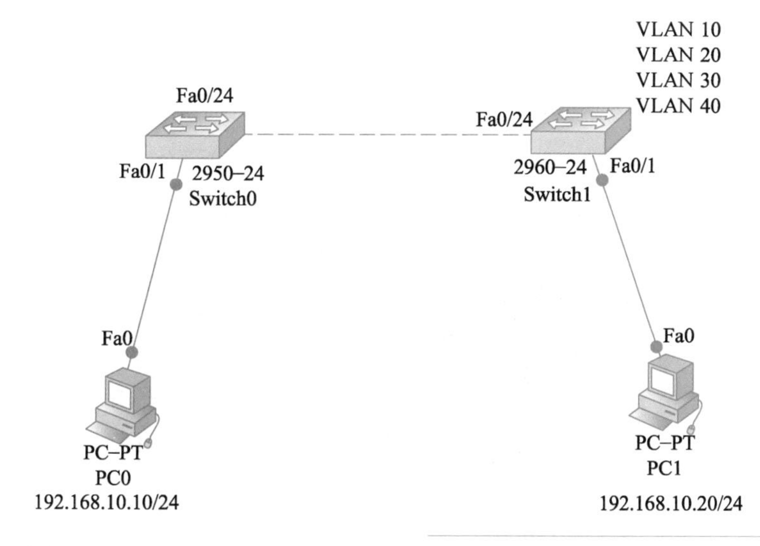

图 2-18
VLAN 裁剪实验拓扑图

【实验步骤】

（1）配置交换机 Switch0

在交换机 Switch0 上划分 4 个 VLAN，即 VLAN 10、VLAN 20、VLAN 30、VLAN 40。

现在将 1～5 端口划分在 VLAN 10 中，6～10 端口划分在 VLAN 20 中，11～15 端口划分在 VLAN 30 中，16～20 端口划分在 VLAN 40 中。同时将两台交换机相连的端口 f0/24 定义为 Mode Trunk 模式。

```
Switch>en
Switch#conf t
Enter configuration commands, one per line. End with CNTL/Z.
Switch(config)#vlan 10
Switch(config-vlan)#exit
Switch(config)#vlan 20
Switch(config-vlan)#exit
Switch(config)#vlan 30
Switch(config-vlan)#exit
Switch(config)#vlan 40
Switch(config-vlan)#exit
Switch(config)#int r f 0/1-5
Switch(config-if-range)#sw ac vlan 10
Switch(config-if-range)#int r f 0/6-10
Switch(config-if-range)#sw ac vlan 20
Switch(config-if-range)#int r f 0/11-15
Switch(config-if-range)#sw ac vlan 30
Switch(config-if-range)#int r f 0/16-20
Switch(config-if-range)#sw ac vlan 40
Switch(config-if-range)#int f 0/24
Switch(config-if)#sw mo trunk
```

在交换机 Switch1 中进行相同的配置。

（2）配置 PC

在以上配置的基础上，给两台 PC 配置同一个网段的 IP 地址，并分别在两台交换机上接入同一 VLAN（VLAN 10）的端口，检查两台 PC 的连通性，如图 2-19 所示。

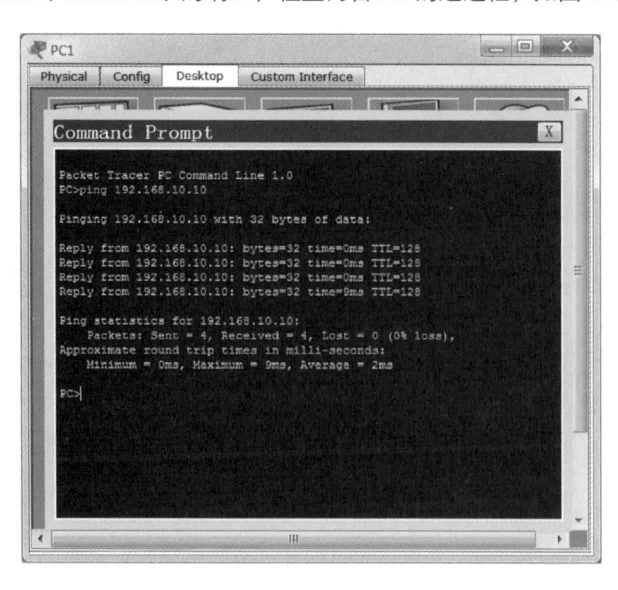

图 2-19
PC1 Ping PC0

```
PC0：IP：192.168.10.10    子网掩码：255.255.255.0
PC1：IP：192.168.10.20    子网掩码：255.255.255.0
```

（3）裁剪流量

分别在两台交换机的 24 口上将 VLAN 10、VLAN 20 的流量裁剪掉，不让 VLAN 10 以及 VLAN 20 的流量通过该 Trunk 口。

```
Switch#int f 0/24
Switch(config-if)#switchport trunk allowed vlan remove 10
Switch(config-if)#switchport trunk allowed vlan remove 20
```

（4）配置验证

在做了 VLAN 裁剪的基础上，再次检查 PC0 到 PC1 的连通性，PC0 和 PC1 如果 Ping 不通，说明配置成功，如图 2-20 所示。

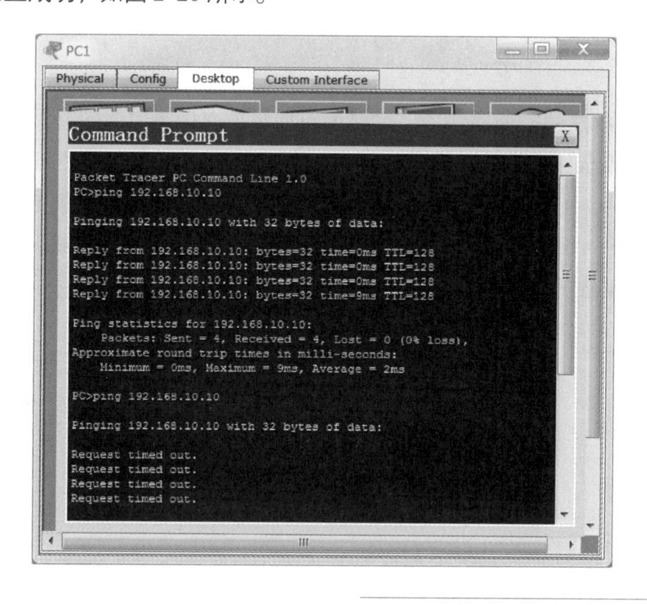

图 2-20
PC1 Ping PC0

2.3 生成树协议

2.3.1 广播风暴形成的原因

微课 2-9
广播风暴形成的原因

简单而言，广播风暴（Broadcast Storm）是指当广播数据充斥网络无法处理，广播信息包所占用的带宽就可能影响其他信息流的传输，使网络的性能迅速下降，甚至彻底瘫痪，这就是所谓的“广播风暴”。

引起网络广播风暴的原因主要有以下几种。

（1）网络环路

倘若网络拓扑中存在环路，常常会造成数据帧在本地网段中重复广播，导致网络性能下降，引起广播风暴。

（2）病毒

蠕虫病毒也会造成广播风暴，一旦有设备中毒后，病毒便可利用网络迅速传播，占用大量带宽，引起网络堵塞，导致广播风暴。

（3）网卡故障

倘若网卡发生故障，造成交换机接收到大量无用的数据包，损耗大量的网络带宽，产生了广播风暴。

（4）黑客软件

目前，部分网友会利用一些黑客软件，对企业或单位的内部网络进行攻击，在使用这些黑客软件的过程中，也有可能会引起广播风暴。

2.3.2　生成树协议及其原理

1．生成树协议的作用

在由交换机构成的交换网络中，网络的可靠性是必须考虑的问题，增强网络可靠性的基本方法就是增加冗余链路和设备。例如，在图 2-21 中，交换机 1 和交换机 2 之间物理上连接了两条线，主机 A 通过线路 1 访问主机 B，如果线路 1 因为某些原因链路断开无法使用，那么主机 A 还可以通过线路 2 访问主机 B。这种冗余设计能减少因单条链路故障而导致相关网络功能失败的概率，但又会造成网络环路的产生，环路会带来广播风暴、单播重复帧、MAC 地址表抖动等问题。

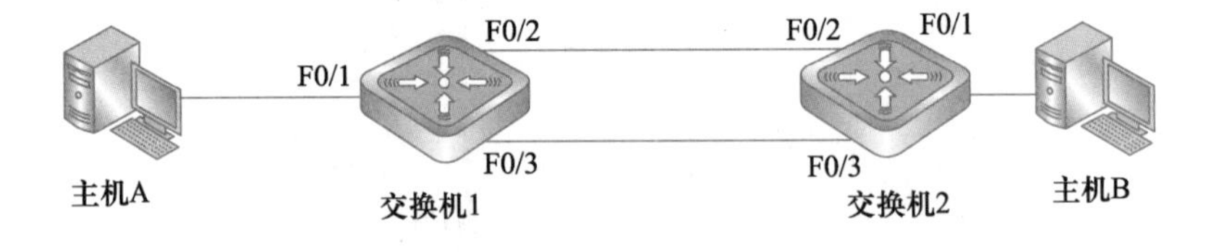

图 2-21
冗余交换拓扑

在冗余的交换拓扑中，解决环路的思路是：当主要链路正常时，断开备份链路；当主要链路出现故障时，就启用备份链路，此时备份链路迅速取代主要链路的位置。生成树协议（Spanning Tree Protocol，STP）的作用正在于此，STP 通过生成树算法（Spanning Tree Algorithm，SPA）生成一个没有环路的网络，一旦主要链路出现故障，生成树协议就能立即重新配置，启用备份链路，保证网络的连通。

微课 2-10
生成树协议的基本原理以及分类

2．生成树协议的基本术语

在 STP 协议中定义了根桥（Root Bridge）、根端口（Root Port）、指定端口（Designated Port）、路径开销（Path Cost）等概念。生成树协议是 IEEE 802.1D 中定义的数据链路层协议，用于解决在网络的核心层构建冗余链路里产生的网络环路问题，通过在交换机之间传递网桥协议数据单元（Bridge Protocol Data Unit，BPDU），通过采用生成树算法选举根桥、根端口和指定端口的方式，最终将网络形成一个树形结构的网络。其中，根端口、指定端口都处于转发状态，其他端口处于禁用状态。如果网络拓扑发生改变，将重新计算生成树拓扑。生成树协议的存在，既解决了核心层网络需要冗余链路的网络健壮性要求，又解决了因为冗余链路形成的物理环路导致“广播风暴”问题。

笔 记

生成树协议的基本术语如下。

(1) 网络协议数据单元

网络协议数据单元(BPDU)是 STP 中的“hello 数据包”，每隔一定的时间间隔(2 s，可配置)发送，它在网桥之间交换信息。STP 就是通过在交换机之间周期发送 BPDU 来发现网络上的环路，并通过阻塞有关端口来断开环路的。

(2) 网桥

网桥 ID(Bridge Id)用于标识网络中的每一台交换机，它由两部分组成，2 字节优先级和 6 字节 MAC 地址组成，其中，优先级范围是 0～65535，默认为 32768。

(3) 根网桥

根网桥简称根桥，同一广播域内只有一个根网桥/交换机，具有最小网桥 ID 的网桥/交换机将被选为根桥，所有在根桥的端口处于转发状态。

(4) 指定网桥

对交换机连接的每一个网段，都要选出一个指定网桥，指定网桥到根网桥的累计路径花费最小，由指定网桥收发本网段的数据包。

(5) 根端口

整个网络中只有一个根网桥，根网桥上的端口都是指定端口，而不是根端口，而在非根网桥上，需要选择一个根端口。根端口是指从网桥/交换机到根网桥累计路径花费最小的端口，交换机通过根端口与根网桥通信。根端口设为转发状态。

(6) 指定端口

每一个非根网桥为每个链接的网段选出一个指定端口，一个网段的指定端口指该网段到根网桥累计花费最新的端口，根网桥上的端口都是指定端口。指定端口设为转发状态。

(7) 非指定端口

除了根端口和指定端口之外的其他端口称为非指定端口，非指定端口将处于阻塞状态，不转发任何用户数据。

(8) 端口 ID

运行 STP 交换机的每个端口都有一个端口 ID(Port ID)，端口 ID 由端口优先级和端口号构成。端口优先级取值范围是 0～240，步长为 16，即取值必须为 16 的整数倍。在默认情况下，端口优先级是 128。

3. 生成树协议的工作过程

生成树协议运行生成树算法(STA)。生成树算法很复杂，但是其过程可以归纳为以下 3 个部分。

① 进行根网桥的选举。

② 确定根端口和指定端口。

③ 阻塞非根网桥上非指定端口。

笔 记

4. 选取原则

（1）根网桥的选取原则

选择根网桥的依据是网桥 ID，网桥 ID 由网桥优先级和网桥 MAC 地址组成，网桥 ID 值小的为根网桥。先进行桥优先级（默认为 32768）比较，优先级最高（优先级值最小）的将成为根网桥桥；如果桥优先级相同再比较桥 MAC 地址，MAC 地址最小的将成为根桥。

（2）根端口的选取原则

① 比较路径开销：比较本网桥/交换机到达根网桥的路径开销，开销值最小的端口将成为根端口。

② 比较网桥 ID：如果路径开销相同，则比较发送 BPDU 网桥/交换机的网桥 ID，选择网桥 ID 值最小的。

③ 比较发送者端口 ID：如果不同链路发送者的网桥 ID 相同，即同一台网桥/交换机，则比较发送者网桥/交换机的端口 ID，选择端口 ID 最小的端口。

（3）指定端口的选取原则

① 比较累计路径开销：累计路径开销最小的端口就是指定端口。

② 比较端口所在网桥/交换机的网桥 ID：如果累计路径开销相同，则比较端口所在网桥/交换机的网桥 ID，所在网桥 ID 最小的端口被选举为指定端口。

③ 比较端口 ID：如果通过累计路径开销和所在网桥 ID 选举不出来，则比较端口 ID，端口 ID 最小的被选举为指定端口。

5. 生成树状态

生成树经过一段时间（默认值是 30 s 左右）稳定之后，所有端口要么进入“转发”状态，要么进入“阻塞”状态。STP BPDU 仍然会定时从各个网桥的指定端口发出，以维护链路的状态。如果网络拓扑发生变化，生成树就会重新计算，端口状态也会随之改变。

运行生成树协议的交换机上的端口，总是处于下面 4 个状态中的一个。

（1）阻塞状态

启动时，交换机的所有端口均处于阻塞状态以防止回路，由生成树确定哪个端口切换为转发状态，处于阻塞状态的端口只能接受 BPDU（桥协议数据单元），不学习 MAC 地址，不转发数据帧。在默认情况下，端口会在这种状态下停留 20 s 时间。

（2）监听状态

在监听状态，不转发数据帧，但检测 BPDU（临时状态）。在默认情况下，该端口会在这种状态下停留 15 s 的时间。

（3）学习状态

在学习状态，接受 BPDU，学习 MAC 地址表（临时状态），接收数据帧，但不转发数据帧。在默认情况下，端口会在这种状态下停留 15 s 时间。

（4）转发状态

在转发状态，可以转发和接收数据帧，并转发和接收 BPDU。

通常，端口处于转发或阻塞状态。当检测到网络拓扑结构有变化时，交换机会自动进行状态转换，在此期间，端口暂时处于监听和学习状态。

在交换机的实际应用中，还可能会出现一种特殊的端口状态——禁用（Disable）状态。这是由于端口故障或交换机配置错误而导致数据发生冲突造成的死锁状态。如果不是端口故障，可通过重启交换机来解决这一问题。

当网络的拓扑结构发生改变时，生成树协议重新计算，以生成新的生成树结构。在此期间，交换机不转发任何数据帧。当交换机的所有端口状态切换为转发或阻塞状态时，表明重计算完毕，这一状态称为会聚（Convergence）。

生成树协议（STP）是在 IEEE 802.1D 标准中定义的。802.1w 通过利用快速生成树协议（RSTP）提供快速的重新配置功能，改进了 STP。

STP 与 RSTP 之间的主要不同是进行收敛时所用的时间。一旦一条链路中断或拓扑结构发生变化，STP 需要 30～60 s 时间检测这些变化和重新配置，这将影响到网络性能。在正确部署的情况下，RSTP 在发生链路故障和恢复链路时，可以将重新配置和恢复服务的时间减少到秒级以下，同时保持与 STP 设备的兼容性。

端口状态只有丢弃、学习或转发 3 种状态。

在理想条件下，RSTP 应当是网络中使用的默认生成树协议。由于 STP 与 RSTP 之间的兼容性，由 STP 到 RSTP 转换是无缝的。但是，RSTP 使用了快速状态转换，而快速状态转换常常会增加帧复制率和帧乱序率。因此，为了使 RSTP 与 STP 正确配合，用户可以使用 RSTP 执行协议参数来关闭快速转换功能。

6. 快速生成树的工作过程

其工作过程如图 2-22 所示，步骤如下。

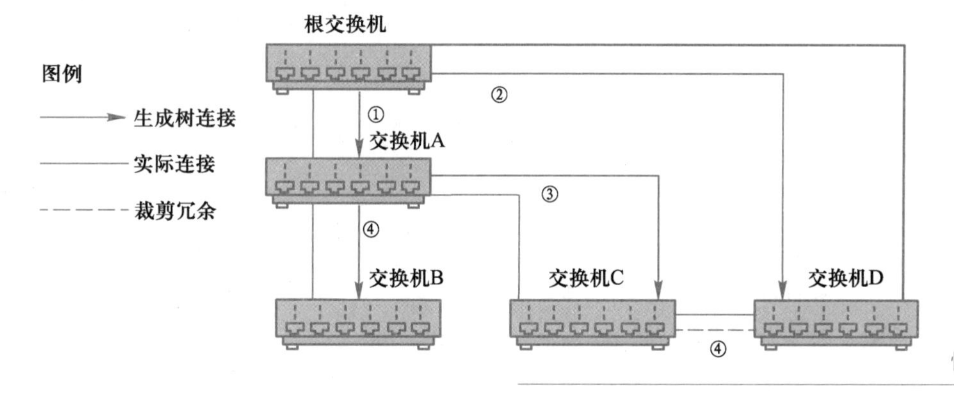

图 2-22
快速生成树的工作过程

第 1 步：把交换机 A 加入到网络中，交换机 A 和根交换机都处于“丢弃”状态。

第 2 步：交换机 A 接收根交换机的桥协议数据单元，并丢弃指定的端口，交换机 A 授权根交换机，把端口改为转发状态。

第 3 步：交换机 A 和根交换机进行转发，交换机 A“丢弃”交换机 B 和交换机 C。

第 4 步：交换机 B 和交换机 C 同步转发，交换机 C“丢弃”交换机 D。

2.3.3 生成树协议的基本配置

【实验目的】

① 理解生成树协议工作原理。

② 掌握快速生成树协议 RSTP 基本配置方法。

微课 2-11
开启生成树协议的命令行以及脚本

【实验设备】

在 PT 平台上拖放两台 2960-24TT 交换机和两台 PC，直通双绞线若干，交叉双绞线若干，进行设备配置。

【实验拓扑图】

实验拓扑如图 2-23 所示。

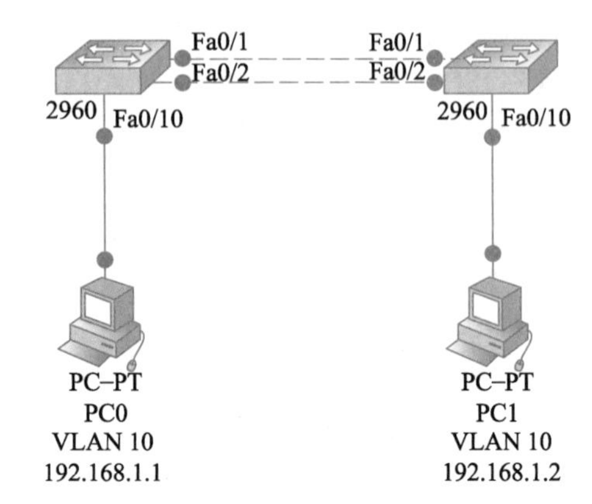

图 2-23
生成树协议的基本配置拓扑图

【实验步骤】

（1）配置交换机 S1

在交换机 S1 上划分一个 VLAN，即 VLAN 10。现在将端口 10 划分在 VLAN 10 中，将两台交换机相连的端口 Fa0/1-2 定义为 Mode Trunk 模式，同时开启生成树协议。

```
Switch>en
Switch#conf t
Enter configuration commands, one per line. End with CNTL/Z.
Switch(config)#hostname S1
S1(config)#vlan 10
S1(config-vlan)#exit
S1(config)#int fa0/10
S1(config-if)#swi acc vlan 10
S1(config-if)#exit
S1(config)#int range fa0/1-2
S1(config-if-range)#swi mode trunk
S1(config-if-range)#exit
S1(config)#spanning-tree mode rapid-pvst
```

（2）配置交换机 S2

在交换机 S2 上划分一个 VLAN，即 VLAN 10。现在将端口 10 划分在 VLAN 10 中，将两台交换机相连的端口 Fa0/1-2 定义为 Mode Trunk 模式，同时开启生成树协议。

```
Switch>en
Switch#conf t
Enter configuration commands, one per line. End with CNTL/Z.
Switch(config)#hostname S2
```

```
S2(config)#vlan 10
S2(config-vlan)#exit
S2(config)#int fa0/10
S2(config-if)#swi acc vlan 10
S2(config-if)#exit
S2(config)#int range fa0/1-2
S2(config-if-range)#switchport mode trunk
S2(config-if-range)#exit
S2(config)#spanning-tree mode rapid-pvst
S2(config)#
```

（3）查看状态

默认情况下 STP 是启用的，通过两台交换机之间传送 BPDU，选出根交换机、根端口等，以便确定端口的转发状态。通过命令查看交换机生成树状态。

S1：

```
S1#show spanning-tree
VLAN0001
Spanning tree enabled protocol rstp
Root ID Priority 32769
Address 0002.16C8.411C
This bridge is the root
Hello Time 2 sec Max Age 20 sec Forward Delay 15 sec

Bridge ID Priority 32769 (priority 32768 sys-id-ext 1)
Address 0002.16C8.411C
Hello Time 2 sec Max Age 20 sec Forward Delay 15 sec
Aging Time 20

Interface Role Sts Cost Prio.Nbr Type
---------------- ---- --- --------- -------- --------------------------------
Fa0/2 Desg FWD 19 128.2 P2p
Fa0/1 Desg FWD 19 128.1 P2p

VLAN0010
Spanning tree enabled protocol rstp
Root ID Priority 32778
Address 0002.16C8.411C
This bridge is the root
Hello Time 2 sec Max Age 20 sec Forward Delay 15 sec

Bridge ID Priority 32778 (priority 32768 sys-id-ext 10)
Address 0002.16C8.411C
Hello Time 2 sec Max Age 20 sec Forward Delay 15 sec
Aging Time 20

Interface Role Sts Cost Prio.Nbr Type
---------------- ---- --- --------- -------- --------------------------------
```

```
Fa0/10 Desg FWD 19 128.10 P2p
Fa0/2 Desg FWD 19 128.2 P2p
Fa0/1 Desg FWD 19 128.1 P2p
```

S2：

```
S2#show spanning-tree
VLAN0001
Spanning tree enabled protocol rstp
Root ID Priority 32769
Address 0002.16C8.411C
Cost 19
Port 1(FastEthernet0/1)
Hello Time 2 sec Max Age 20 sec Forward Delay 15 sec

Bridge ID Priority 32769 (priority 32768 sys-id-ext 1)
Address 0003.E4A7.5C5D
Hello Time 2 sec Max Age 20 sec Forward Delay 15 sec
Aging Time 20

Interface Role Sts Cost Prio.Nbr Type
---------------- ---- --- --------- -------- --------------------------------
Fa0/1 Root FWD 19 128.1 P2p
Fa0/2 Altn BLK 19 128.2 P2p

VLAN0010
Spanning tree enabled protocol rstp
Root ID Priority 32778
Address 0002.16C8.411C
Cost 19
Port 1(FastEthernet0/1)
Hello Time 2 sec Max Age 20 sec Forward Delay 15 sec

Bridge ID Priority 32778 (priority 32768 sys-id-ext 10)
Address 0003.E4A7.5C5D
Hello Time 2 sec Max Age 20 sec Forward Delay 15 sec
Aging Time 20

Interface Role Sts Cost Prio.Nbr Type
---------------- ---- --- --------- -------- --------------------------------
Fa0/1 Root FWD 19 128.1 P2p
Fa0/2 Altn BLK 19 128.2 P2p
Fa0/10 Desg FWD 19 128.10 P2p
```

（4）配置 PC

在以上配置的基础上，给两台 PC 配置同一个网段的 IP 地址，并分别在两台交换机上接入同一 VLAN（VLAN10）的端口，检查两台 PC 的连通性，PC0 Ping 通 PC1，如图 2-24 所示，说明主链路在工作。

PC0：IP：192.168.1.1　　　子网掩码：255.255.255.0
PC1：IP：192.168.1.2　　　子网掩码：255.255.255.0

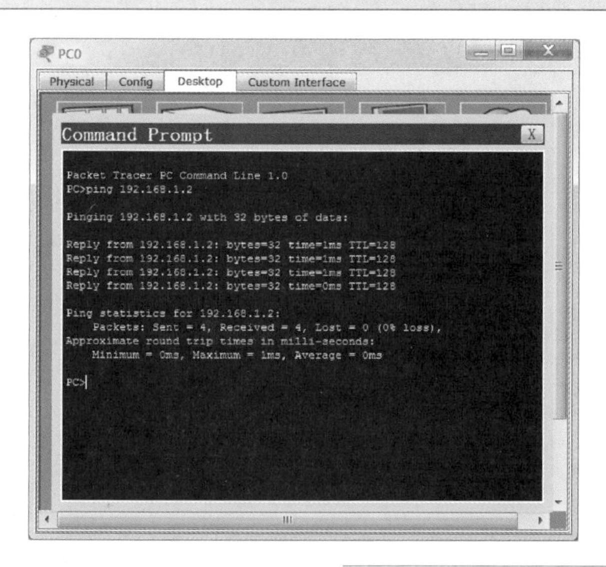

图 2-24
PC0 Ping PC1

（5）配置验证

当主链路处于 Down 状态时，能够自动切换到备份链路，保证数据的正常转发。

在 S2 上 Shut Down 掉 fa0/1，再次检查 PC0 到 PC1 的连通性，PC0 和 PC1 Ping 通，如图 2-25 所示，说明备份链路在工作，配置成功。

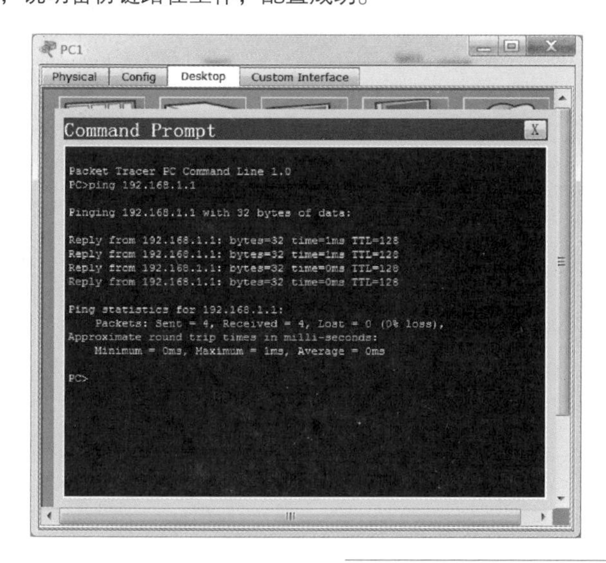

图 2-25
PC1 Ping PC0

第3章 路由技术基础

3.1　路由的基本概念

3.1.1　路由简介

微课 3-1
路由的基本概念

在日常生活中，如果需要从城市 A 到城市 B（如从南京到郑州），可以选择的交通工具可能不止一种，如果选择自驾的话，可以选择的路线也可能不止一条。在一个城市里，人们要去不同的地方，但是如果因为不知道怎么去目的地，或者是不遵守秩序，就会造成拥堵。此时，需要有人来维持秩序或者指路，如交警。

同样，在网络系统中，两点之间要进行数据通信，就需要发送数据包。为了能够将数据包发送到目的地，需要选择一个最优的通路到达数据接收方，数据包从发送方到接收方所经过的路径就是网络系统中的路由。那么数据包如何选择最优路径呢？这就需要询问网络中的“交警”—— 路由器。

路由（Routing）是指导 IP 报文发送的路径信息，IP 路由就是在所联网络之间转发数据报文的过程，数据报出发的地方称之为“源地址”，数据报想要到达的地方称之为“目的地址”。IP 路由的过程类似于“开车去往某个地方”，需要经过多个关口，到达每个关口可能有几条路径可以选择，为了节省“开销”，需要选择最优的路径到达关口，出了关口之后，需要再次选择哪个路径到达下一个关口，直到到达最终的目的地。完成数据报路径选择的设备是“路由器”，它是互联网络的枢纽。

3.1.2　路由器

微课 3-2
网络中路由器的作用

路由器是连接两个或多个网络的硬件设备，在网络间起网关的作用，是读取每一个数据包中的地址然后决定如何传送的专用智能性的网络设备。作为不同网络之间互相连接的枢纽，路由器系统构成了基于 TCP/IP 的国际互联网络 Internet 的主体脉络，也可以说，路由器构成了 Internet 的骨架。路由器属于 OSI 模型的第 3 层。

路由器的主要任务就是存储转发，即将接收到的数据包先存储起来，然后为该数据包寻找一条最优传输路径，并将该数据包有效地传送到接收方。

1．路由器的软硬件

路由器属于智能电子设备，其硬件结构与计算机相似，主要包括：

- 中央处理器（CPU）。
- 只读存储器（ROM）。
- 闪存（Flash Memory）。
- 非易失性内存（NVRAM）。
- 内存（RAM）。
- 辅助端口（AUXiliary Port）。
- 控制台端口（Console Port）。
- 线缆（Cable）。
- 接口（Interface）。

路由器软件系统，主要包括：

- 路由器操作系统（网络互联操作系统）。

- 配置文件（分为启动配置文件和运行配置文件两种）。
- 实用管理程序。

通常情况下，每家公司的路由器软件系统都是不同的。

笔 记

2. 路由器的特征和功能

在网络通信中，路由器具有判断网络地址以及选择 IP 路径的作用，可以在多个网络环境中构建灵活的链接系统，通过不同的数据分组以及介质访问方式对各个子网进行链接。

路由器通常位于网络层，路由器与早期的网桥相比有很多的变化和不同。通常而言，网桥的局限性比较大，它只能够连通数据链路层相同或者类似的网络，不能够连接数据链路层之间有着较大差异的网络。但是路由器却不同，它打破了这个局限，能够连接任意两种不同的网络，但是这两种不同网络之间要遵守一个原则，就是使用相同的网络层协议，这样才能够被路由器连接。通常，可以跨越路由器进行数据包路由的协议有 TCP/IP、IPX/SPX 和 AppleTalk 协议，另外，NetBeui 协议是不可以跨越路由器进行数据包路由的。

典型的路由器内部都带有自己的处理器、内存、电源以及各种不同类型的网络连接接口，如 Console、ISDN、AUI、Serial 和 Ethernet 端口等。功能强大并能支持各种协议的路由器有好几种插槽埠，用来容纳各种网络接口（如 RJ-45、BNC、FDDI、ISDN 等）。具有多种插槽以支持不同接口卡或设备的路由器被称为堆叠式路由器。路由器使用起来非常灵活。

路由器可以互联不同 MAC 协议、不同传输介质、不同拓扑结构和不同传输速率的异种网。它有很强的异种网互联能力，可以隔离冲突域和广播域，其不同端口下连接的网络都是一个逻辑子网，每一个子网都是一个独立的广播域。路由器具有流量控制、拥塞控制功能，能够对不同速率的网络进行速度匹配，以保证数据包的正确传输。

路由器不仅可以在中、小型局域网中应用，它也适合在广域网和大型、复杂的互联网络环境中应用，因此被广泛地应用于 LAN-WAN-LAN 的网络互联环境。

路由器的主要功能如下。

- 连接多个独立的网络或子网。
- 网间最佳寻径和数据报传送。
- 流量管理：包过滤、负载分流、负载均衡。
- 冗余和容错。
- 数据压缩、加密。

3. 路由器的分类

路由器自出现时起，其技术就不断提高，至今，更加智能的路由器不断涌现，按照不同的分类方法，路由器大致分类如下。

- 按路由器功能的实现可分为软件路由器和硬件路由器。

软件路由器是指利用台式机或服务器配合软件形成路由解决方案，主要靠软件的设置，达成路由器的功能；而硬件路由器则是以特有的硬设备，包括处理器、电源供应、嵌入式软件等，提供设定的路由器功能。

- 按功能是否模块化分为模块化结构路由器和固定配置路由器。

模块化结构路由器可以灵活地配置路由器，以适应企业不断增加的业务需求；固定

笔 记

配置路由器就只能提供固定的端口。通常中高端路由器为模块化结构，低端路由器为固定配置。

- 按适用的网络环境可分为电信级路由器、企业级路由器和家用路由器。
- 按所处网络级别可分为核心级路由器、汇聚级路由器和接入级路由器。

4．路由器的基本原理

为了让网络中各结点彼此之间能够正常通行，给各个结点配置一个唯一的 IP 地址是必不可少的。不同网段的网络常常采用路由器实现连接，因此，路由器应该至少有两个端口，并且每个端口都应该分配一个唯一的 IP 地址，该 IP 地址的网络号要求与所连接 IP 子网的网络号相同。路由器不同的端口连接不同的 IP 子网，对应不同的网络号，这样各子网中的主机才能通过自己子网的 IP 地址把要求发出去的 IP 数据报送到路由器上。

前面已经知道，路由器的主要任务就是存储转发数据包，即将接收到的数据包暂先存储起来，然后为该数据包寻找一条最优传输路径，并将该数据包有效地传送到接收方。当一个 IP 数据包到达路由器后，路由器首先要对该数据包进行检查，如果数据报无效或者错误，就将该数据包丢弃；如果数据报有效或者正确，路由器则根据数据包中目的 IP 地址转发该数据包。路由器在转发数据包时，如果这个数据包的目的 IP 地址是在与路由器直接相连的一个子网上，路由器会通过相应的接口把报文转发到目的子网上去；否则会把它转发到下一跳（Hop）路由器。

为了完成上述工作，每台路由器必须保存着各种传输路径的相关数据——路由表，供路由器进行路由选择时使用，表中包含的信息决定了数据转发的策略。把对应不同目的地的最佳路径存放在路由表中，这就是路由策略（Routing Policy）问题。路由表反映了网络的拓扑结构，一般一条表项应该包含数据包的目的 IP 地址（一般是目的主机所在网络的地址）、下一跳路由器的地址和相应的网络接口等，在网络拓扑发生变化的时候，路由表也应该做相应的变动，因此路由器必须能够生成并更新路由表。

5．路由的来源

根据路由器学习路由信息、生成并维护路由表的方法包括直连（Direct）路由、静态（Static）路由和动态（Dynamic）路由。

（1）链路层协议发现的直连路由

直连路由指的是路由器接口所连接的子网的路由。

优点：开销小，配置简单，无需人工维护。

缺点：只能发现本接口所属网段的路由。

（2）手工配置的静态路由

静态路由是由网络管理员事先手工在路由器中配置的固定路由信息。除非人为干预，否则不会发生变化，当网络的拓扑结构或链路的状态发生变化时，网络管理员需要手工去修改路由表中相关的静态路由信息。静态路由一般用于网络规模不大、拓扑结构固定的网络中。

优点：简单高效，无系统开销，安全可靠，适合简单拓扑结构的网络。

缺点：配置繁琐，需要人工进行维护，难以适应网络环境的变化。

（3）动态路由协议发现的动态路由

动态路由是路由器根据网络系统的运行情况而自动调整的路由表。动态路由是网络中的路由器之间运行动态路由协议，相互通信、传递路由信息，利用收到的路由信息更新路由表产生，适用于大型、拓扑经常变动的网络。在动态路由中，网络管理员不再需要像静态路由那样，手工对路由器上的路由表进行维护，当网络的拓扑结构或链路的状态发生变化时，动态路由协议可以自动更新路由表，并负责决定数据传输最佳路径。RIPv1、RIPv2、EIGRP（IRMP）、OSPF、BGP 等都是属于常用的动态路由协议。

优点：配置简单，不需要人工进行维护，可以实时适应网络环境的变化，适合复杂拓扑结构的网络。

缺点：系统开销大，各种动态路由协议会不同程度地占用网络带宽和路由器资源。

3.1.3　路由表

微课 3-3
路由表的作用

每个路由器都有一张路由表（Routing Table，也称路径表），路由表用于保存各种传输路径的相关数据（路由信息）供数据转发（路由选择）时使用。不同的路由协议，不同公司的路由器产品，其路由表中的路由信息会有所不同。但一般会有下面一些字段。

① 路由协议：表示路由条目是由哪个路由协议获取。

② 目标网络地址/掩码：表示目标主机的网络地址和子网掩码。

③ 管理距离和度量值：表示路由协议的路由可信度及到达目标网络所需要花费的代价。

④ 下一跳地址：由当前路由器出发，想要到达目标网络所需经过的下一跳路由器的入口地址。

⑤ 路由更新时间：上一次收到此路由信息所经过的时间。

⑥ 出站接口：为了到达目标网络，数据包应该从本路由器的哪个接口发出。

以思科路由器为例，其典型的路由信息条目格式如下：

```
O    172.18.18.0       [110/2]   via   222.192.255.18, 00:00:21,   FastEthernet0/4
R    192.168.1.0/24   [120/1]   via   222.192.255.6, 00:00:11,   FastEthernet0/1
C    192.168.5.0/24    is   directly   connected,   FastEthernet0/5
S    192.168.6.0/24   [120/1]   via   192.168.3.1
S*   0.0.0.0/0      [120/3]   via   192.168.2.254
```

第 1 个字母是路由协议代码，“O”代表 OSPF，“R”代表 RIP，“C”代表直连路由，“S”代表静态路由，“S*”代表默认路由等；第 2 段 IP 地址及掩码表示 IP 数据包的目标网络地址段和子网掩码；第 3 段类似[110/2]这样的形式是路由协议的管理距离和度量值，“via”后面的地址为该条路由信息的提供者，类似“00:00:21”的时间是该条路由信息的更新时间；最后的端口号表示为了到达目标网络，本路由器应该从哪个接口将数据包转发出去。

接下来，了解一下当一个数据包到达路由器时，路由器如何存储转发的。

① 当数据通过某一端口进入路由器时，路由器首先经过部分操作得到数据帧，接着检查其目的 MAC 地址与本端口 MAC 地址是否相同，同时对数据帧进行 CRC 校验。

② 如果校验没通过，说明数据帧有错误，则丢弃；如果校验通过，则将数据帧拆封得到数据包，并读出 IP 数据包中的目的 IP 地址，然后根据目的 IP 地址查找路由器的路由

表，规则如下。

- 首先用目的 IP 地址和子网掩码相与，得到网络地址，用该网络地址去路由表中查找所有匹配的路由。
- 若有匹配路由，则以最长掩码匹配规则在这些路由中查找最优路由，并找到最优路由条目中对应的转发接口和下一跳 IP 地址；否则将数据包发往默认网关。

③ 根据路由表中所查到的下一跳 IP 地址，再从 ARP 缓存中查出下一跳的 MAC 地址，同时将数据包封装成帧（将路由器转发接口的 MAC 地址作为源 MAC，下一跳地址的 MAC 作为目的 MAC）。此外，IP 数据包首部的 TTL 值减 1，并重新计算校验和。

④ 最后，将封装后的数据帧，经路由器的转发接口发送到输出链路上去。

在查找路由表的过程中，不难发现：对于同一个目标网络，路由表中可能存在多条路由条目可以选择，也就是说存在多条路径可以到达目标网络。那么当出现多条路由可供选择时，路由器又是如何进行路由选择的呢？实际上，在面对多条可选路由时，路由器会按照一定的选路原则进行路由选择，具体原则如下。

（1）首先，按最长掩码匹配原则

当有多条路径到达目标时，以其 IP 地址或网络号最长匹配的作为最佳路由。例如，目标 IP 地址 172.16.10.47 将选 172.16.10.44/30 路由条目，如图 3-1 所示。

```
R 172.16.10.44/30 [120/2] via 10.1.4.1, 00:00:06, Serial 0/0
R 172.16.10.32/27 [120/2] via 10.1.5.1, 00:00:09, Serial 1/0
R 172.16.10.0/24 [120/2] via 10.1.3.1, 00:00:17, Serial 0/1
R 172.16.10.0/16 [120/2] via 10.1.1.1, 00:00:23, Serial 1/1
S 0.0.0.0/0 [120/2] via 172.167.9.2, 00:00:03, Serial 2/0
```

图 3-1
最长掩码匹配原则

（2）其次，按照路由协议优先级高的优先

微课 3-4
路由选择协议

在相同匹配长度的情况下，按照路由协议优先级（也称为管理距离），管理距离值越小，路由的优先级越高。

当一条路由从不同路由协议学习到的时候，优先级高的路由协议将被优先使用。同一路由协议，在不同厂家设备上的优先值可能是不同的，但大体上会保持一致。以华为设备和思科设备为例，常用的路由信息源的优先级（华为）、默认管理距离值（Cisco）见表 3-1。

表 3-1　常用的路由信息源的优先级（华为）、默认管理距离值（Cisco）

路由协议	优先级（华为）	管理级别（Cisco）
Direct	0	0
RIP	100	120
Static	60	1
OSPF	10	110
IBGP	256	200
EBGP	256	20

以华为设备为例，例如，O　172.16.10.44/30 为 OSPF 产生的动态路由，S

172.16.10.44/30 为静态路由，OSPF 默认优先级为 10，而静态路由的默认优先级为 60，因此选择 S 172.16.10.44/30。

（3）最后，按照路由开销 Cost 值小的优先

路由开销是指从源到目的地经过所有链路的开销的总和，不同的路由协议使用不同的方法来计算路由的开销。例如，RIP 协议使用跳数来计算开销，跳数就是经过路由器的数量，RIP 最大的 Cost 为 15 跳；而 OSPF 协议的开销则是使用路由穿越的那些中间网络的开销的累加进行计算的。

当匹配长度、优先级都相同时，比较路由的 Cost 值，Cost 越小越优先。例如，R 172.16.10.44/30[120/2]，其 Cost 值为 2；R 172.16.10.44/30[120/4]，其 Cost 值为 4，因此选择 R 172.16.10.44/30[120/2]。

若存在多条到达同一个目的地址的相同开销的路径，这样的多条路径称为等价路由（Equal Cost Multi-Path，ECMP），等价路由能够实现负载均衡，也可以实现路由冗余备份。

3.2 静态路由

静态路由是由网络管理员事先手工在路由器中配置的固定路由信息，静态路由简单高效，无系统开销，安全可靠，适合简单拓扑结构的网络。

微课 3-5
配置静态路由协议（1）

1. 静态路由的操作步骤

静态路由的操作共有如下 3 个步骤。

第 1 步：网络管理员配置路由。

第 2 步：路由器将路由装入路由选择表。

第 3 步：使用静态路由来路由分组，因为静态路由是手工配置的，管理员必须在路由器上使用 ip route 命令配置静态路由，其格式为：

```
ip route  目地子网地址  子网掩码  相邻路由器相邻端口地址或者本地物理端口号
```

2. 配置静态路由的步骤

配置静态路由有如下几个步骤。

第 1 步：确认所有想要到达网络的前缀、掩码和地址。地址可以是本地接口或者是指向所要到达目的地的下一跳地址。

第 2 步：进入全局配置模式。

第 3 步：输入 ip route 命令和前缀、掩码及地址。

第 4 步：重复步骤 3 以完成步骤 1 定义的许多目的网络。

第 5 步：退出全局模式，并在特权模式下保存。

微课 3-6
配置静态路由协议（2）

3. 静态路由的基本配置

【实验目的】

① 了解路由器工作的基本原理。

② 掌握通过静态路由方式实现网络的连通性。

③ 掌握路由器的作用及静态路由的配置方法。

④ 掌握查看路由表的方法，并能读懂简单路由表项。

【实验设备】

在 PT 平台上拖放两台 2811 路由器、两台 2960-24TT 交换机和两台 PC，直通双绞线若干，串口线一条，进行设备配置。

【实验拓扑图】

实验拓扑如图 3-2 所示。

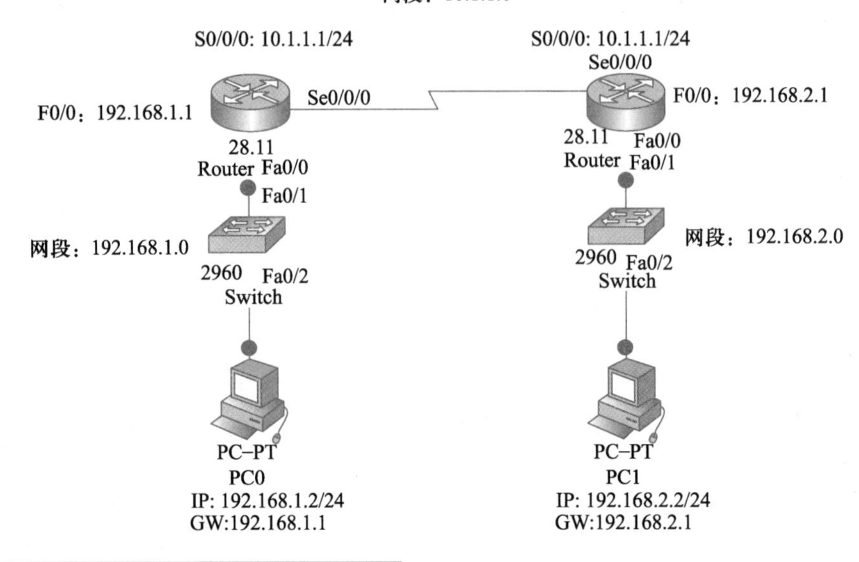

图 3-2
静态路由实验拓扑图

【实验步骤】

打开“配置静态路由协议.pkt”工程文档，分别按命令脚本文件设置好 PC0 和 PC1 的 IP 地址参数，然后将命令分别输入 Router0 路由器和 Router1 路由器，命令生效后，进行 PC0 和 PC1 的连通性测试，然后分别查看 Router0 路由器和 Router1 路由器的路由表项。具体路由器配置命令形式如下。

（1）配置 Router0 路由器

```
Router>
Router>en                                    （进入特权模式）
Router#conf t                                （进入全局模式）
Router(config)#hostname R1                   （为路由器重命名为 R1）
R1(config)#int fa0/0                         （进 f0/0 接口）
R1(config-if)#ip add 192.168.1.1 255.255.255.0       （为接口配 IP 和子网掩码）
R1(config-if)#no shut                                （激活所定义的端口）
R1(config-if)#exit
R1(config)#int s0/0/0
R1(config-if)#ip add 10.1.1.1 255.255.255.0
R1(config-if)#no shut
R1(config-if)#clock r 64000                  （配接口时钟，即速率）
R1(config-if)#exit
R1(config)#ip route 192.168.2.0 255.255.255.0 10.1.1.2      （配静态路由：指定目标网段、目标网段的子网掩码和下一跳地址）
```

```
R1(config)#exit
R1#copy running-config startup-config          （保存配置）
```

（2）配置 Router1 路由器

```
Router>
Router>en
Router#conf t
Router(config)#hostname R2
R2(config)#int fa0/0
R2(config-if)#ip add 192.168.2.1 255.255.255.0
R2(config-if)#no shut
R2(config-if)#exit
R2(config)#int s0/0/0
R2(config-if)#ip add 10.1.1.2 255.255.255.0
R2(config-if)#no shut
R2(config-if)#clock r 64000
R2(config-if)#exit
R2(config)#ip route 192.168.1.0 255.255.255.0 10.1.1.1
R2(config)#exit
```

4. 路由的负载均衡以及浮动路由的基本配置

【实验目的】

① 了解静态路由的工作原理。

② 掌握路由器的静态路由配置方法。

③ 学习负载均衡和浮动路由的工作原理。

④ 掌握负载均衡和浮动路由的测试方法。

微课 3-7
配置静态路由实现负载均衡以及浮动路由的配置（1）

【实验设备】

在 PT 平台上拖放 3 台 2811 路由器，串口线 3 条，进行设备配置。

【实验拓扑图】

实验拓扑如图 3-3 所示。

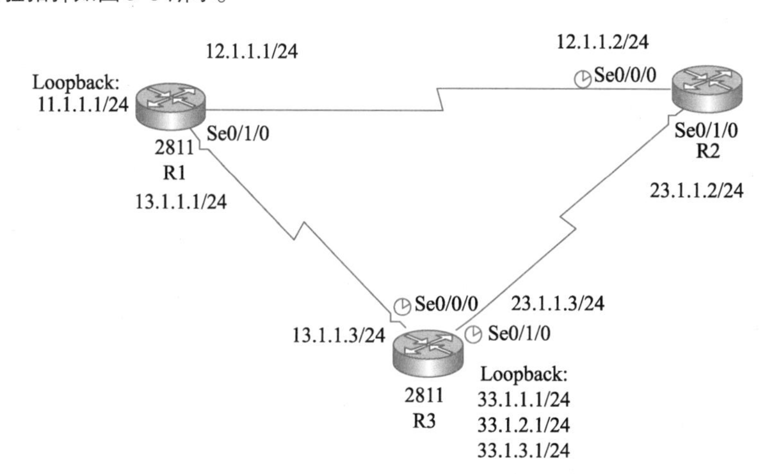

图 3-3
静态路由负载均衡及浮动路由的实验拓扑图

微课 3-8
配置静态路由实现负载均衡以及浮动路由的配置（2）

【实验步骤】

（1）静态路由实现负载均衡配置

当数据有多条可选链路前往同一目的网段时，可以通过配置静态路由负载均衡，使得数据的传输均等地分配到多条链路上，从而实现数据分流，减轻单条链路负载的效果，而当其中一条分流链路失效时，其他链路正常传输数据，在一定程度上也起到了链路冗余的作用。静态路由只支持等价负载均衡。

为 R1 配置两条通往 23.1.1.0/24 的路由，分别从 R1 的 s0/0/0 口和 S0/1/0 口出去。

打开“配置静态路由实现负载均衡及浮动路由配置.pkt”工程文档，分别按命令脚本文件“静态路由实现负载均衡脚本.txt”设置刷入路由器 R1、R2 和 R3 的配置脚本，然后分别查看 R1、R2 和 R3 的路由表项，再在 R1 路由器的特权模式下，开启 ICMP 数据包监听（debug ip icmp 命令），从 R1 路由器去 Ping23.1.1.2 地址，根据返回的数据包状态，判断负载均衡是否生效及其工作原理。

① 配置路由器 R1。

```
Router>en
Router#conf t
Enter configuration commands, one per line. End with CNTL/Z.
Router(config)#int s0/0/0
Router(config-if)#ip add 12.1.1.1 255.255.255.0
Router(config-if)#clock r 64000
This command applies only to DCE interfaces
Router(config-if)#no shut
%LINK-5-CHANGED: Interface Serial0/0/0, changed state to down
Router(config-if)#exit
Router(config)#int s0/1/0
Router(config-if)#ip add 13.1.1.1 255.255.255.0
Router(config-if)#clock r 64000
This command applies only to DCE interfaces
Router(config-if)#no shut
%LINK-5-CHANGED: Interface Serial0/1/0, changed state to down
Router(config-if)#exit
Router(config)#int loopback 1
Router(config-if)#ip add 11.1.1.1 255.255.255.0
Router(config-if)#no shut
Router(config-if)#exit
Router(config)#ip route 23.1.1.0 255.255.255.0 12.1.1.2
Router(config)#ip route 23.1.1.0 255.255.255.0 13.1.1.3
Router(config)#exit
Router#
```

② 配置路由器 R2。

```
Router>en
Router#conf t
Enter configuration commands, one per line. End with CNTL/Z.
Router(config)#int s0/0/0
```

```
Router(config-if)#ip add 12.1.1.2 255.255.255.0
Router(config-if)#clock r 64000
Router(config-if)#no shut
Router(config-if)#exit
Router(config)#int s0/1/0
Router(config-if)#ip add 23.1.1.2 255.255.255.0
Router(config-if)#clock r 64000
This command applies only to DCE interfaces
Router(config-if)#no shut
%LINK-5-CHANGED: Interface Serial0/1/0, changed state to down
Router(config-if)#exit
Router(config)#ip route 13.1.1.0 255.255.255.0 23.1.1.3
Router(config)#exit
Router#
```

③ 配置路由器 R3。

```
Router>en
Router#conf t
Enter configuration commands, one per line. End with CNTL/Z.
Router(config)#int s0/0/0
Router(config-if)#ip add 13.1.1.2 255.255.255.0
Router(config-if)#clock r 64000
Router(config-if)#no shut
Router(config-if)#exit
Router(config)#int s0/1/0
Router(config-if)#ip add 23.1.1.3 255.255.255.0
Router(config-if)#clock r 64000
Router(config-if)#no shut
Router(config-if)#exit
Router(config)#int loopback 1
Router(config-if)#ip add 33.1.1.1 255.255.255.0
Router(config-if)#no shut
Router(config-if)#exit
Router(config)#int loopback 2
Router(config-if)#ip add 33.1.2.1 255.255.255.0
Router(config-if)#no shut
Router(config-if)#exit
Router(config)#int loopback 3
Router(config-if)#ip add 33.1.3.1 255.255.255.0
Router(config-if)#no shut
Router(config-if)#exit
Router(config)#ip route 12.1.1.0 255.255.255.0 23.1.1.2
Router(config)#exit
Router#
```

配置完成以后，查看 R1 的路由表信息。

```
Router#show ip route
Codes: C - connected, S - static, I - IGRP, R - RIP, M - mobile, B - BGP
```

```
        D - EIGRP, EX - EIGRP external, O - OSPF, IA - OSPF inter area
        N1 - OSPF NSSA external type 1, N2 - OSPF NSSA external type 2
        E1 - OSPF external type 1, E2 - OSPF external type 2, E - EGP
        i - IS-IS, L1 - IS-IS level-1, L2 - IS-IS level-2, ia - IS-IS inter area
        * - candidate default, U - per-user static route, o - ODR
        P - periodic downloaded static route

Gateway of last resort is not set

     11.0.0.0/24 is subnetted, 1 subnets
C       11.1.1.0 is directly connected, Loopback1
     12.0.0.0/24 is subnetted, 1 subnets
C       12.1.1.0 is directly connected, Serial0/0/0
     13.0.0.0/24 is subnetted, 1 subnets
C       13.1.1.0 is directly connected, Serial0/1/0
     23.0.0.0/24 is subnetted, 1 subnets
S       23.1.1.0 [1/0] via 12.1.1.2
                 [1/0] via 13.1.1.3
```

R1 有两条路径可以访问 23.1.1.0/24，两条路径有相同的前缀（均为 23.1.1.0/24），相同的 AD 值（静态路由均为 1），区别仅仅是下一跳不同（从 R1 的 S/0/0 口出去的下一跳是 12.1.1.2/24，从 R1 的 S0/1/0 口出去的下一跳是 13.1.1.3/24）。路由器无法通过最长匹配原则选择出最优路径，以路由器的视角来看，两条路径是等优的，因此通过负载均衡来平衡带宽。

在 R1 上通过 debug ip icmp 命令开启 ICMP 数据包监听，并在 R1 上 Ping 23.1.1.2，从图 3-4 可以看出，当 R1 去 Ping 23.1.1.2 时，源 IP 在不同切换均衡地使用了两条路由。

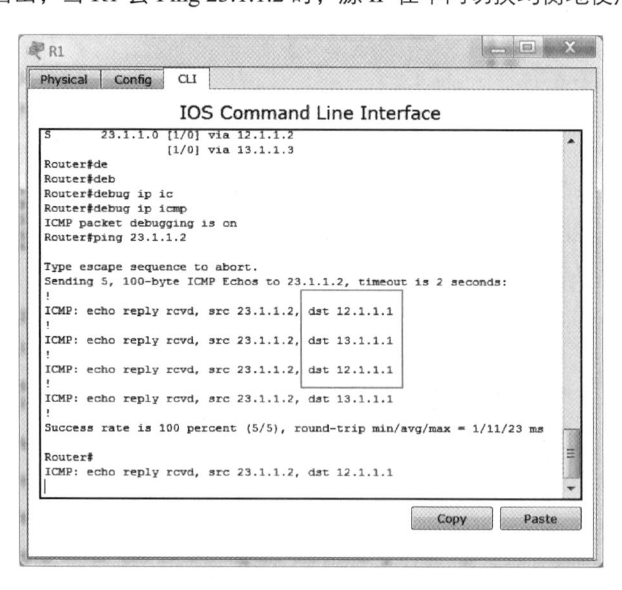

图 3-4
R1 上开启 ICMP 数据包监听

（2）配置浮动静态路由

当数据包前往目的网络有多条可用链路到达时，可以配置浮动静态路由，使得当主链路失效时，浮动静态路由自动生效，数据经浮动静态路由指定路径前往目的网段，而不会出现传输中断，相当于对链路做冗余。浮动静态路由不启用时是不会显示在路由表中的，只有当主链路失效，配置的浮动静态路由才会浮现在路由表中。

为 R1 配置通往 23.1.1.0/24 的浮动路由，在正常情况下，R1 去往 23.1.1.0/24 时，从 R1 的 S0/0/0 口出去；当上述链路失效时，从 R1 的 S0/1/0 口出去。

再次打开“配置静态路由实现负载均衡及浮动路由配置.pkt”工程文档，分别按命令脚本文件“配置浮动静态路由脚本.txt”设置刷入路由器 R1、R2 和 R3 的配置脚本，然后分别查看 R1、R2 和 R3 的路由表项，再把 R1 路由器的 S0/0/0 端口关闭后，重新查看 R1 路由器的路由表项，看看前后两次 R1 路由表项发生了哪些变化，从而分析浮动路由的工作原理。

① 配置路由器 R1。

```
Router>en
Router#conf t
Enter configuration commands, one per line. End with CNTL/Z.
Router(config)#int s0/0/0
Router(config-if)#ip add 12.1.1.1 255.255.255.0
Router(config-if)#clock r 64000
This command applies only to DCE interfaces
Router(config-if)#no shut
Router(config-if)#exit
Router(config)#int s0/1/0
Router(config-if)#ip add 13.1.1.1 255.255.255.0
Router(config-if)#clock r 64000
This command applies only to DCE interfaces
Router(config-if)#no shut
Router(config-if)#exit
Router(config)#int loopback 1
Router(config-if)#ip add 11.1.1.1 255.255.255.0
Router(config-if)#no shut
Router(config-if)#exit
Router(config)#ip route 23.1.1.0 255.255.255.0 12.1.1.2
Router(config)#ip route 23.1.1.0 255.255.255.0 13.1.1.3 50
Router(config)#exit
```

② 配置路由器 R2。

```
Router>en
Router#conf t
Enter configuration commands, one per line. End with CNTL/Z.
Router(config)#int s0/0/0
Router(config-if)#ip add 12.1.1.2 255.255.255.0
Router(config-if)#clock r 64000
Router(config-if)#no shut
Router(config-if)#exit
Router(config)#int s0/1/0
Router(config-if)#ip add 23.1.1.2 255.255.255.0
```

```
Router(config-if)#clock r 64000
This command applies only to DCE interfaces
Router(config-if)#no shut
Router(config-if)#exit
Router(config)#ip route 13.1.1.0 255.255.255.0 23.1.1.3
Router(config)#exit
Router#
```

③ 配置路由器 R3。

```
Router>en
Router#conf t
Enter configuration commands, one per line. End with CNTL/Z.
Router(config)#int s0/0/0
Router(config-if)#ip add 13.1.1.2 255.255.255.0
Router(config-if)#clock r 64000
Router(config-if)#no shut
Router(config-if)#exit
Router(config)#int s0/1/0
Router(config-if)#ip add 23.1.1.3 255.255.255.0
Router(config-if)#clock r 64000
Router(config-if)#no shut
Router(config-if)#exit
Router(config)#int loopback 1
Router(config-if)#ip add 33.1.1.1 255.255.255.0
Router(config-if)#no shut
Router(config-if)#exit
Router(config)#int loopback 2
Router(config-if)#ip add 33.1.2.1 255.255.255.0
Router(config-if)#no shut
Router(config-if)#exit
Router(config)#int loopback 3
Router(config-if)#ip add 33.1.3.1 255.255.255.0
Router(config-if)#no shut
Router(config-if)#exit
Router(config)#ip route 12.1.1.0 255.255.255.0 23.1.1.2
Router(config)#exit
Router#
```

配置完成以后，查看 R1 的路由表信息。

```
Router#show ip rout
Router#show ip route
Codes: C - connected, S - static, I - IGRP, R - RIP, M - mobile, B - BGP
       D - EIGRP, EX - EIGRP external, O - OSPF, IA - OSPF inter area
       N1 - OSPF NSSA external type 1, N2 - OSPF NSSA external type 2
       E1 - OSPF external type 1, E2 - OSPF external type 2, E - EGP
       i - IS-IS, L1 - IS-IS level-1, L2 - IS-IS level-2, ia - IS-IS inter area
       * - candidate default, U - per-user static route, o - ODR
       P - periodic downloaded static route
```

```
Gateway of last resort is not set

     11.0.0.0/24 is subnetted, 1 subnets
C        11.1.1.0 is directly connected, Loopback1
     12.0.0.0/24 is subnetted, 1 subnets
C        12.1.1.0 is directly connected, Serial0/0/0
     13.0.0.0/24 is subnetted, 1 subnets
C        13.1.1.0 is directly connected, Serial0/1/0
     23.0.0.0/24 is subnetted, 1 subnets
S        23.1.1.0 [1/0] via 12.1.1.2
```

从 R1 路由表可以看出，这时路由表中去往 23.1.1.0/24 的路由为 S 23.1.1.0 [1/0] via 12.1.1.2，R1 Ping 23.1.1.2 时，数据包将使用该路由转发。

将 R1 的 S0/0/0 接口关闭，这时主链路失效，将启用备用链路，再次查看 R1 的路由表信息。

```
Router#show ip route
Codes: C - connected, S - static, I - IGRP, R - RIP, M - mobile, B - BGP
       D - EIGRP, EX - EIGRP external, O - OSPF, IA - OSPF inter area
       N1 - OSPF NSSA external type 1, N2 - OSPF NSSA external type 2
       E1 - OSPF external type 1, E2 - OSPF external type 2, E - EGP
       i - IS-IS, L1 - IS-IS level-1, L2 - IS-IS level-2, ia - IS-IS inter area
       * - candidate default, U - per-user static route, o - ODR
       P - periodic downloaded static route

Gateway of last resort is not set

     11.0.0.0/24 is subnetted, 1 subnets
C        11.1.1.0 is directly connected, Loopback1
     13.0.0.0/24 is subnetted, 1 subnets
C        13.1.1.0 is directly connected, Serial0/1/0
     23.0.0.0/24 is subnetted, 1 subnets
S        23.1.1.0 [50/0] via 13.1.1.3
```

再次查看 R1 的路由表信息时可以看出，当主链路失效后，路由表中去往 23.1.1.0/24 的路由为 S 23.1.1.0 [1/0] via 13.1.1.3，不存在 S 23.1.1.0 [1/0] via 12.1.1.2，当 R1 Ping 23.1.1.2 时，数据包将使用备路由转发。

3.3 默认路由

默认路由用来路由那些目的不匹配路由选择表中任何一条其他路由的分组。路由器典型地为 Internet 边界流量配置一条默认路由，因为维护 Internet 上所有网络的路由是不切实际和不必要的。事实上默认路由是使用以下格式的一条特殊的静态路由：

```
ip route 0.0.0.0 0.0.0.0  相邻路由器的相邻端口地址或本地物理端口号
```

微课 3-9
静态默认路由的意义及其配置（1）

1．配置默认路由的步骤

配置默认路由有如下几个步骤。

第 1 步：进入全局配置模式。

第 2 步：输入目的网络地址为 0.0.0.0，子网掩码为 0.0.0.0，ip route 命令。默认路由的 address 参数可以是连接外部网络的本地路由器接口，也可以是下一跳路由器的 IP 地址。

第 3 步：退出全局模式，并在特权模式下保存配置。

2．默认路由的基本配置

【实验目的】

① 了解默认路由的工作原理。

② 掌握路由器的静态默认路由配置方法。

③ 继续学习查看路由表的方法，并能根据路由表项进行效果分析。

④ 掌握网络测试的一般方法。

微课 3-10
静态默认路由的意义及其配置（2）

【实验设备】

在 PT 平台上拖放两台 2811 路由器、两台 2960-24TT 交换机、两台 PC 和一台服务器，直通双绞线若干，交叉双绞线若干，串口线一条，进行设备配置。

【实验拓扑图】

实验拓扑如图 3-5 所示。

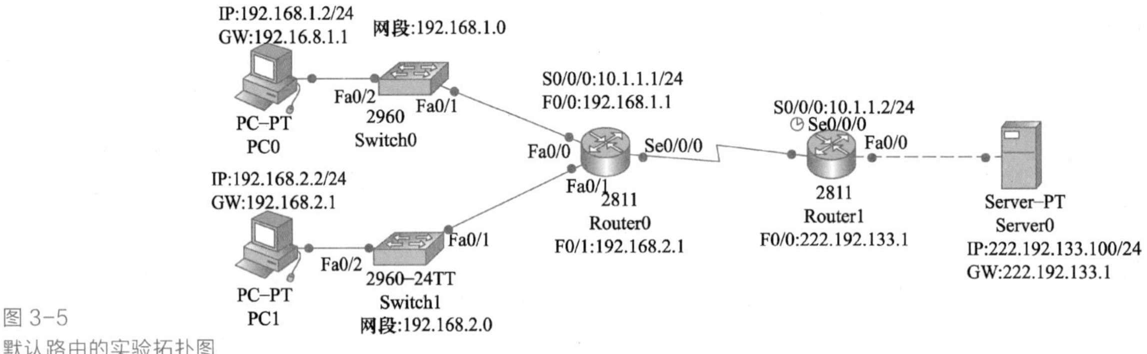

图 3-5
默认路由的实验拓扑图

【实验步骤】

打开“静态默认路由配置.pkt”工程文档，分别按命令脚本文件设置好 PC0、PC1 和服务器的 IP 地址参数，然后将命令分别输入 Router0 路由器和 Router1 路由器，命令生效后，进行 PC0 和 PC1 之间、PC0 和 PC1 与服务器之间的连通性测试，然后分别查看 Router0 路由器和 Router1 路由器的路由表项，根据路由表项判断默认路由是否生效，理解默认路由的作用。

（1）配置路由器 Router0

```
Router>en
Router#conf t
Router(config)#hostname R1
R1(config)#int fa0/0
```

```
R1(config-if)#ip add 192.168.1.1 255.255.255.0
R1(config-if)#no shut
R1(config-if)#exit
R1(config)#int fa0/1
R1(config-if)#ip add 192.168.2.1 255.255.255.0
R1(config-if)#no shut
R1(config-if)#exit
R1(config)#int s0/0/0
R1(config-if)#ip add 10.1.1.1 255.255.255.0
R1(config-if)#no shut
R1(config-if)#clock r 64000
R1(config-if)#exit
R1(config)#ip route 0.0.0.0 0.0.0.0 10.1.1.2          （配置静态默认路由）
R1(config)#exit
R1#copy running-config startup-config
```

（2）配置路由器 Router1

```
Router>en
Router#conf t
Router(config)#hostname R2
R2(config)#int fa0/0
R2(config-if)#ip add 222.192.133.1 255.255.255.0
R2(config-if)#no shut
R2(config-if)#exit
R2(config)#int s0/0/0
R2(config-if)#ip add 10.1.1.2 255.255.255.0
R2(config-if)#no shut
R2(config-if)#clock r 64000
R2(config-if)#exit
R2(config)#ip route 0.0.0.0 0.0.0.0 10.1.1.1     （配置反方向的静态默认路由）
R2(config)#exit
R2#copy running-config startup-config
```

（3）查看配置

Router0（R1）的路由表如下。

```
R1#show ip route
Codes: C - connected, S - static, I - IGRP, R - RIP, M - mobile, B - BGP
       D - EIGRP, EX - EIGRP external, O - OSPF, IA - OSPF inter area
       N1 - OSPF NSSA external type 1, N2 - OSPF NSSA external type 2
       E1 - OSPF external type 1, E2 - OSPF external type 2, E - EGP
       i - IS-IS, L1 - IS-IS level-1, L2 - IS-IS level-2, ia - IS-IS inter area
       * - candidate default, U - per-user static route, o - ODR
       P - periodic downloaded static route

Gateway of last resort is 10.1.1.2 to network 0.0.0.0
```

```
     10.0.0.0/24 is subnetted, 1 subnets
C       10.1.1.0 is directly connected, Serial0/0/0
C    192.168.1.0/24 is directly connected, FastEthernet0/0
C    192.168.2.0/24 is directly connected, FastEthernet0/1
S*   0.0.0.0/0 [1/0] via 10.1.1.2

Router1（R2）路由表如下。

R2#show ip route
Codes: C - connected, S - static, I - IGRP, R - RIP, M - mobile, B - BGP
       D - EIGRP, EX - EIGRP external, O - OSPF, IA - OSPF inter area
       N1 - OSPF NSSA external type 1, N2 - OSPF NSSA external type 2
       E1 - OSPF external type 1, E2 - OSPF external type 2, E - EGP
       i - IS-IS, L1 - IS-IS level-1, L2 - IS-IS level-2, ia - IS-IS inter area
       * - candidate default, U - per-user static route, o - ODR
       P - periodic downloaded static route

Gateway of last resort is 10.1.1.1 to network 0.0.0.0

     10.0.0.0/24 is subnetted, 1 subnets
C       10.1.1.0 is directly connected, Serial0/0/0
C    222.192.133.0/24 is directly connected, FastEthernet0/0
S*   0.0.0.0/0 [1/0] via 10.1.1.1
```

（4）配置验证

在 PC0 上 Ping 服务器 222.192.133.100，Ping 成功，如图 3-6 所示。

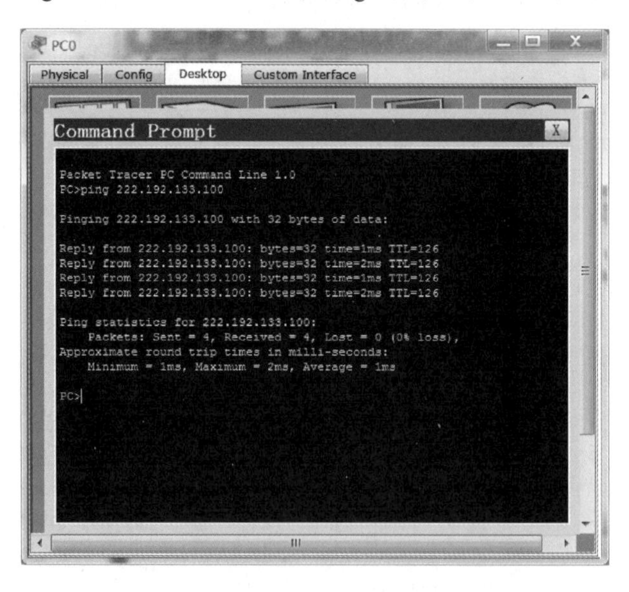

图 3-6
PC0 检查网络连通性

第4章

动态路由原理及其实现

4.1　动态路由协议概述

微课 4-1
动态路由协议概述

动态路由是路由器根据网络系统的运行情况而自动调整的路由表。动态路由是网络中的路由器之间运行动态路由协议，相互通信、传递路由信息，利用收到的路由信息更新路由表，适用于大型、拓扑经常变动的网络。在动态路由中，网络管理员不再需要像静态路由那样，手工对路由器上的路由表进行维护，当网络的拓扑结构或链路的状态发生变化时，动态路由协议可以自动更新路由表，并负责决定数据传输最佳路径。RIPv1、RIPv2、EIGRP（IRMP）、OSPF、BGP 等都是属于常用的动态路由协议。

1．动态路由协议基本原理

① 网络中运行相同的路由。

② 所有运行了该路由协议的路由器会将本机相关路由信息发送给网络中其他的路由器。

③ 所有路由器会根据所学的信息产生相应网段的路由信息。

④ 所有路由器会每隔一段时间向邻居通告本机的状态（路由更新）。

2．动态路由协议的作用

① 发现远程网络。

② 维护最新路由信息。

③ 选择通往目的网络的最佳路径。

④ 当前路径无法使用时找出新的最佳路径。

3．动态路由协议的作用和分类

常见的路由协议可分为外部网关协议和内部网关协议。

（1）外部网关协议

外部网关协议（Exterior Gateway Protocol，EGP）负责在自治系统之间或域间完成路由和可到达信息的交互，主要的外部网关动态路由协议有 BGPv4。

（2）内部网关协议

内部网关协议（Interior Gateway Protocol，IGP）负责在自治系统内部完成路由和可到达信息的交互，主要的内部网关动态路由协议有 RIP、OSPF 等。

内部网关协议可以划分为两类：距离矢量路由协议和链路状态路由协议。

距离矢量路由协议计算网络中所有链路的矢量和距离，并以此为依据确认最佳路径。使用距离矢量路由协议的路由器定期向其相邻的路由器发送全部或部分路由表。典型的距离矢量路由协议是 RIP 和 IGRP，距离矢量协议适用于以下情形。

- 网络结构简单、扁平，不需要特殊的分层设计。
- 管理员没有足够的知识来配置链路状态协议和排查故障。
- 特定类型的网络拓扑结构，如星形网络。
- 无需关注网络最差情况下的收敛时间。

链路状态路由协议使用为每个路由器创建的拓扑数据库来创建路由表，每个路由器通过此数据库建立一个整个网络的拓扑图。在拓扑图的基础上，通过相应的路由算法计算出通往各目标网段的最佳路径，并最终形成路由表。典型的链路状态路由协议是 OSPF，链路状态路由协议适用于以下情形。

- 网络进行了分层设计，大型网络通常如此。
- 管理员对于网络中采用的链路状态路由协议非常熟悉。
- 网络对收敛速度的要求极高。

4.2 RIP 路由协议

微课 4-2
RIP 概述

4.2.1 RIP 概述

1. RIP 基础

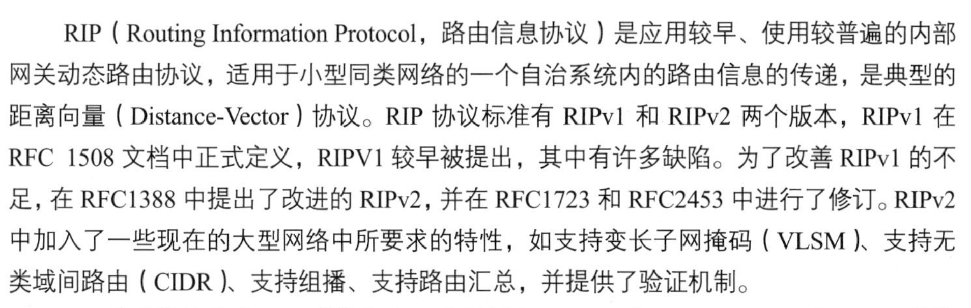

RIP（Routing Information Protocol，路由信息协议）是应用较早、使用较普遍的内部网关动态路由协议，适用于小型同类网络的一个自治系统内的路由信息的传递，是典型的距离向量（Distance-Vector）协议。RIP 协议标准有 RIPv1 和 RIPv2 两个版本，RIPv1 在 RFC 1508 文档中正式定义，RIPV1 较早被提出，其中有许多缺陷。为了改善 RIPv1 的不足，在 RFC1388 中提出了改进的 RIPv2，并在 RFC1723 和 RFC2453 中进行了修订。RIPv2 中加入了一些现在的大型网络中所要求的特性，如支持变长子网掩码（VLSM）、支持无类域间路由（CIDR）、支持组播、支持路由汇总，并提供了验证机制。

RIP 路由协议路由 IPv4 数据包有两个子版本：RIPv1 和 RIPv2，RIPv2 是 RIPv1 的扩展版本，目前园区网多用 RIPv2 协议。

RIP v1 的主要特点归纳如下。

- 它是一个距离向量路由协议。
- 路由选择的度量值是跳步数，每经过一台路由器，路径的跳数加 1。这样，跳数越多，路径就越长，最大允许的跳步数是 15，16 跳为无穷远。
- 默认管理距离为 120。
- 不支持不连续子网。
- 使用广播发送路由更新，目标地址为广播地址：255.255.255.255，默认更新周期为 30 s。

RIP v2 的主要特点归纳如下。

- 它是一个距离向量路由协议。
- 路由选择的度量值是跳步数，每经过一台路由器，路径的跳数加 1。这样，跳数越多，路径就越长，最大允许的跳步数是 15，16 跳为无穷远。
- 默认管理距离为 120。
- 支持不连续子网。
- 使用多播技术发送路由更新，目标地址为组播地址：224.0.0.9，默认更新周期为 30 s。
- 可以关闭自动路由汇总，支持手动路由汇总。

RIP 协议是基于 Bellham-Ford（距离向量）算法，此算法 1969 年被用于计算机路由选择，正式协议首先是由 Xerox 于 1970 年开发的，当时是作为 Xerox 的 Networking Services

（NXS）协议簇的一部分。由于 RIP 实现简单，迅速成为使用范围最广泛的路由协议。

在路由实现时，RIP 作为一个系统长驻进程（Daemon）而存在于路由器中，负责从网络系统的其他路由器接收路由信息，从而对本地 IP 层路由表进行动态维护，保证 IP 层发送报文时选择正确的路由。同时负责广播本路由器的路由信息，通知相邻路由器进行相应修改。RIP 路由协议使用“请求（Request）”和“更新（Update）”这两种分组来传输信息。请求信息用于寻找网络上能发出 RIP 报文的其他设备。每个具有 RIP 协议功能的路由器每隔 30 s 用 UDP520 端口给与之直接相连的路由器广播更新信息。更新信息反映了该路由器所有的路由选择信息数据库。

路由器间发送更新信息是在路由器初始启动后 30 s。当一个路由器在到另一个已经活动的路由器的连接上变成活动时，这种路由器的“公布”也会出现在路由器之间。使用 RIP 的路由器期待在 180 s 内从邻接路由器获得更新。如果在这段时间内没有收到邻接路由器的路由表更新，则去往未更新路由器的网络路由被标识为不可用，强制把 ICMP 网络不可到达消息返回给通过未更新路由器而连接的资源请求者。一旦接收更新定时器到达 240 s，未更新路由器的路由表项将被从路由表中删除。路由器现在接收到的要到达通过未更新路由器连接的报文，可以被重定向到此路由器的默认网络路径上。“默认路由”可以通过 RIP 学习或是用默认 RIP 度量定义。目的网络在路由表中没有找到的报文被重定向到定义默认路由的接口上。

2. RIP 报文格式

图 4-1 所示为 RIPv1 的报文结构，图 4-2 所示为 RIPv2 的报文结构。

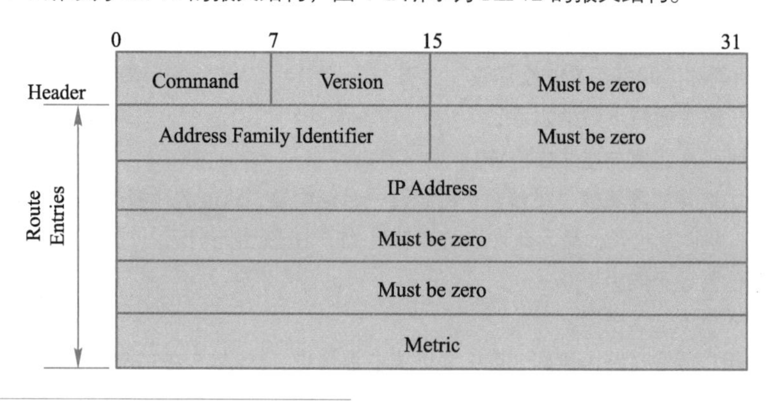

图 4-1
RIPv1 的报文结构

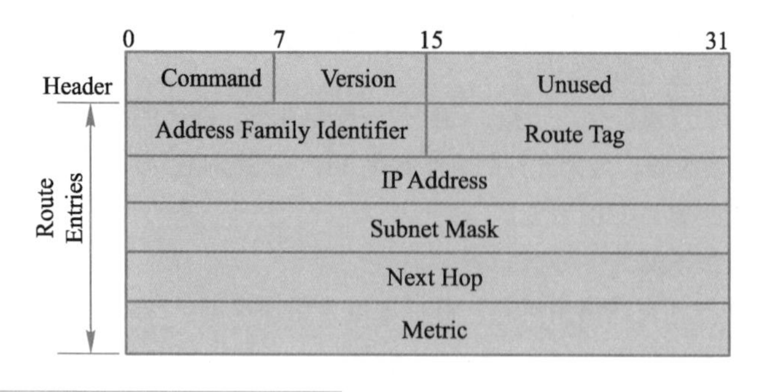

图 4-2
RIPv2 的报文结构

- Command：命令字段，占 8 位，用来指定数据报用途。命令有 5 种：Request（请求）、Response（响应）、Traceon（启用跟踪标记，自 v2 版本后已经淘汰）、Traceoff

（关闭跟踪标记，自 v2 版本后已经淘汰）和 Reserved（保留）。

- Version：RIP 版本号字段，占 16 位。
- Address Family Identifier：地址族标识符字段，24 位，它指出该入口的协议地址类型。由于 RIP2 版本可能使用几种不同协议传送路由选择信息，所以要使用到该字段。IP 协议地址的 Address Family Identifier 为 2。
- IP Address：路由的目标 IP 地址，IPv4 地址为 32 位。
- Subnet Mask：子网掩码字段，IPv4 子网掩码地址为 32 位。它应用于 IP 地址，生成非主机地址部分。如果为 0，说明该入口不包括子网掩码。该字段也仅在 v2 版本以上需要，在 RIPv1 中不需要，为 0。
- Next Hop：下一跳字段。指出下一跳 IP 地址，由路由入口指定的通向目的地的数据包需要转发到该地址。
- Metric：度量值，跳数字段。表示从主机到目的地获得数据报过程中的整个开销。
- Route Tag：路由标记字段，32 位，仅在 v2 版本以上需要，第一版本不需要，为 0。用于路由器指定属性，必须通过路由器保存和重新广告。路由标志是分离内部和外部 RIP 路由线路的一种常用方法（路由选择域内的网络传送线路），该方法在 EGP 或 IGP 都有应用。

3. 度量值和管理距离

RIP 使用的衡量不同，路由价值的度量值是“跳步数”。跳步数是一条路由要经过的路由器（或三层交换机以及其他三层设备）的数目。一个直接相连的网络的跳步数是 0，不可达网络的跳步数是 16。这非常有限的度量值使得 RIP 不能作为一个大型网络的路由协议。如果一个路由器有一个默认的网络路径，那么 RIP 就通告一条路由，它连接着路由器和一个虚网络 0.0.0.0。网络 0.0.0.0 并不存在，但是 RIP 把 0.0.0.0 当作是一个实现默认路由的网络。所有直接连接接口的跳数为 0，考虑图 4-3 所示的路由器和网络。虚线是广播 RIP 报文的方向，路由器 A 通过发送广播到 N1，通告它与 N2 之间的跳数是 1（发送给 N1 的广播中，通告它与 N1 之间的路由是无用的）。同时也通过发送广播给 N2，通告它与 N1 之间的跳数为 1。同样，R2 通告它与 N2 的度量为 1，与 N3 的度量为 1。如果相邻路由器通告它与其他网络路由的跳数为 1，那么与那个网络的度量就是 2，这是因为为了发送报文到该网络，必须经过那个路由器。在本例中，R2 到 N1 的度量是 2，与 R1 到 N3 的度量相同。

微课 4-3
RIP 路由协议的工作原理

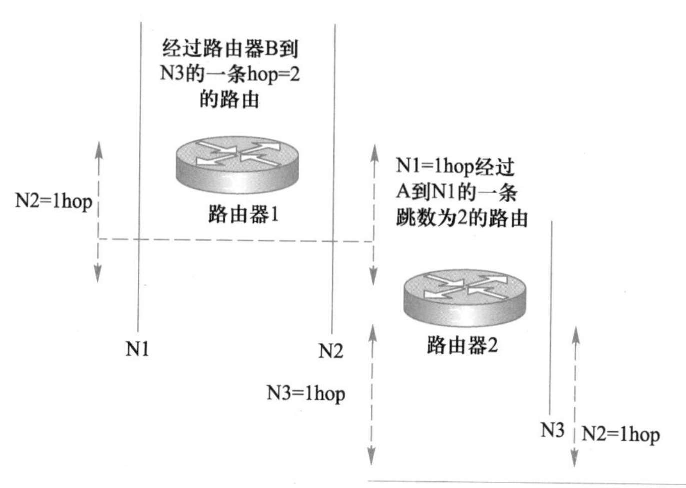

图 4-3
度量值与管理距离

笔 记

由于每个路由器都发送其路由表给邻站，因此，可以判断在同一个自治系统（AS）内到每个网络的路由。如果在该 AS 内从一个路由器到一个网络有多条路由，那么路由器将选择跳数最小的路由，而忽略其他路由。跳数的最大值是 15，这意味着 RIP 只能用在主机间最大跳数值为 15 的 AS 内。度量为 16 表示无路由到达该 IP 地址。

4. 定时器

RIP 协议在更新和维护路由信息时主要使用 4 个定时器：更新定时器、无效定时器、刷新定时器和保持定时器。

- 更新定时器（以 s 为单位）：当此定时器超时时，立即发送更新报文，默认值是 30 s。
- 无效定时器（以 s 为单位）：也称超时计时器或限时计时器。设置路径被认为无效的时间间隔，指明经过多少秒钟一条路由将被认为是无效的。如果 180 s（默认值）后还未收到可刷新现有路由的更新，则将该路由的度量设置为 16，从而将其标记为无效路由。在刷新定时器超时以前，该路由仍将保留在路由表中。
- 刷新定时器（以 s 为单位）：也叫垃圾收集定时器。默认值是 240 s，比无效计时器长 60 s。如果在刷新定时器超时前不可达路由没有收到来自同一邻居的更新，则该路由将被从 RIP 路由表中彻底删除。
- 保持定时器（以 s 为单位）：也叫抑制定时器。用于在路由条目不可达后一定时间内不允许被响应报文更新。当 RIP 设备收到对端的路由更新，其 Cost 为 16，对应路由进入保持状态，并启动保持定时器。为了防止路由震荡，在保持定时器超时之前，即使再收到对端路由 Cost 小于 16 的更新，也不接受。当保持定时器超时后，就重新允许接受对端发送的路由更新报文。默认值是 180 s。

5. 收敛机制

RIP 协议的技术比较简单，但它存在一个弊端：缓慢的收敛速度或者是错误的路由信息，可能导致网络中存在环路（Routing Loops）。如图 4-4 所示，路由器 R1、R2、R3 已经学到了所有网段，当路由器 R2 的网络拓扑发生变化，2.0.0.0 的网段设为不可达（Down）。

路由器R1的路由表

目的网段	输出端口	代价
12.0.0.0	S0	0
13.0.0.0	S1	0
2.0.0.0	S0	1

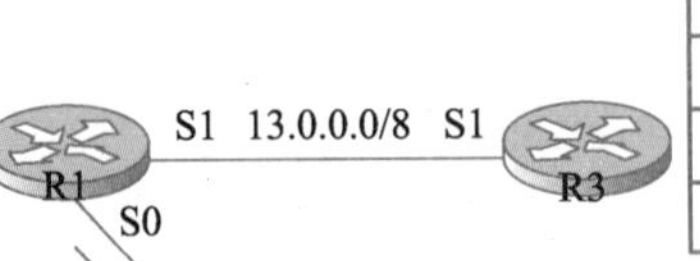

路由器R3的路由表

目的网段	输出端口	代价
13.0.0.0	S1	0
12.0.0.0	S1	1
2.0.0.0	S1	2

路由器R2的路由表

目的网段	输出端口	代价
12.0.0.0	S1	0
2.0.0.0	E0	down
13.0.0.0	S1	1

图 4-4
网络不可达

可能会发生这种情况，在路由器 R2 未来得及将 2.0.0.0 的网段设为不可达的消息告诉给 R1 时，路由器 R1 已经先向路由器 R2 发送了一个 RIP 更新路由信息。路由器 R2 相信了路由器 R1，更新了自己的路由表项，由原来的“2.0.0.0 E0 16”变为“2.0.0.0 S1 2”，如图 4-5 所示。

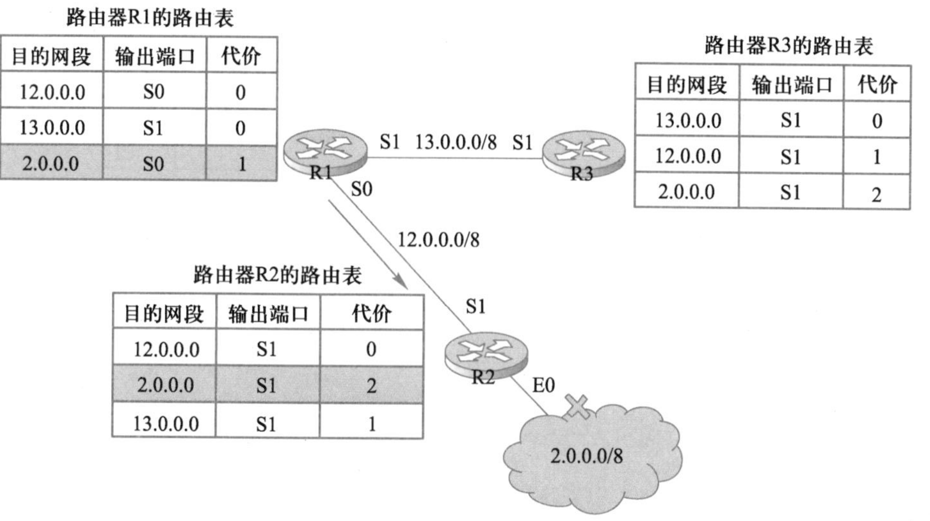

图 4-5
路由器 R2 更改路由表项

再过一段时间，路由器 R2 反过来又将自己的路由信息发给路由器 R1，影响路由器 R1 和路由器 R3 的路由信息更新，使到达 2.0.0.0 的网络跳数各增加了 1，如图 4-6 所示。

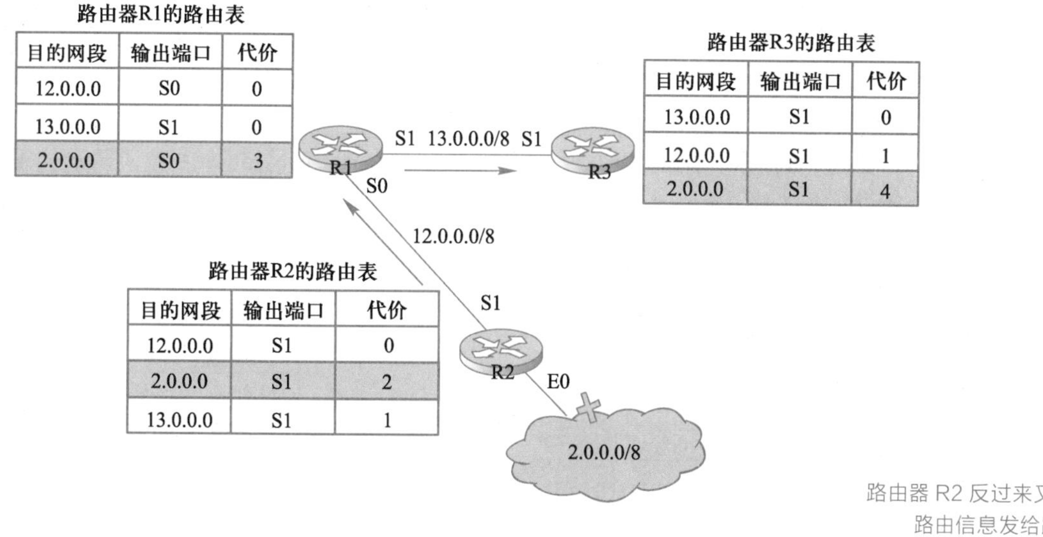

图 4-6
路由器 R2 反过来又将自己的路由信息发给路由器 R1

如此循环反复，互相影响，形成路由信息更新环路。

RIP 通常使用以下机制减少因网络上的不一致带来的路由选择环路的可能性：水平分割、毒性逆转、保持失效计数器、触发更新和计数到无穷大问题。

（1）水平分割

解决路由器收到自己发出的路由信息，且路由信息是不正确的，从而导致路由表不正确产生的环路。

水平分割法的规则和原理是：路由器从某个端口学到的路由，不会从该端口再发回给邻居路由器。这样不仅减少了带宽消耗，还可以防止路由环路。如图 4-7 所示，路由器 R1 从 S0 口学到了 2.0.0.0 的路由，不会再从 S0 口将路由传向路由器 R2。

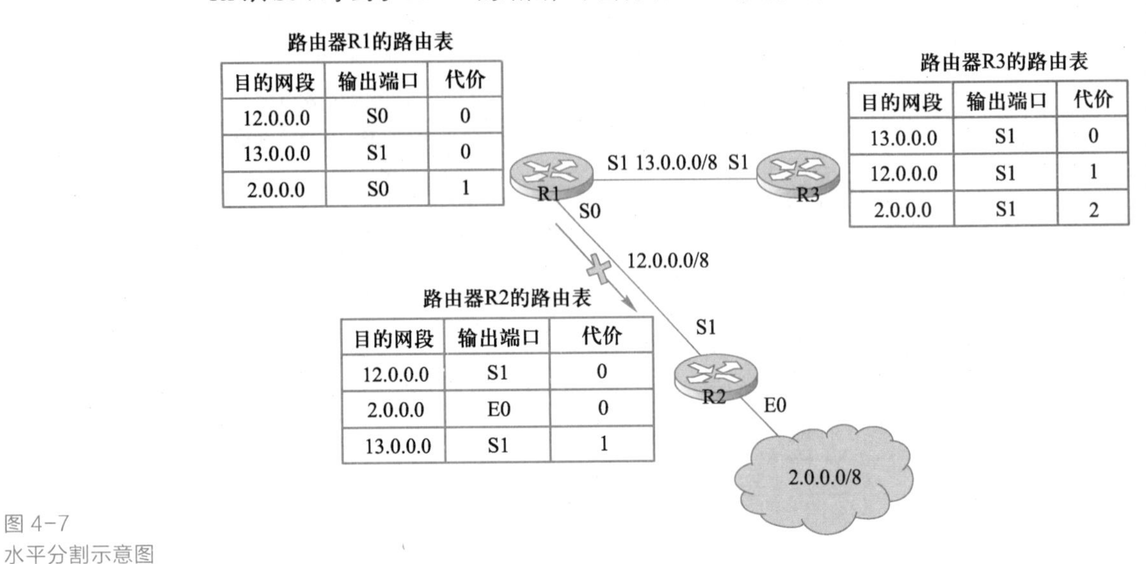

路由器R1的路由表

目的网段	输出端口	代价
12.0.0.0	S0	0
13.0.0.0	S1	0
2.0.0.0	S0	1

路由器R3的路由表

目的网段	输出端口	代价
13.0.0.0	S1	0
12.0.0.0	S1	1
2.0.0.0	S1	2

路由器R2的路由表

目的网段	输出端口	代价
12.0.0.0	S1	0
2.0.0.0	E0	0
13.0.0.0	S1	1

图 4-7
水平分割示意图

水平分割能够阻止路由环路的产生，减少路由器更新信息占用的链路带宽资源。

（2）毒性逆转

毒性反转（Poison Reverse）的原理是：RIP 从某个接口学到路由后，从原接口发回邻居路由器，并将该路由的开销设置为 16（即指明该路由不可达）。利用这种方式，有可能立刻解决路由选择环路。否则，不正确的路径将在路由表中驻留到超时为止。毒性逆转的缺点是它增加了路由更新的数据大小。

如图 4-8 所示，当路由器 R2 从其他路由学习到 2.0.0.0 网络的路由选择更新时，路由器 R2 将 2.0.0.0 网络改为不可到达（如 16 跳），并向其他路由器转发 2.0.0.0 网络是不可达到的路由选择更新，毒化反转和水平分割一起使用。

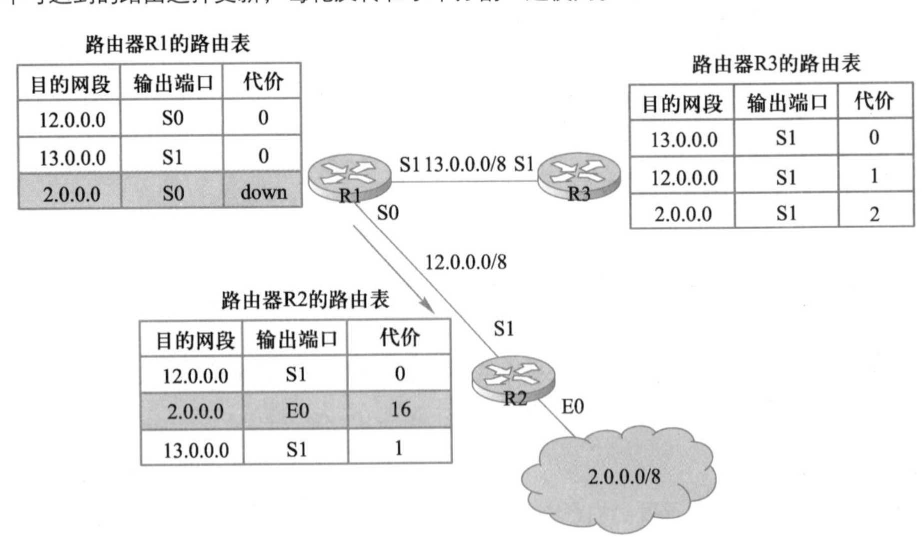

路由器R1的路由表

目的网段	输出端口	代价
12.0.0.0	S0	0
13.0.0.0	S1	0
2.0.0.0	S0	down

路由器R3的路由表

目的网段	输出端口	代价
13.0.0.0	S1	0
12.0.0.0	S1	1
2.0.0.0	S1	2

路由器R2的路由表

目的网段	输出端口	代价
12.0.0.0	S1	0
2.0.0.0	E0	16
13.0.0.0	S1	1

图 4-8
毒性逆转示意图

水平分割和毒性逆转的区别：水平分割和毒性逆转都是为了防止 RIP 中的路由环路而设计的，但是水平分割是不将收到的路由条目再按“原路返回”来避免环路，而毒性逆转遵循“坏消息比没消息好”的原则，即将路由条目按“原路返回”，但是该路由条目被标记为不可达（度量值为 16）。

（3）保持失效定时器

保持定时器防止路由器在路径从路由表中删除后一定的时间内接受新的路由信息。它的设计思路是：保证每个路由器都收到了路径不可达信息，而且没有路由器发出无效路径信息。

路由器在 Hold-Down（抑制）时间（180 s）内将该条记录标记为不可达，以使其他路由器能够重新计算网络结构的变化。如图 4-9 所示，当路由器 R1 从路由器 R2 处知 2.0.0.0 的网络是不可达到时，启动一个抑制计时器（RIP 默认 180 s）。在抑制计时器期满前，若再从路由器 R2 处得知 2.0.0.0 的网络又能达到时，或者从其他路由器（如 R3）处得到更好的度量标准时（比不可达更好），删除抑制计时器。否则在该时间内不学习任何与该网络相关的路由信息，并在倒计时期间继续向其他路由器（如 R3）发送毒化信息。

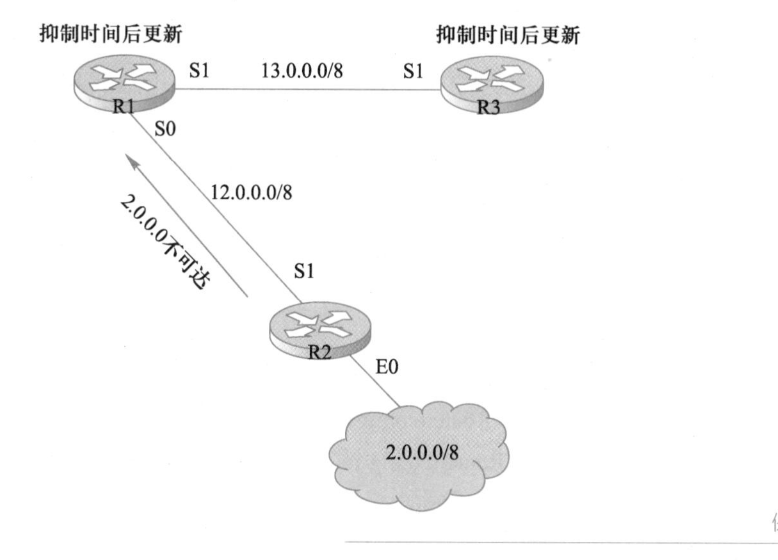

图 4-9
保持失效定时器示意图

（4）触发更新

当路由表发生变化时路由器立即发送更新信息，而不必等待 30 s 的更新周期，从而加快了收敛。

（5）计数到无穷大问题

RIP 允许最大跳数为 15。大于 15 的目的地被认为是不可达。这个数字在限制网络大小的同时也防止了一个叫做计数到无穷大的问题。

路由器 A 的以太网接口 E0 变为不可用后，产生一个触发更新送往路由器 B 和路由器 C，如图 4-10 所示。这个更新信息告诉路由器 B 和路由器 C，路由器 A 不能够到达 E0 所连的网络，假设为网络 A。这个更新信息传输到路由器 B 被推迟了（如 CPU 忙、链路拥塞等），但到达了路由器 C。路由器 C 从路由表中去掉到该网络的路径。

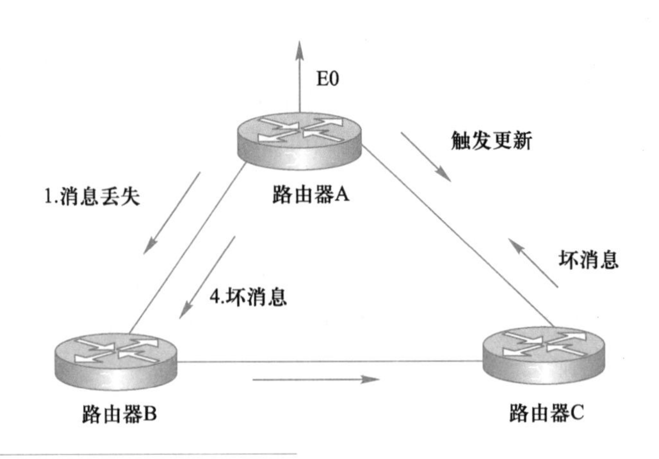

图 4-10
计数到无穷大

路由器 B 仍未收到路由器 A 的触发更新信息，并发出它的常规路由选择更新信息，通告网络 A 以 2 跳的距离可达。路由器 C 收到这个更新信息，认为出现了一条新路径到网络 A。

路由器 C 告诉路由器 A：它能以 3 跳的距离到达网络 A。

路由器 A 告诉路由器 B：它能以 4 跳的距离到达网络 A。

这个循环将进行到跳数为无穷，在 RIP 中定义为 16。一旦一个路径跳数达到无穷，它将声明这条路径不可用并从路由表中删除此路径。

由于计数到无穷大问题，路由选择信息将从一个路由器传到另一个路由器，每次段数加 1，路由选择环路问题将无限制地进行下去，除非达到某个限制。这个限制就是 RIP 的最大跳数。当路径的跳数超过 15，这条路径就从路由表中删除。

6. 配置 RIP 路由协议的命令

RIPv1 路由协议的典型配置命令（基于 Cisco 命令）如下。

- 启动 RIP 进程：　Router(config)# router rip
- 宣告主网络号：　Router(config-router)# network network-number
- 查看路由表：　Router# show ip route
- 查看路由协议配置：　Router# show ip protocols
- 打开 RIP 协议调试命令：　Router# debug ip rip

RIPv2 路由协议的典型配置命令（基于 Cisco 命令）如下。

RIPv2 的基本配置格式与 RIPv1 相似，但需要特别指定版本，RIPv2 支持关闭自动路由汇总。

```
Router(config)# router rip
Router(config-router)# version 2
Router(config-router)# no auto-summary
```

注意

RIPv2 默认情况下开启自动边界路由汇总（自动边界路由汇总会导致子网只能宣告主类网络号，从而无法区分各个子网），如果需要支持可变长子网，需要配置为不进行自动汇总。

4.2.2 RIP 协议的基本配置

【实验目的】

① 了解 RIP 动态路由协议的工作原理。

② 掌握 RIP 路由协议的典型配置方法。

③ 掌握 RIP 路由协议的查看与分析方法。

微课 4-4
RIP 配置的基础命令行以及脚本

【实验设备】

在 PT 平台上拖放 3 台 2811 路由器，交叉双绞线两条，进行设备配置。

【实验拓扑图】

实验拓扑如图 4-11 所示。

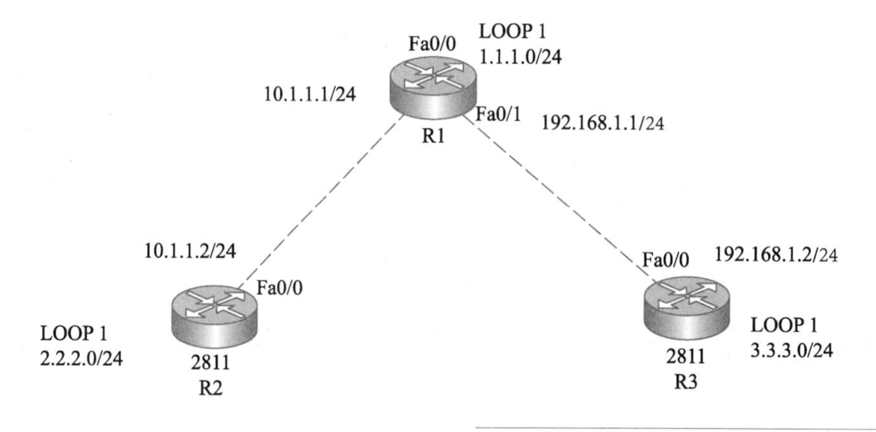

图 4-11 RIP 路由协议基础配置的实验拓扑图

【实验步骤】

打开 “RIP 路由协议配置的基础命令.pkt” 工程文档，分别按命令脚本文件 “RIP 路由协议配置的基础命令.txt” 设置刷入路由器 R1、R2 和 R3 的配置脚本，然后分别查看 R1、R2 和 R3 的路由表项，判断路由协议是否生效及其工作原理。

还可以在特权模式下执行“debug ip rip”命令查看数据包的转发情况，使用“no debug ip rip” 命令关闭调试。

（1）配置路由器 R1

```
Router>en
Router#conf t
Enter configuration commands, one per line. End with CNTL/Z.
Router(config)#int f0/0
Router(config-if)#ip add 10.1.1.1 255.255.255.0
Router(config-if)#no shut
Router(config-if)#exit
Router(config)#int f0/1
Router(config-if)#ip add 192.168.1.1 255.255.255.0
Router(config-if)#no shut
Router(config-if)#exit
Router(config)#int loopback 1
Router(config-if)#ip add 1.1.1.1 255.255.255.0
Router(config-if)#no shut
```

```
Router(config-if)#exit
Router(config)#router rip
Router(config-router)#version 2
Router(config-router)#no auto-summary
Router(config-router)#network 10.1.1.0
Router(config-router)#network 192.168.1.0
Router(config-router)#network 1.1.1.0
Router(config-router)#exit
Router(config)#exit
```

（2）配置路由器 R2

```
Router>en
Router#conf t
Enter configuration commands, one per line. End with CNTL/Z.
Router(config)#int f0/0
Router(config-if)#ip add 10.1.1.2 255.255.255.0
Router(config-if)#no shut
Router(config-if)#exit
Router(config)#int loopback 1
Router(config-if)#ip add 2.2.2.1 255.255.255.0
Router(config-if)#no shut
Router(config-if)#exit
Router(config)#router rip
Router(config-router)#version 2
Router(config-router)#no auto-summary
Router(config-router)#network 10.1.1.0
Router(config-router)#network 2.2.2.0
Router(config-router)#exit
Router(config)#exit
```

（3）配置路由器 R3

```
Router>en
Router#conf t
Enter configuration commands, one per line. End with CNTL/Z.
Router(config)#int f0/0
Router(config-if)#ip add 192.168.1.2 255.255.255.0
Router(config-if)#no shut
Router(config-if)#exit
Router(config)#int loopback 1
Router(config-if)#ip add 3.3.3.1 255.255.255.0
Router(config-if)#no shut
Router(config-if)#exit
Router(config)#router rip
Router(config-router)#version 2
Router(config-router)#no auto-summary
Router(config-router)#network 192.168.1.0
```

```
Router(config-router)#network 3.3.3.0
Router(config-router)#exit
Router(config)#exit
```

RIP 是一种分布式的基于距离矢量的动态路由选择协议，是因特网的标准协议，其最大优点就是实现简单。

4.2.3 RIP 被动接口的基本配置

【实验目的】

① 了解 RIP 动态路由协议被动接口的工作原理。

② 掌握 RIP 路由协议被动接口的配置方法。

③ 掌握 RIP 路由协议的查看与分析方法。

微课 4-5
RIP 设置被动接口的命令行及脚本

【实验设备】

在 PT 平台上拖放 3 台 2811 路由器，交叉双绞线 2 条，进行设备配置。

【实验拓扑图】

实验拓扑如图 4-12 所示。

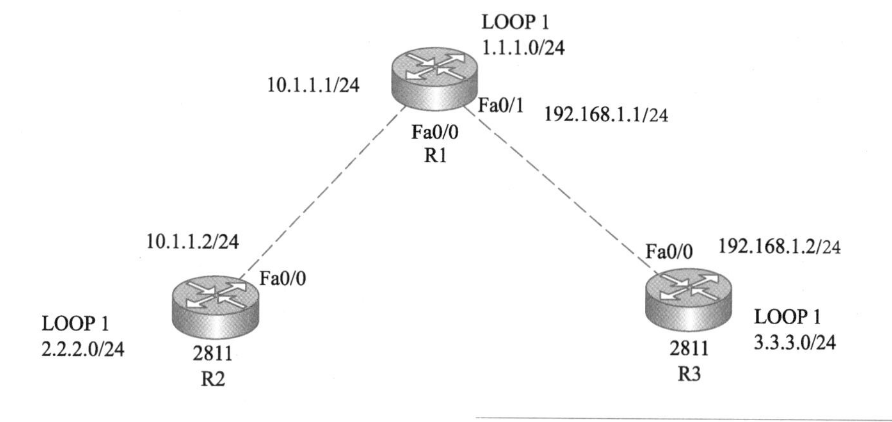

图 4-12
RIP 路由协议被动接口配置的实验拓扑图

【实验步骤】

打开“RIP 路由协议的被动接口配置.pkt”工程文档，分别按命令脚本文件“RIP 路由协议的被动接口配置.txt”设置刷入路由器 R1、R2 和 R3 的配置脚本，然后分别查看 R1、R2 和 R3 的路由表项，判断路由协议的被动接口配置是否生效及其工作原理。

（1）配置路由器 R1

```
Router>en
Router#conf t
Enter configuration commands, one per line. End with CNTL/Z.
Router(config)#int f0/0
Router(config-if)#ip add 10.1.1.1 255.255.255.0
Router(config-if)#no shut
Router(config-if)#exit
Router(config)#int f0/1
Router(config-if)#ip add 192.168.1.1 255.255.255.0
```

```
Router(config-if)#no shut
Router(config-if)#exit
Router(config)#int loopback 1
Router(config-if)#ip add 1.1.1.1 255.255.255.0
Router(config-if)#no shut
Router(config-if)#exit
Router(config)#router rip
Router(config-router)#version 2
Router(config-router)#no auto-summary
Router(config-router)#network 10.1.1.0
Router(config-router)#network 192.168.1.0
Router(config-router)#network 1.1.1.0
Router(config-router)#exit
Router(config)#exit
```

（2）配置路由器 R2

```
Router>en
Router#conf t
Enter configuration commands, one per line. End with CNTL/Z.
Router(config)#int f0/0
Router(config-if)#ip add 10.1.1.2 255.255.255.0
Router(config-if)#no shut
Router(config-if)#exit
Router(config)#int loopback 1
Router(config-if)#ip add 2.2.2.1 255.255.255.0
Router(config-if)#no shut
Router(config-if)#exit
Router(config)#router rip
Router(config-router)#version 2
Router(config-router)#no auto-summary
Router(config-router)#network 10.1.1.0
Router(config-router)#network 2.2.2.0
Router(config-router)#passive-interface fa0/0
Router(config-router)#exit
Router(config)#exit
```

（3）配置路由器 R3

```
Router>en
Router#conf t
Enter configuration commands, one per line. End with CNTL/Z.
Router(config)#int f0/0
Router(config-if)#ip add 192.168.1.2 255.255.255.0
Router(config-if)#no shut
Router(config-if)#exit
Router(config)#int loopback 1
Router(config-if)#ip add 3.3.3.1 255.255.255.0
```

```
Router(config-if)#no shut
Router(config-if)#exit
Router(config)#router rip
Router(config-router)#version 2
Router(config-router)#no auto-summary
Router(config-router)#network 192.168.1.0
Router(config-router)#network 3.3.3.0
Router(config-router)#passive-interface fa0/0
Router(config-router)#exit
Router(config)#exit
```

在 RIP 路由协议中，局域网接口是连接到一个局域网的路由器接口。由于该网络内部通常没有路由器设备，也不需要传播路由更新信息，因此就可以把该接口设置为被动接口。

RIP 路由协议的被动接口是只接收 RIP 路由更新，而不进行转发的路由器接口。

由于在局域网内部已经没有运行 RIP 路由协议的设备，因此将局域网接口设置为被动接口可以减少 RIP 路由广播的数量。

4.3 OSPF 路由协议

Internet 最早使用 RIP 动态路由协议。RIP 协议在小型网络中，能够进行路由发现与更新，但该协议存在最大跳数是 15 跳，当网络数目增多时存在一些问题，这让其无法应用在大型网络中。同时，RIP 协议周期性发送自己全部的路由信息，占用流量，收敛速度缓慢。此外，RIP 协议自身存在环路的可能性很大，后来创建了基于链路状态的路由协议：OSPF。

微课 4-6
OSPF 路由协议概述

链路状态路由协议需要建立一张完整的网络图，链路状态路由器并非依据传闻进行路由选择，而是从对等路由器处获取信息的。这些信息从一台路由器传到另一台路由器，每台路由器不会改动信息，仅仅将信息复制一份。最终结果是每台路由器上都有一份同样的有关网络的信息，并且每台路由器能够独立地计算各自的最优路径。

4.3.1 OSPF 路由协议概述

OSPF（Open Shortest Path First，开放式最短路径优先）是一个内部网关协议（IGP），用于在单一自治系统内决策路由。

与 RIP 相对，OSPF 是一个链路状态协议或最短路径优先（SPF）协议，而 RIP 是距离向量路由协议。如图 4-13 所示，在运行 OSPF 的每一个路由器通过 LSA（Link State Advertisement，数据包链路状态公告）在路由器之间通告网络接口的状态来建立并维护一个描述自治系统拓扑结构的统一的数据库，路由器掌握了该区域上所有路由器的链路状态信息，也就等于了解了整个网络的拓扑状况。每一个路由器根据该路由器的拓扑数据库，采用著名的迪杰斯特拉（Dijkstra）算法来生成以它自己为根结点的最短路径树，每个 OSPF 路由器使用这些最短路径构造路由表。当到达同一目的路由器存在多条相同代价的路由时，OSPF 能够实现在多条路径上分配流量。

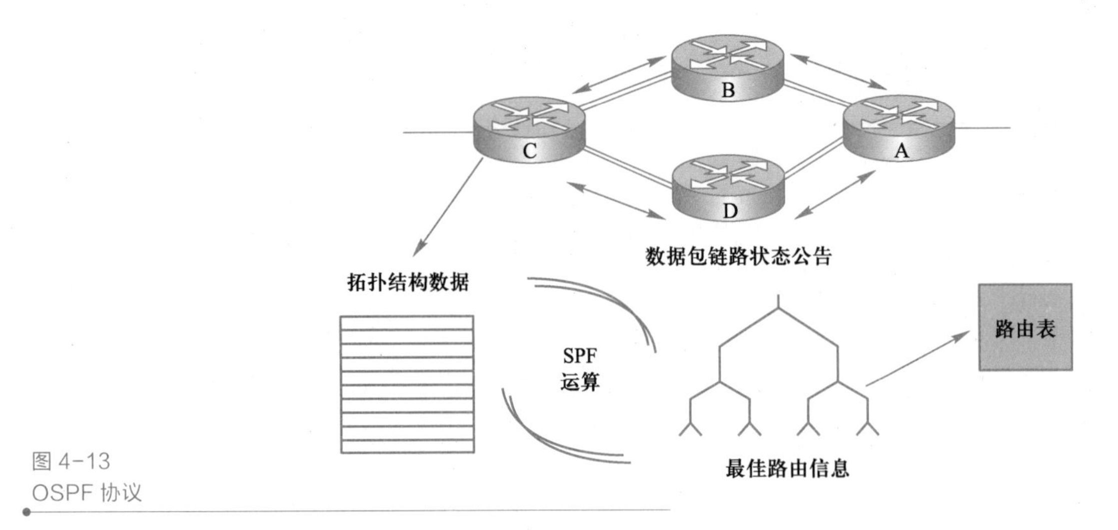

图 4-13
OSPF 协议

OSPF 分为 OSPFv2 和 OSPFv3 两个版本，其中 OSPFv2 用在 IPv4 网络，OSPFv3 用在 IPv6 网络。OSPFv2 是由 RFC 2328 定义的，OSPFv3 是由 RFC 5340 定义的。OSPF 直接运行于 IP 协议之上，使用 IP 协议号 89。

OSPF 协议基本特点如下。

- 支持无类域间路由（CIDR）。
- 支持区域划分。
- 无路由自环。
- 路由变化收敛速度快。
- 使用 IP 组播收发协议数据。
- 支持多条等价路由。
- 支持协议报文的认证。
- OSPF 的默认管理距离为 110（Cisco 标准）。
- OSPF 通告链路状态信息而不是路由表更新信息。
- LSA（链路状态通告）被泛洪到区域内的所有 OSPF 路由器。
- 关于链路状态（Link-State）的解释：Link 是指路由器的接口，State 是指描述接口及它跟邻居路由的关系，链路状态（Link-State）就是运行 OSPF 的路由器接口上的描述信息。

1. 区域

现在 OSPF 是 Internet 上的主要内部网关协议。前面已经知道，所谓内部网关协议是在一个自治系统（Autonomous System，AS）内部运行的协议。自治系统是指在一个管理机构下运行的网络，其内部可以使用自己的路由协议。AS 之间则使用外部网关协议（EGP）来交换路由信息。OSPF 引入了区域的概念，它把一个 AS 分成多个区域（AREA），每个区域就如同一个独立的网络。OSPF 区域如图 4-14 所示。一个区域内的 OSPF 路由器只保存该区域的链路状态，该区域的 OSPF 路由器在同一个区域内的路由器拥有同样的拓扑数据库，而对于同一个 AS 内的其他区域内的路由器隐藏它的详细拓扑结构，它们也不能详细知道外部的链接情况。这种分级结构可以减少路由信息的流量，并且简化路由器计算。每个运行 OSPF 的路由器维护其所在的 AS 的链路状态数据库。通过这个数据库，使用 Dijkstra 的最短路径算法，每个路由器可以构造一个以自己为根的到该 AS 内部各个网络的最短路径树。路由器之间使用 OSPF 协议相互交流这些拓扑信息。

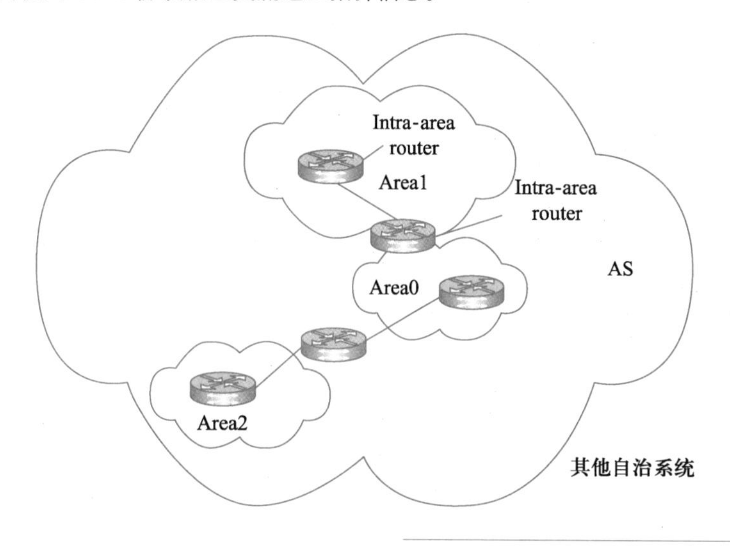

图 4-14
OSPF 区域

2. Router ID

Router ID 用于唯一标识 OSPF 路由域内的每台路由器。在 OSPF 路由协议域中，每一个路由器必须有一个独立的路由器标识，这就是路由器 ID，其确定方法如下。

① 如果通过命令 router id 配置了 Router ID，则按照配置结果设置。

② 没有配置 Router ID，则选择 Loopback 接口地址中最大的作为 Router ID。

③ 如果没有已配置 IP 地址的 Loopback 接口，则从其他接口的 IP 地址中选择最大的作为 Router ID（不考虑接口的 Up/Down 状态）。

3. DR 和 BDR

在广播网和 NBMA 网络中，任意两台路由器之间都要交换路由信息。如果网络中有 n 台路由器，则需要建立 $n(n-1)/2$ 个邻接关系。这使得任何一台路由器的路由变化都会导致多次传递，浪费了带宽资源。为解决这一问题，OSPF 协议定义了指定路由器 DR（Designated Router），所有路由器都只将信息发送给 DR，由 DR 将网络链路状态发送出去。如果 DR 由于某种故障而失效，则网络中的路由器必须重新选举 DR，再与新的 DR 同步。这需要较长的时间，在这段时间内，路由的计算是不正确的。为了能够缩短这个过程，OSPF 提出了 BDR（Backup Designated Router，备份指定路由器）的概念。

BDR 实际上是对 DR 的一个备份，在选举 DR 的同时也选举出 BDR，BDR 也和本网络内的所有路由器建立邻接关系并交换路由信息。当 DR 失效后，BDR 会立即成为 DR。由于不需要重新选举，并且邻接关系事先已建立，所以这个过程是非常短暂的。当然这时还需要再重新选举出一个新的 BDR，虽然一样需要较长的时间，但并不会影响路由的计算。DR 和 BDR 之外的路由器（称为 DROther）之间将不再建立邻接关系，也不再交换任何路由信息。这样就减少了广播网和 NBMA 网络上各路由器之间邻接关系的数量。

如图 4-15 所示，用实线代表以太网物理连接，虚线代表建立的邻接关系。

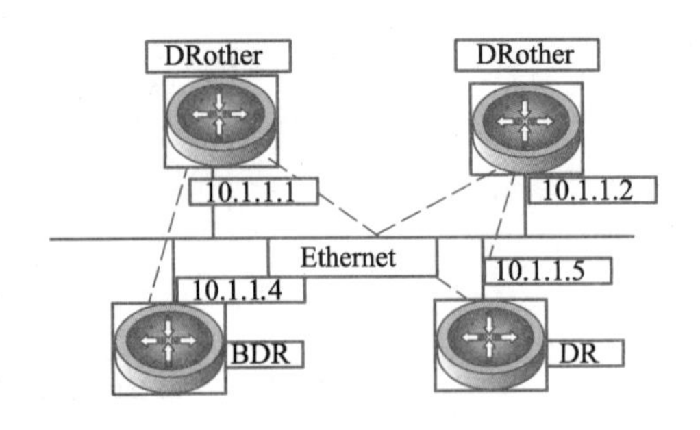

图 4-15
DR 的选举简化报文的交互

在一个 LAN 连接中，OSPF 将选举出一个路由器作为 DR，再选举一个路由器作为 BDR，所有其他的和 DR 以及 BDR 相连的路由器形成完全邻接状态而且只传输 LSA（链路状态通告）给 DR 和 BDR。

换句话说，在一个 OSPF 网络中，所有的路由器将被分为两类：指定路由器（DR/BDR）和非指定路由器（DRother）。所有的非指定路由器都要和指定路由器建立邻居关系，并且把自己的 LAS 发送给 DR，而其他的 OSPF 路由器相互之间将不会建立邻居关系。也就是说，OSPF 网络中，DR 和 BDR 的 LSDB（链路状态数据库）将会包含整个网络的完整拓扑。

DR 从邻居处转发更新到另外一个邻居那里。DR 的主要功能就是在一个 LAN 内所有路由器拥有相同的数据库，而且把完整的数据库信息发送给新加入的路由器。路由器之间还会和 LAN 内的其他路由器（非 DR/BDR，即 DR others）维持一种部分邻居关系（Two-Way Adjacency）。OSPF 的邻接一旦形成，会交换 LSA 来同步 LSDB，LSA 将进行可靠的洪泛。

DR/BDR 的选举规则：当选举 DR/BDR 时要比较 Hello 包中的优先级 Priority（如果不做修改，默认端口上的优先级都为 1），优先级最高的为 DR，次高的为 BDR。在优先级相同的情况下比较 Router-ID，Router-ID 最高者为 DR，次高者为 BDR，如果把相应端口优先级设为 0 时，OSPF 路由器将不能成为 DR/BDR，只能为 DR other。

在使用默认优先级的 OSPF 的 DR 选举中，所有路由器之间会交换自己的 Router ID 来确定 DR。Router ID 可以手工指定。如果没有手工指定 Router ID 的话，那么路由器会先看自己有没有环回接口（Loopback），如果有环回接口，则使用环回接口上的 IP 地址作为自己的 Router ID。如果没有环回接口的话，则会去比较自己所有物理接口上的 IP 地址，并从中选择最大的一个 IP 地址作为 Router ID 参与 DR 的选举。

那么，DR 和 BDR 的选举就可以用以下的方式来决定。

微课 4-7
OSPF 路由协议的工作原理（1）

① 首先比较优先级，优先级相同时，如果有手工指定的 Router ID，则使用该 Router ID 参与选举。

② 如果没有手工指定的 Router ID，则看自己有没有 Loopback 接口，有则使用 Loopback 接口上的 IP 作为 Router ID 参与选举。

③ 如果没有 Loopback 接口，则比较所有的物理接口，并使用其中最大的 IP 作为 Router ID 参与选举。

④ 所有的 OSPF 路由器交换自己的 Router ID，具有最大一个 Router-ID 的路由器将作为 DR，具有次大 Router ID 的路由器则成为 BDR。

4. OSPF 协议报文

OSPF 使用 5 种类型的路由协议包，在各个路由器之间进行信息的交换，具体如下。

（1）呼叫（Hello）报文

Hello 呼叫报文用于发现路由器所连网络上的邻居路由器，建立毗邻关系等。通过周期性发送呼叫报文，呼叫协议还可以用于确定邻居路由器是否仍然处于活动状态。在广播和 NBMA 网络中，呼叫协议可以用于选取指定路由器。

（2）数据库描述（Database Description，DBD）报文

微课 4-8
OSPF 路由协议的工作原理（2）

数据库描述报文是 OSPF 的第二类报文，在形成紧邻过程中的路由器之间交换数据库描述包，且由它来描述链路状态数据库，达到邻居路由器间链路状态数据库的完全同步。根据接口数和网络数，可能需要不止一个数据库描述包，来传输整个链路状态数据库。在交换过程中，所涉及的路由器要建立主从关系。主路由器发送本路由器的数据库描述包，而从路由器通过使用主路由器发送来的数据库描述序列号认可所接收到的数据库描述包，并将本路由器的 LSA 头部列表发送给主路由器，从而在主从路由器间判断链路状态数据库是否完全匹配，若有不匹配的 LSA 头部，则应发送链路状态请求报文，并以更新报文格式给予响应，获得最新 LSA 的全部信息。

（3）链路状态请求（Link State Request，LSR）报文

链路状态请求报文是 OSPF 的第三类报文，当两个路由器交换数据描述包的过程完成后，路由器可检测链路状态数据库部分是否有不一致或过时的 LSA。此时，路由器可向邻居请求新一些的数据库描述包，以达到 LSAs 的完全同步。

（4）链路状态更新（Link State Update，LSU）报文

链路状态更新报文是 OSPF 的第四类报文，用于实现 LSA 的洪泛，也用于对链路状态请求包的响应。每个链路状态更新包包含一个或多个 LSA，而所发送的每个更新包要通过链路状态认可包来确认认可，未收到确认包，应对所发送的 LSA 定时重发，以确保洪泛过程的可靠性。

（5）链路状态确认（Link State Acknowledgement，LSAck）报文

链路状态确认报文是 OSPF 的第五类报文，该包可以确保 LSA 洪泛的可靠性。路由器从紧邻接收到 LSA 后，必须要用链路状态确认包给予明确的确认应答。LSA 的确认是通过链路状态确认包中的 LSA 首部实现的。一个确认包可以同时对多个 LSA 进行确认。这些包发送到以下 3 个地址之一：多点传送地址 AllDRouters、多点传送地址 AllDSPFRouters、单点传送地址。

无论何种类型的 OSPF 协议报文，都包含 24 字节的 OSPF 协议报文的首部，如图 4-16 所示。

0　　　　　　7	8　　　　　　15	16　　　　　　31
版本号	报文类型	报文长度
路由器ID		
区域ID		
校验和		验证类型
验证码		
验证码		

图 4-16
OSPF 报文结构

笔 记

- 版本号：目前版本号为 2，不同版本号不能会话。
- 报文类型：是指 OSPF 报文的类型，共有 5 种类型：Hello 报文、数据库描述报文、链路状态请求报文、链路状态更新报文和链路状态确认报文。
- 报文长度：OSPF 报文中的字节数，包括 OSPF 包加上首部头的长度。
- 路由器 ID：是所选择的用来标识路由器的 IP 地址。每个路由器都有一个 32 位的标识，此标识在整个自治系统中要做到唯一。它唯一代表某个路由器。通常路由器的 ID 用路由器所有接口参数中最大或最小的 IP 地址来代表。
- 区域 ID：区域的标识，每个区域也有一个 32 位的标识且此标识必须在全自治系统唯一。区域 ID 为骨干区域 ID 时，值为 0，通常选择一个 IP 网络号作为一个区域的标识。
- 校验和：整个 OSPF 报文包括 OSPF 头的校验和，使用补运算进行计算。
- 认证类型（AuType）：身份验证的方法，其后 64 位域包含使用的证明类型所要求的数据。AuType=0 表示无认证，AuType=1 表示简单的口令认证，AuType=2 表示 MD5 安全认证。

5．工作过程

（1）邻居发现阶段

在广播型网络上每一个路由器周期性地广播 Hello 报文，从 Hello 报文里得到的邻居被放在路由器的邻居列表里，从而建立邻居表。

（2）路由通告阶段

当两台路由器已经相互发现并将对方视为邻居时，它们要进行链路状态数据库同步过程，即交换和确定数据库信息直到数据库相同。具体操作如下：邻接路由器之间通过 LSU 发送 LSA，通告被发送给每个邻居；路由器保存收到的 LSA，并依次向每个邻居转发，实现 LSA 的泛洪，最终同一个区域内所有路由器链路状态数据库 LSDB 完全相同（同步）；通过 DBD、LSR、LSACK 辅助 LSA 的同步，从而形成 LSDB。

（3）路由选择阶段

LSDB 同步后，依照链路状态数据库每台路由器独立进行 SPF 运算，算出到每个网络的最短路径，并将最佳路由信息放进路由表，形成各自路由表。

6．OSPF 的七种状态

邻居表、链路状态数据库和路由表是 OSPF 路由协议能够正常工作的核心数据表，3 个过程一共有以下 7 种状态。

① Down 状态：初始状态。

② Init 状态：互相发送 Hello 报文。

③ Two-way 状态：路由器收到对方的 Hello 包。

④ Exstart 状态：确立主从关系，RID 高的路由器成为主路由器。

⑤ Exchange 状态：主从关系确立后，开始交换 DBD 报文。

⑥ Loading 状态：加载 DBD，发送 LSR，通过更新 LSU，LSA 报文，完成 LSDB 的同步。

⑦ FULL 状态：同步完成后，建立邻接关系。以后 LSA 的交换，用 LSU 报文进行。

7. OSPF 协议定义的网络类型

OSPF 协议可以运行在以下几类网络中，根据接口的二层协议类型，将网络类型分为 4 种。

（1）点到点（Point-to-Point，P2P）网络

点到点网络是指该接口通过点到点的方式与一台路由器相连。当链路层协议是 PPP 或 HDLC 时，OSPF 默认认为网络类型是 P2P。此类型网络不需要进行 OSPF 的 DR、BDR 选举，OSPF 以组播方式（224.0.0.5）发送协议报文。

（2）广播多路访问（Broadcast Multi-Access）网络

在广播多路访问网络中，相同的共享介质上有两台以上设备。以太网就是一种广播多路访问网络。因为该网络中所有的设备会收到广播帧，所以它属于广播网络。当链路层协议是 Ethernet、FDDI 时，OSPF 默认认为网络类型是广播型。此类型网络需要进行 OSPF 的 DR、BDR 选举，OSPF 通常以组播方式（224.0.0.5 和 224.0.0.6）发送协议报文。

（3）非广播多路访问（Non-Broadcast Multi-Access，NBMA）网络

非广播多路访问网络可以连接两台以上的路由器，但是它们没有广播数据包的能力。当链路层协议是帧中继、ATM 或 X.25 时，OSPF 默认认为网络类型是 NBMA。此时 OSPF 的邻居需要管理员手工指定。此类型网络需要进行 OSPF 的 DR、BDR 选举，OSPF 以单播方式发送协议报文。

（4）点到多点（Point-to-MultiPoint，P2MP）网络

点对多点网络是 NBMA（非广播多路访问）网络的一个特殊配置，可以被看做是一群点对点链路的集合。此类型网络不需要进行 OSPF 的 DR、BDR 选举，在该类型的网络中，默认情况下以组播方式（224.0.0.5）发送协议报文，也可以根据用户需要，以单播形式发送协议报文。

网络类型会影响协议包的发送、邻居、相邻关系的形成以及路由的计算，广播网络和 NBMA 需要进行 DR/BDR（指定路由器/备份指定路由器）的选举。

4.3.2　单区域 OSPF 的基本配置

微课 4-9
命令行以及脚本

【实验目的】

① 了解 OSPF 动态路由协议的工作原理。

② 掌握 OSPF 路由协议的典型配置方法。

③ 掌握 OSPF 路由协议的查看与分析方法。

【实验设备】

在 PT 平台上拖放 3 台 2811 路由器，交叉双绞线两条，进行设备配置。

【实验拓扑图】

实验拓扑如图 4-17 所示。

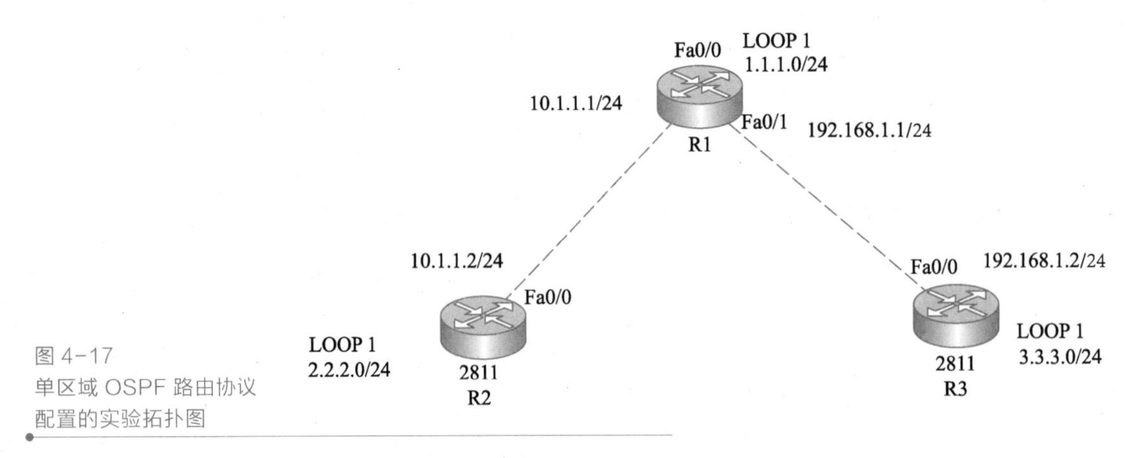

图 4-17
单区域 OSPF 路由协议配置的实验拓扑图

【实验步骤】

打开“单区域 OSPF 路由协议的配置.pkt”工程文档，分别按命令脚本文件“单区域 OSPF 路由协议的配置.txt”设置刷入路由器 R1、R2 和 R3 的配置脚本，然后分别查看 R1、R2 和 R3 的路由表项，判断路由协议是否生效，并思考其工作原理。

还可以在特权模式下执行“show ip protocol”命令查看活动路由协议进程的参数和当前状态，在特权模式下执行“show ip ospf neighbor”命令查看 OSPF 邻居。

（1）配置路由器 R1

```
Router>en
Router#conf t
Enter configuration commands, one per line. End with CNTL/Z.
Router(config)#int f0/0
Router(config-if)#ip add 10.1.1.1 255.255.255.0
Router(config-if)#no shut
Router(config-if)#exit
Router(config)#int f0/1
Router(config-if)#ip add 192.168.1.1 255.255.255.0
Router(config-if)#no shut
Router(config-if)#exit
Router(config)#int loopback 1
Router(config-if)#ip add 1.1.1.1 255.255.255.0
Router(config-if)#no shut
Router(config-if)#exit
Router(config)#router ospf 100
Router(config-router)#network 10.1.1.0 255.255.255.0 area 0
Router(config-router)#network 192.168.1.0 255.255.255.0 area 0
Router(config-router)#network 1.1.1.0 255.255.255.0 area 0
Router(config-router)#exit
Router(config)#exit
```

（2）配置路由器 R2

```
Router>en
Router#conf t
```

```
Enter configuration commands, one per line. End with CNTL/Z.
Router(config)#int f0/0
Router(config-if)#ip add 10.1.1.2 255.255.255.0
Router(config-if)#no shut
Router(config-if)#exit
Router(config)#int loopback 1
Router(config-if)#ip add 2.2.2.1 255.255.255.0
Router(config-if)#no shut
Router(config-if)#exit
Router(config)#router ospf 100
Router(config-router)#network 10.1.1.0 255.255.255.0 area 0
Router(config-router)#network 2.2.2.0 255.255.255.0 area 0
Router(config-router)#exit
Router(config)#exit
```

（3）配置路由器 R3

```
Router>en
Router#conf t
Enter configuration commands, one per line. End with CNTL/Z.
Router(config)#int f0/0
Router(config-if)#ip add 192.168.1.2 255.255.255.0
Router(config-if)#no shut
Router(config-if)#exit
Router(config)#int loopback 1
Router(config-if)#ip add 3.3.3.1 255.255.255.0
Router(config-if)#no shut
Router(config-if)#exit
Router(config)#router ospf 100
Router(config-router)#network 192.168.1.0 255.255.255.0 area 0
Router(config-router)#network 3.3.3.0 255.255.255.0 area 0
Router(config-router)#exit
Router(config)#exit
```

OSPF 是一种广泛使用的基于链路状态的动态路由协议，其单区域路由协议的配置方法还是非常简单便捷的。

4.4　路由的重分布

4.4.1　路由重分布的概念

微课 4-10
路由重分布的概念

在一些大型网络中可能因为各种原因，必须在同一网内使用到多种路由协议，如 RIP、OSPF、ISIS、BGP 等，各个网络协议之间如果不进行一定的配置，那么设备之间是不能互通信息的。为了在同一个网络中有效地支持多种路由协议，并实现互通信息，必须在不同的路由协议之间共享路由信息。在不同的路由协议之间交换路由信息的过程称为路由重分布（Route Redistribution），路由重分布技术可以把一种路由协议学习到的路由信息，通过另一种路由协议传播出去，这样网络的所有部分都可以连通了。

路由重分布技术为在同一个网络中有效支持多种路由协议提供了可能，执行路由重分布的路由器被称为边界路由器，因为它们常常处于两个或多个自制系统的边界上。路由重分布的具体表现为：一台路由器运行两种或两种以上路由协议，并且在协议之间转发路由信息，类似于翻译机制。如图 4-18 所示，网络中存在静态路由（左侧部分）、RIP 协议路由（中间部分）、OSPF 协议路由（右侧部分），为了能让网络互通，在边界路由器 R2 和 R3 上需要实现路由重分布，最终目的是使得网络左侧部分学到 RIP、OSPF 协议的路由，中间部分学到静态路由、OSPF 协议的路由；右侧部分学到静态路由、OSPF 协议的路由。

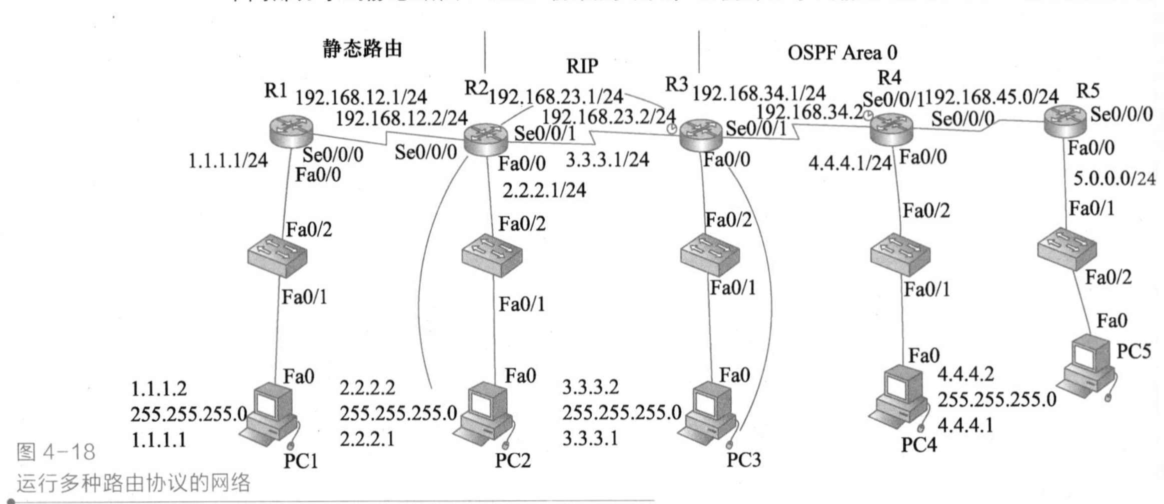

图 4-18
运行多种路由协议的网络

路由重分布是将一种路由协议获悉的网络告知另一种路由协议，以便这些不同协议之间的网络能够互相学习对方的路由。如图 4-19 所示，网络中有运行 RIP 和 OSPF 协议，RIP 可以宣告自己的路由信息到 OSPF，OSPF 也可以宣告自己的路由信息到 RIP，从而实现网络互联互通。

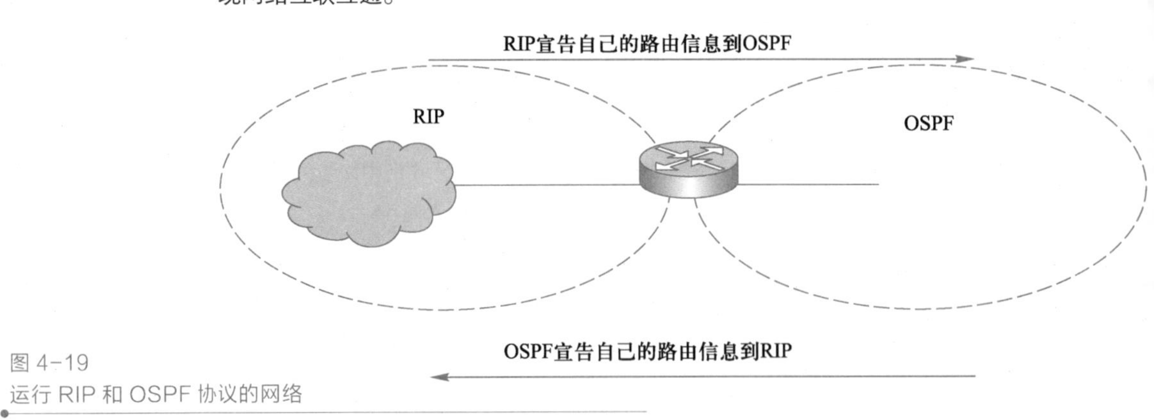

图 4-19
运行 RIP 和 OSPF 协议的网络

路由重分布支持几乎所有的常用路由协议，如 Static、RIP、OSPF、EIGRP 等。配置重分布使用命令：redistribute，完整 redistribute 格式命令如下：

```
redistribute protocol [ process-id ] { level-1 | level-2 | level-1-2 } [metric metric-value] [ metric-type type-value ] [ match { internal | external 1 | external 2 } ] [tag tag-value] [ route-map map-tag] [weight weight] [subnets]
```

- protocol 表示将重分布成另一种协议的路由，protocol 的值可以是 RIP、OSPF、Connected、BGP 等。
- protocol-id 是 AS 的号码。
- level-1、level-2、level-1-2 只在 ISIS 中用。
- metric 是度量值，metric-value 是值的大小，metric 是可选项。
- 可选项 metric-type type-value，如果用于 OSPF 时，其变量默认为一个 type 2 外部路由，并作为公布到 OSPF AS 中的默认路由。使用数值 1 表名默认路由是一个 type 1 外部路由。
- 可选关键字 match { internal | external 1 | external 2 }专用于重分布到其他路由协议的 OSPF 路由。
- 可选项 tag tag-value 将一个 32 位的小数值赋给外部路由。
- router-map map-tag 将过滤器用于源路由协议导入的路由。
- weight weight 给重分布到 BGP 中的路由指定一个 0～65535 的整数。
- subnets 专用于重分布路由到 OSPF。

路由重分布可以分为两种：单向重分布和双向重分布。单向重分布即将路由协议 A 重分发到路由协议 B 后，再执行路由协议 B 到路由协议 C 的重分发；双向重分布双向重分布即将路由协议 A 重分发到路由协议 B 后，再执行路由协议 B 到路由协议 A 的重分发。

4.4.2　路由重分布的几种方式

微课 4-11
路由重分布的几种方式

1. 将其他协议重分布到 RIP 协议中

（1）将 OSPF 重分布到 RIP 协议中

将其他路由协议重分布进 RIP 时，要注意加 metric 值。

```
Router(config)#router rip
Router(config-router)#redistribute ospf 1 metric 10
```

（2）将直连路由重分布到 RIP 协议中

```
Router(config)#router rip
Router(config-router)#redistribute connected
```

重分布直连路由，可以不加 mertric 值，默认 mertric 值是 1。

（3）将静态路由重分布到 RIP 协议中

```
Router(config)#router rip
Router(config-router)#redistribute static
```

重分布静态路由，可以不加 mertric 值，默认 mertric 值是 1。

（4）将默认路由重分布到 RIP 协议中

```
Router(config)#router rip
```

```
Router(config-router)#defaut-information originate
```

（5）将 EIGRP 重分布到 RIP 协议中

```
Router(config)#router rip
Router(config-router)#redistribute eigrp 1 metric 2
```

2．将其他协议重分布到 OSPF 协议中

注意

将其他协议重分布到 OSPF 协议时，必须加入 subnets 参数，不然只有有类路由才能重分布。

（1）将 RIP 重分布到 OSPF 协议中

```
Router(config)#router ospf 1
Router(config-router)#redistribute rip subnets
```

默认 metric 值是 20。

（2）将直连路由重分布到 OSPF 协议中

```
Router(config)# router ospf 1
Router(config-router)#redistribute connected subnets metric 10
```

（3）将静态路由重分布到 OSPF 协议中

```
Router(config)# router ospf 1
Router(config-router)#redistribute static subnets metric 100
```

（4）将默认路由重分布到 OSPF 协议中

```
Router(config)# router ospf 1
Router(config-router)#defaut-information originate
```

（5）将 ISIS 重分布到 OSPF 协议中

```
Router(config)# router ospf 1
Router(config-router)#redistribute isis level-2 metric 50 subnets
```

3．将其他协议重分布到 ISIS 协议中

（1）将 RIP 重分布到 ISIS 协议中

```
Router(config)#router isis
Router(config-router)#redistribute rip metric 20
```

（2）将 OSPF 重分布到 ISIS 协议中

```
Router(config)#router Isis
Router(config-router)#redistribute ospf 1 metric 20
```

（3）将 EIGRP 重分布到 ISIS 协议中

```
Router(config)#router isis
Router(config-router)#redistribute eigrp 90 level-1
```

4. 将其他协议重分布到 EIGRP 协议中

注意

将其他协议重分布到 EIGRP 协议时，要注意加 metric 值。

（1）将 RIP 重分布到 EIGRP 协议中

```
Router(config)# router eigrp 1
Router(config-router)#redistribute rip metric 1000 100 255 1 1500
```

（2）将静态路由重分布到 EIGRP 协议中

```
Router(config)# router eigrp 64
Router(config-router)#redistribute static metric 1000 100 255 1 1500
```

（3）将直连路由重分布到 EIGRP 协议中

```
Router(config)# router eigrp 64
Router(config-router)#redistribute connected metric 1000 100 255 1 1500
```

（4）将 ISIS 重分布到 EIGRP 协议中

```
Router(config)# router eigrp 90
Router(config-router)#redistribute isis level-2 metric 1500 100 255 1 1500
```

路由重分布技术属于比较复杂的网络技术，如果处理不当，可能会引起不必要的麻烦，在路由重分布时，需要注意如下事项。

① 不同路由协议之间的 AD 值是不同的，当把 AD 值大的路由条目重分发进 AD 小的路由协议中，很可能会出现次优路径，这时，就需要路由的优化，修改 AD 值或者是过滤。

② 不同路由协议之间的度量值（即 metric）也是不相同的。例如，在 RIP 中，度量值是跳数；在 EIGRP 中，度量值和带宽、延迟等参数有关，这样，当把 RIP 路由重分发到 EIGRP 中时，EIGRP 看不明白这个路由条目的度量值-跳数，就会认为该条目为无效路由，所以不同路由协议都有自己默认的种子 metric。

- RIP 认为，重分布进来的路由条目的 metric 值，即是种子 metric，是无穷大。
- EIGRP 认为，重分布进来的路由条目的 metric 值，即是种子 metric，是无穷大。
- OSPF 认为，重分布进来的路由条目的 metric 值，即是种子 metric，是 20，并且默认是 type 2。

所以，当把某种协议的路由条目重分发到 EIGRP 和 RIP 中时，切记一定要手工指定 metric 值。

③ 网络管理员应该对网络非常熟悉：实现重分布的方式很多，对网络非常熟悉能帮助做出最好的决定。

④ 不要重叠使用路由协议：在同一个网络中不要使用两个不同的路由协议，在使用不同路由协议的网络之间应该有明显的边界。

⑤ 有多个边界路由器的情况下使用单向重分布：如果有多于一台路由器作为重分布点，使用单向重分布可以避免回环和收敛问题。在不需要接收外部路由的路由器上使用默认路由。

⑥ 在单边界的情况下使用双向重分布：当一个网络中只有一个边界路由器时，双向重分布工作很稳定。综合使用默认路由、路由过滤以及修改管理距离可以防止路由回环。

⑦ 路由重分布经常操作的对象有直连路由、静态路由、默认路由、RIP、EIGRP、OSPF 等，一些路由协议相互之间都可以进行重分布操作。

4.4.3 路由重分布的基本配置

微课 4-12
路由重分布的基本配置

【实验目的】

① 了解路由重分布的工作原理。

② 掌握简单路由重分布的配置方法。

③ 学会路由重分布效果的分析方法。

【实验设备】

在 PT 平台上拖放 5 台 3560 三层交换机，交叉双绞线 4 条，提前完成 RIP 区域和 OSPF 区域路由配置后，进行设备配置。

【实验拓扑图】

实验拓扑如图 4-20 所示。

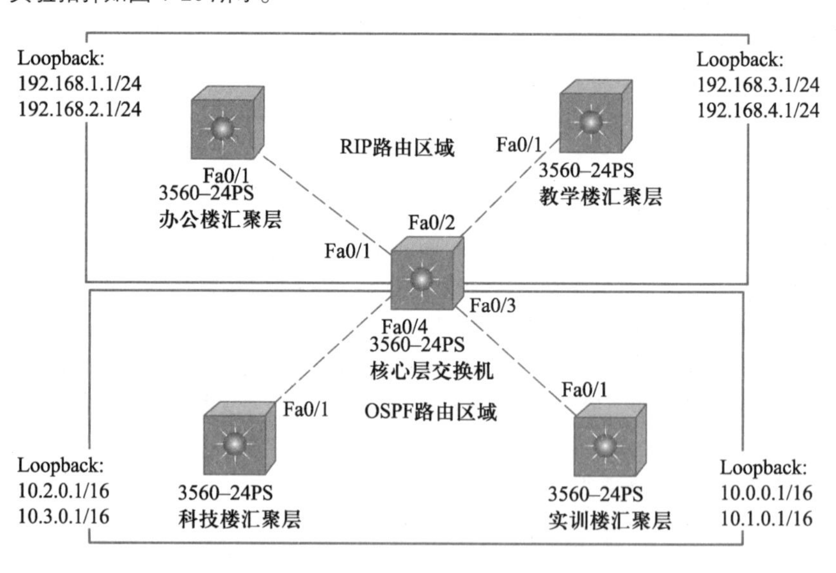

图 4-20
路由重分布配置实验拓扑图

【实验步骤】

首先查看各三层交换机的路由表，思考 RIP 路由区域和 OSPF 路由区域的作用范围，然后打开“路由重分布的配置.pkt”工程文档，按命令脚本文件“路由重分布的配置.txt”在核心层交换机上刷入配置脚本，然后再次查看各三层交换机的路由表项，判断命令是否生效，并思考其工作原理。配置核心层交换机：

```
hexinceng>
hexinceng>en
hexinceng#conf t
Enter configuration commands, one per line. End with CNTL/Z.
hexinceng(config)#router rip
hexinceng(config-router)#redistribute ospf 10 metric transparent （将OSPF重分布到RIP）
hexinceng(config-router)#exit
hexinceng(config)#router ospf 10
hexinceng(config-router)#redistribute rip subnets （将RIP重分布到OSPF）
hexinceng(config-router)#exit
hexinceng(config)#exit
hexinceng#
```

本次实验完成的是OSPF和RIP路由协议的双向重分布，虽然配置命令很简单，但是功能非常强大，而且要注意的是，路由重分布配置之前，一定要认真仔细地斟酌配置方案，不要轻易实施。

第5章

网络设备的安全设置

5.1　网络设备的远程管理

微课 5-1
网络设备的远程管理

“远程”并不是字面意思上的远距离，而是指通过网络来操作远端设备。简单来说，远程管理是指对设备进行异地管理，主要包括以下内容：监控设备的运行情况、及时更新设备的配置、安装和部署应用软件、发现故障并及时维护设备等。

用户或者网络设备管理人员能够通过网络登录到远端设备上，此时用户或者网络设备管理人员所使用的主机被看作是虚拟终端，人们借助这样一个虚拟终端并通过网络实现对远程设备的控制。此外，用户或者网络设备管理人员想要登录远程设备时，系统常常会提醒用户输入用户名和密码，这样做的目的是保证系统的安全、方便记账。用户或网络管理人员通过网络登录远程设备可以看成属于客户端/服务器模式（C/S 模式），用户或网络管理人员使用的主机可以看成是客户端，被登录的远程设备可以看成是服务器。相对于一般的 C/S 模式，远程登录拥有的功能更加强大，因为用户或网络管理人员的主机成为虚拟终端后，该主机不仅仅是运行某个服务程序，还可以直接控制远程设备。

远程登录协议主要有 Telnet 协议、SSH 协议、Rlogin 协议。

1．Telnet 协议

Telnet 协议是 TCP/IP 协议簇中的一员，是 Internet 远程登录服务的标准协议和主要方式。Telnet 协议是位于应用层上的协议，该协议直接工作在 TCP 层之上，Telnet 服务器程序工作在 TCP 的 23 端口上。Telnet 使用客户端/服务器模式（C/S 模式），在终端使用者的主机上运行 Telnet 客户进程，在远程设备上运行 Telnet 服务进程。终端使用者可以在 Telnet 程序中输入命令，这些命令将通过网络传到远程设备上，接着远程设备根据接收到的命令执行相应操作，最后远程设备的输出通过网络返回到终端使用者的主机屏幕上。

在通过 Telnet 协议实现远程登录网络设备时，Telnet 客户端上安装 Telnet 协议的客户程序是前提条件，同时 Telnet 客户端还需要知道远程设备的域名或 IP 地址以及用来登录远程设备的用户名和密码。

如果两个国家母语不同，那么两个只会自己国家母语的人很难沟通交流，但是如果两个人都会英语，那么他们就可以通过英语顺利沟通了。同样的，在使用 Telnet 协议进行通信的两端所使用的操作系统有些差异，它们的通信同样存在类似的问题。为了解决这一问题，需要借助通信双方都懂的“英语”——网络虚拟终端（Network Virtual Terminal，NVT）。

网络虚拟终端（NVT）是一种双向的虚拟设备，它被客户端/服务器模式（C/S 模式）所采用。对于连接的双方，即 Telnet 客户端和 Telnet 服务器，都必须把它们各自的物理终端同 NVT 之间进行转换。图 5-1 所示说明了 NVT 的意义。当 Telnet 客户端想要给 Telnet 服务器发送信息时，操作系统首先将它的命令从本地系统所用的格式转换为 NVT 格式，然后传给 Telnet 服务器。Telnet 服务器接收到命令后，从 NVT 格式转换成远端系统所用的格式。Telnet 服务器想要给 Telnet 客户端回复信息时，操作系统把远端系统所用的格式转换成 NVT 格式，然后传给 Telnet 客户端。Telnet 客户端接收到回复时，从 NVT 格式转化成本地系统所用的格式。

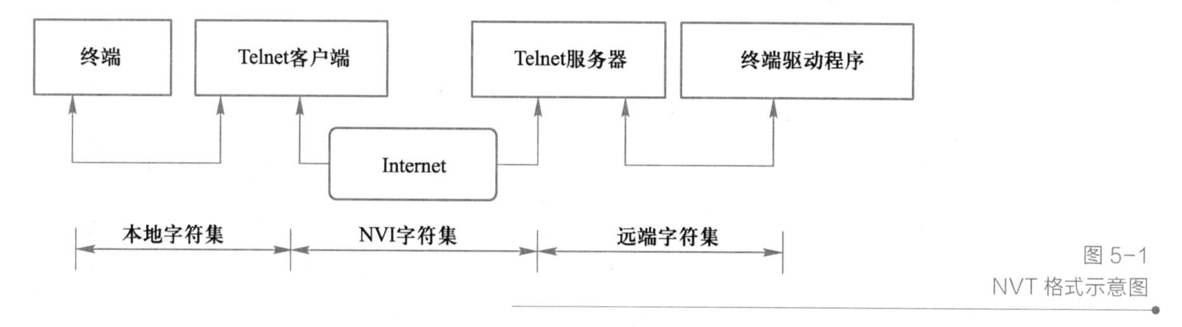

图 5-1
NVT 格式示意图

Telnet 的选项协商能够让 Telnet 客户端和 Telnet 服务器商定使用更多的额外服务。选项协商由 3 个字节组成，具体如下：

```
<IAC，WILL/DO/WONT/DONT 之一，选项代码>
```

例如，服务器想跟客户端请求激活“远程流量控制”（选项标识是 33），客户端表示同意激活该选项。两者交互的命令具体如下：

```
服务器：<IAC，WILL，33>
客户端：<IAC，DO，33>
```

由于进行选项协商的两端是完全对称的，任意一端都有可能将对方的确认命令当成是请求命令而再次发出响应命令，这样就会造成协商过程的无限循环（Loop）。因此为了避免循环的发生，协商过程应遵循下面 3 个规则。

① 只为选项的变化发出请求。

② 接收到的请求如果要求自己进入已经具有的状态，那么此请求将不被响应。

③ 当一端向另一端发送一个协商命令时（不管这个命令是请求还是响应命令），如果该选项的使用（接受）将影响到对方对接收数据的处理，那么这个命令应该被插入到该选项开始起作用的数据流的首部。建立这一规则是因为从请求命令的发出到接收到响应命令将会有一定的延时。

Telnet 远程登录服务分为以下 4 个过程。

① 本地与远程主机建立连接。该过程实际上是建立一个 TCP 连接，用户必须知道远程主机的 IP 地址或域名。

② 将本地终端上输入的用户名和口令及以后输入的任何命令或字符以 NVT 格式传送到远程主机。该过程实际上是从本地主机向远程主机发送一个 IP 数据包。

③ 将远程主机输出的 NVT 格式的数据转化为本地所接受的格式送回本地终端，包括输入命令回显和命令执行结果。

④ 最后，本地终端对远程主机进行撤销连接。该过程是撤销一个 TCP 连接。

Telnet 协议的缺点如下。

- 缺少口令保护。Telnet 双方的通信内容通过明文传输，安全隐患大。
- 缺少完整性验证。Telnet 双方传输的数据无法验证是否被篡改过。
- 身份认证较弱。对用户的身份认证仅仅通过用户名和密码。

2. SSH 协议

安全外壳（Secure Shell，SSH）是一种网络协议，该协议是基于应用层的，主要应用在计算机之间的加密登录。在很早之前，互联网通信数据是通过明文传输的，别有用心的人很容易就能够截获这些数据，具有很大的安全隐患。1995 年，芬兰学者 Tatu Ylonen 设计了 SSH 协议，SSH 将所有的传输数据进行加密，成为互联网安全的一个基本解决方案并很快得到推广。SSH 允许用户通过网络登录远程设备并在远程设备中执行命令，在使用 SSH 协议进行远程管理时，管理过程中的信息泄露问题得到有效改善，提高了在不安全的信道和易受攻击的操作系统下通信的安全性。SSH 设计之初仅仅适用于 UNIX 系统，后来经过发展也可适用于其他操作平台，目前 SSH 有两种版本：SSH1 和 SSH2。

SSH 是目前比较可靠，专为远程登录会话和其他网络服务提供安全性的协议。在基于 SSH 的通信中，重要数据（如口令）都是经过加密传输的，即使在传输过程中数据被截获，密文也很难被破解，有价值的信息也难以被解读。

从本质上讲，传统的网络服务程序（如 FTP、Telnet 等）是不安全的，因为它们在网络上传输的口令和数据都是明文的，一旦被截获，内容很快暴露，安全隐患大。此外，这些服务程序的安全验证方式很容易受到“中间人”（Man-in-the-Middle）的攻击。所谓“中间人”的攻击方式，就是当客户端想发送信息给服务器时，“中间人”冒充真正的服务器接收客户端传给服务器的数据，然后作为假客户端将数据传给真正的服务器。反过来，当服务器想发送回复信息给客户端时，“中间人”冒充真正的客户端收服务器传给客户端的数据，然后作为假服务器将数据传给真正的客户端。客户端和服务器之间的数据传送被“中间人”一转手做了手脚之后，就会出现很严重的问题，如图 5-2 所示。通过使用 SSH，客户端将想要传输的数据进行加密，“中间人”得到的数据是密文，这样“中间人”这种攻击方式就难以实施了。此外，使用 SSH 传输的数据是经过压缩的，所以可以加快传输的速度。

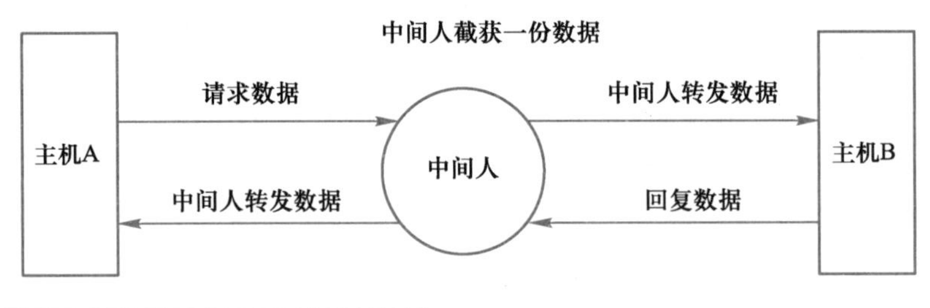

图 5-2
“中间人”攻击原理

从客户端来看，SSH 提供以下两种级别的安全验证。

（1）基于口令的安全验证

只要用户知道自己的账号和口令，就可以登录到远程主机。所有传输的数据都会被加密，但是不能保证正在连接的服务器就是想连接的服务器。可能会有别的服务器在冒充真正的服务器，也就是受到“中间人”这种方式的攻击。

（2）基于密匙的安全验证

需要依靠密匙，也就是用户必须为自己创建一对密匙，并把公用密匙放在需要访问的服务器上。如果要连接到 SSH 服务器上，客户端软件就会向服务器发出请求，请求用密匙进行安全验证。服务器收到请求之后，先在该服务器上主目录下寻找公用密匙，然后把它和用户发送过来的公用密匙进行比较。如果两个密匙一致，服务器就用公用密匙加密“质询”（Challenge）并把它发送给客户端软件。客户端软件收到“质询”之后就可以用私人密匙解密再把它发送给服务器。

用这种方式，用户必须知道自己密匙的口令。但是，与第一种级别相比，第二种级别不需要在网络上传送口令。第二种级别不仅加密所有传送的数据，而且“中间人”这种攻击方式也是不可能的（因为他没有私人密匙），但是整个登录的过程可能需要 10 s。

5.2 远程管理的基本配置

5.2.1 Telnet 远程管理的基本配置

微课 5-2
Telnet 远程管理的基本配置

【实验目的】

① 了解 Telnet 协议的基本配置。

② 能够通过 PT 仿真软件建立拓扑图。

③ 能够在路由器上启用 Telnet 服务，并从网管计算机上登录路由器，查看路由器的配置及对路由器的配置进行修改。

【实验设备】

在 PT 平台上拖放两台 2811 路由器和两台 PC，交叉双绞线若干，进行设备配置。

【实验拓扑图】

实验拓扑如图 5-3 所示。

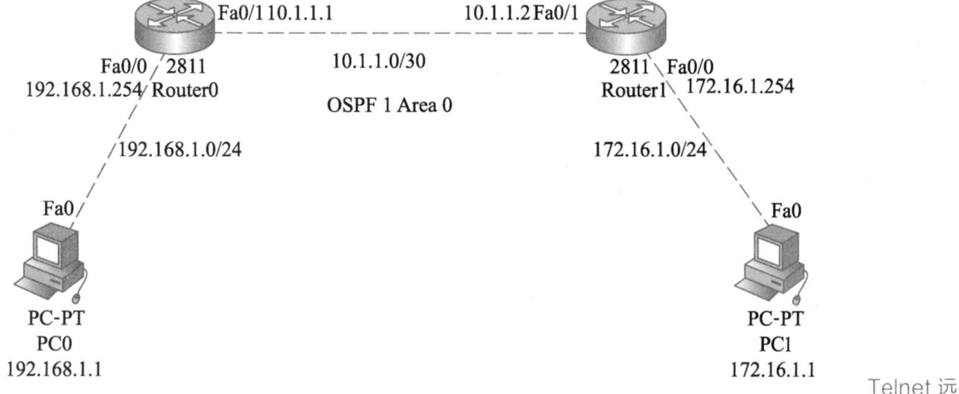

图 5-3
Telnet 远程管理拓扑图

【实验步骤】

根据图 5-3 所示，在 Router1 和 Router0 上配置基础的连通参数，使得网管计算机能和 Router1 连通，然后对 Router1 进行 Telnet 配置，配置完成后使用网管计算机通过 Telnet 登录到路由器 Router1 上，并检查 Router1 的配置，以及对 Router1 的配置进行修改，使得 PC0 和 PC1 能互通。具体操作如下。

① 使用 console 进入路由器 Router0，并且对路由器进行配置。

```
Router>enable                          （进入特权模式）
Router#configure te                    （进入全局配置模式）
Router(config)#hostname Router0                     （设置路由器的主机名为 R1）
Router0(config)#interface fastEthernet 0/0          （进入 fastEthernet 0/0 ）
Router0(config-if)#no shutdown                （打开 fastEthernet 0/0 端口）
Router0(config-if)#ip ad 192.168.1.254 255.255.255.0     （配置端口 IP 地址）
Router0(config-if)#exit              （退出接口视图）
Router0(config)#interface fastEthernet 0/1             （进入 fastEthernet 0/1 ）
Router0(config-if)#no shutdown             （打开 fastEthernet 0/1 端口）
```

```
Router0(config-if)#ip ad 10.1.1.1 255.255.255.252        （配置端口 IP 地址）
Router0(config-if)#exit                    （退出接口视图）
Router0(config-if)#exit                    （退出接口视图）
Router0(config)#router ospf 1          （进入 OSPF 配置）
Router0(config-router)#network 192.168.1.0 0.0.0.255 area 0（宣告接口 IP 地址进入区域 0）
Router0(config-router)#network 10.1.1.0 0.0.0.3 area 0
Router0(config-router)#exit     （退出 OSPF 配置）
Router0(config)#exit     （退出配置模式）
Router0#wr          （保存配置）
```

② 使用 console 进入路由器 Router1，并且对路由器进行配置。

```
Router>enable      （进入特权模式）
Router#conf ter     （进入配置模式）
Router(config)#hostname Router1    （配置主机名）
Router1(config)#interface f 0/1
Router1(config-if)#no shutdown       （打开 f0/1 口）
Router1(config-if)#ip ad 10.1.1.2 255.255.255.252       （配置 IP 地址）
Router1(config-if)#exit
Router1(config-if)#exit             （退出接口视图）
Router1(config)#router ospf 1           （进入 OSPF 配置）
Router1(config-router)#network 10.1.1.0 0.0.0.3 area 0     （宣告 F0/1 口 IP 地址）
Router1(config-router)#exit     （退出 OSPF 配置）
Router1(config)#exit     （退出配置模式）
Router1#wr          （保存配置）
```

③ 配置 PC。

```
PC0：IP：192.168.1.1      子网掩码：255.255.255.0
PC1：IP：172.16.1.1      子网掩码：255.255.255.0
```

④ 测试 PC0 与 Router1 的连通性，结果如图 5-4 所示。

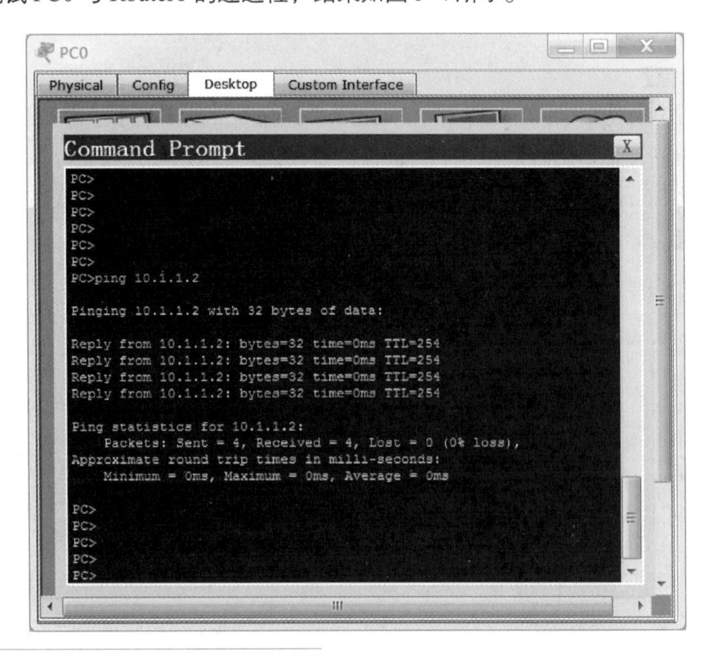

图 5-4
测试 PC0 与 Router1 的连通性

⑤ 使用 console 进入路由器 Router1，进行 Telnet 配置。

```
Router1(config)#username cisco pas cisco        （配置登录用户名与密码）
Router1(config)#enab pas cisco        （配置 enable 特权模式密码）
Router1(config)#line vty 0 4        （进入虚拟终端线路配置）
Router1(config-line)#login local        （配置登录方式）
Router1(config-line)#exit        （退出虚拟终端线路视图）
```

⑥ 使用 PC0 的 Telnet 登录路由器 Router1，查看路由器配置，如图 5-5 所示。

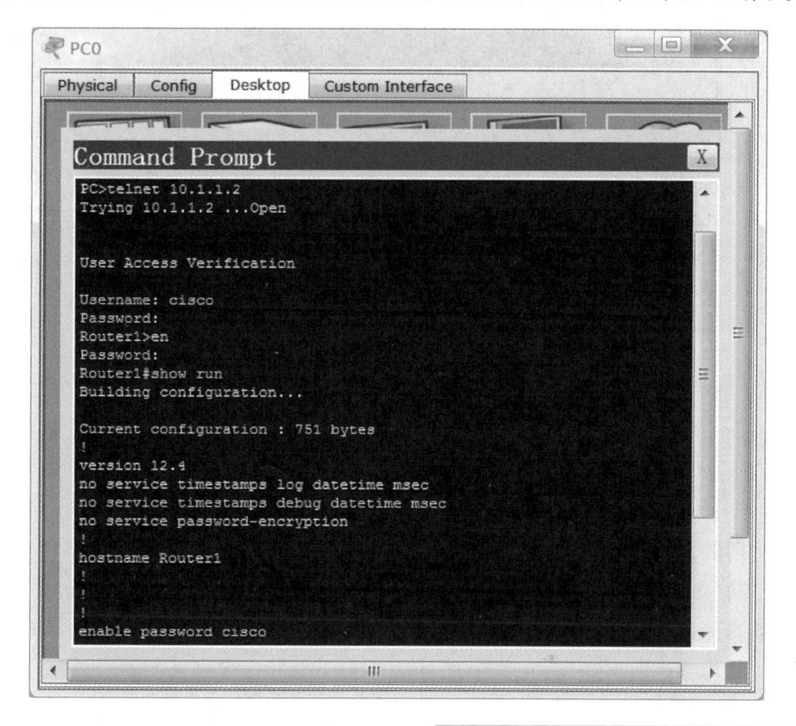

图 5-5
查看路由器 Router1 的配置

⑦ 使用 PC0 的 Telnet 登录路由器 Router1，修改路由器配置。

```
Router1(config)#interface f 0/0
Router1(config-if)#no shutdown        （打开 f0/0 口）
Router1(config-if)#ip ad 172.16.1.254 255.255.255.0        （配置 IP 地址）
Router1(config-if)#exit        （退出接口视图）
Router1(config)#router ospf 1        （进入 OSPF 配置）
Router1(config-router)#network 172.16.1.0 0.0.0.255 area 0        （宣告 f0/0 口 IP 地址）
Router1(config-router)#exit        （退出 OSPF 配置）
Router1(config)#exit        （退出配置模式）
Router1#wr        （保存配置）
```

⑧ 测试 PC0 和 PC1 的连通性，如图 5-6 所示。

在进行远程配置时，最后一定要保存设备配置。否则设备重启时，设备内配置将丢失。

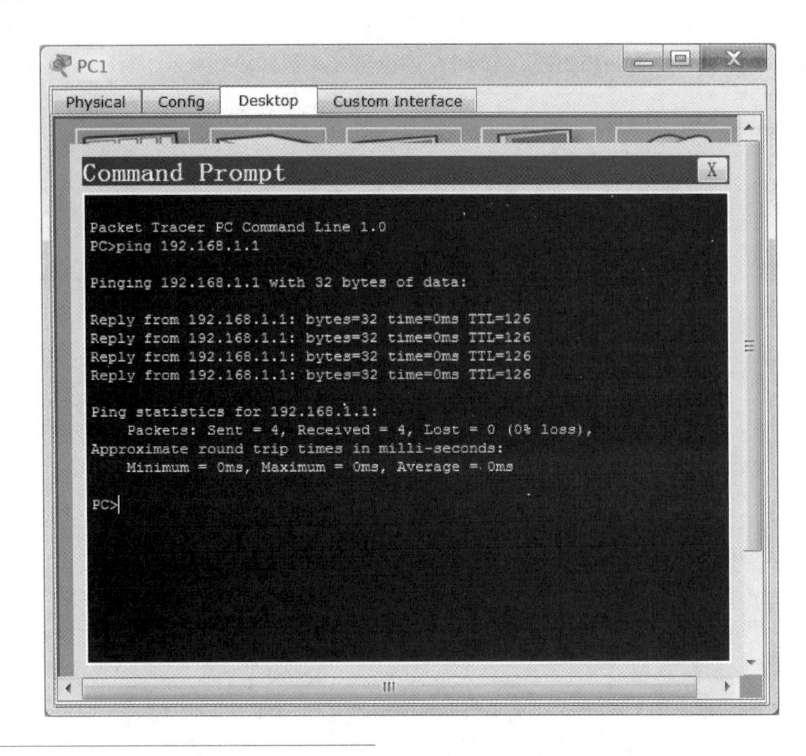

图 5-6
测试 PC0 和 PC1 的连通性

5.2.2　SSH 远程管理的基本配置

微课 5-3
SSH 远程管理的基本配置

【实验目的】

① 了解 SSH 协议的基本配置。

② 能够通过 PT 仿真软件建立拓扑图。

③ 能够在路由器上启用 SSH 服务，并从网管计算机上登录路由器，查看路由器的配置及对路由器的配置进行修改。

【实验设备】

在 PT 平台上拖放两台 2811 路由器和两台 PC，交叉双绞线若干，进行设备配置。

【实验拓扑图】

实验拓扑如图 5-7 所示。

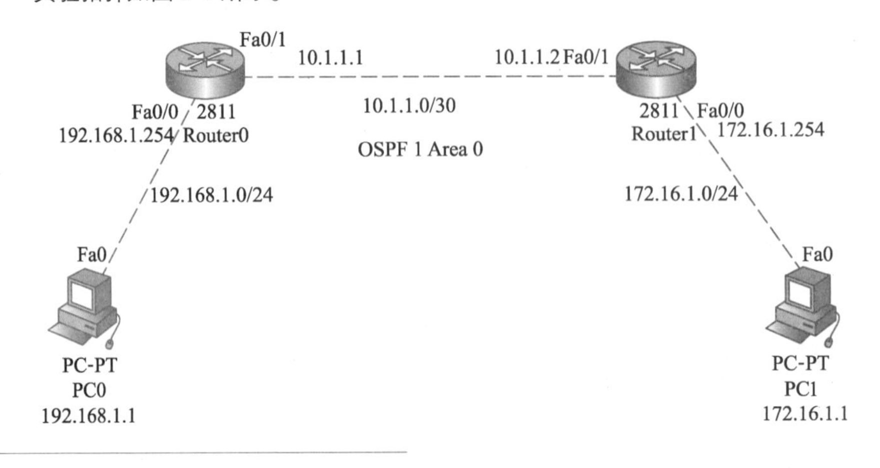

图 5-7
SSH 远程管理拓扑图

【实验步骤】

根据图 5-7 所示，在 Router1 和 Router0 上配置基础的连通参数，使得网管计算机 PC0 能和 Router1 连通，然后对 Router1 进行 SSH 配置，配置完成后使用网管计算机通过 SSH 登录到路由器 Router1 上，并检查 Router1 的配置，以及对 Router1 的配置进行修改，使得 PC0 能和 PC1 互通。具体操作如下。

① 使用 console 进入路由器 Router0，并且对路由器进行配置。

```
Router>enable                          （进入特权模式）
Router#configure te        （进入全局配置模式）
Router(config)#hostname Router0              （设置路由器的主机名为 Router0）
Router0(config)#interface fastEthernet 0/0          （进入 fastEthernet 0/0）
Router0(config-if)#no shutdown       （打开 fastEthernet 0/0 端口）
Router0(config-if)#ip ad 192.168.1.254 255.255.255.0             （配置端口 IP 地址）
Router0(config-if)#exit           （退出接口视图）
Router0(config)#interface fastEthernet 0/1          （进入 fastEthernet 0/1）
Router0(config-if)#no shutdown       （打开 fastEthernet 0/1 端口）
Router0(config-if)#ip ad 10.1.1.1 255.255.255.252       （配置端口 IP 地址）
Router0(config-if)#exit           （退出接口视图）
Router0(config-if)#exit           （退出接口视图）
Router0(config)#router ospf 1          （进入 OSPF 配置）
Router0(config-router)#network 192.168.1.0 0.0.0.255 area 0（宣告接口 IP 地址进入区域 0）
Router0(config-router)#network 10.1.1.0 0.0.0.3 area 0
Router0(config-router)#exit     （退出 OSPF 配置）
Router0(config)#exit      （退出配置模式）
Router0#wr          （保存配置）
```

② 使用 console 进入路由器 Router1，并且对路由器进行配置。

```
Router>enable      （进入特权模式）
Router#conf ter     （进入配置模式）
Router(config)#hostname Router1    （配置主机名）
Router1(config)#interface f 0/1
Router1(config-if)#no shutdown       （打开 f0/1 口）
Router1(config-if)#ip ad 10.1.1.2 255.255.255.252       （配置 IP 地址）
Router1(config-if)#exit
Router1(config-if)#exit           （退出接口视图）
Router1(config)#router ospf 1          （进入 OSPF 配置）
Router1(config-router)#network 10.1.1.0 0.0.0.3 area 0         （宣告 F0/1 口 IP 地址）
Router1(config-router)#exit     （退出 OSPF 配置）
Router1(config)#exit      （退出配置模式）
Router1#wr          （保存配置）
```

③ 配置 PC。

```
PC0：IP：192.168.1.1     子网掩码：255.255.255.0
PC1：IP：172.16.1.1     子网掩码：255.255.255.0
```

④ 测试 PC0 与 Router1 的连通性，如图 5-8 所示。

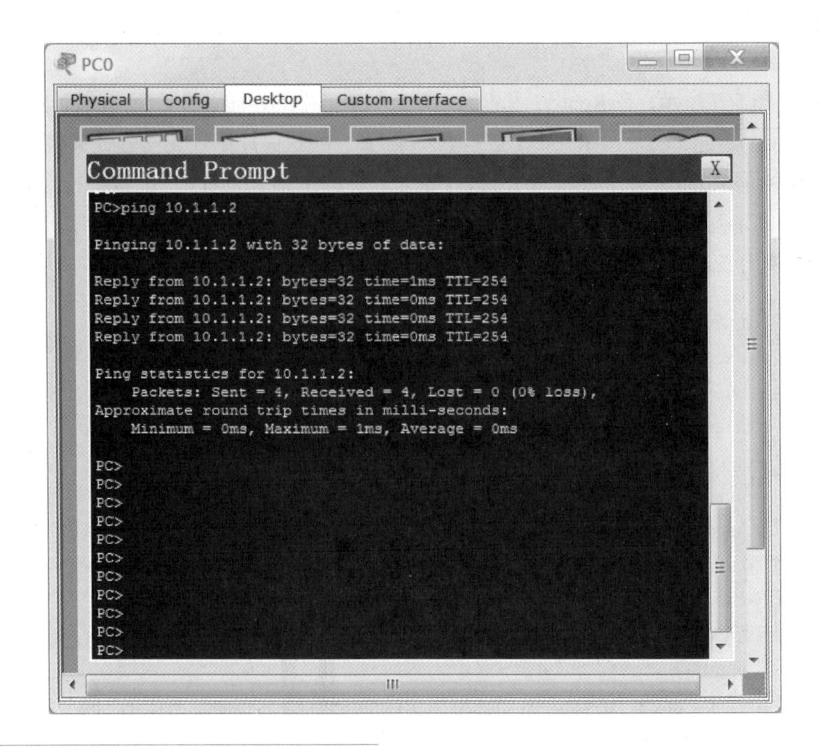

图 5-8
测试 PC0 与 Router1 的连通性

⑤ 使用 console 进入路由器 Router1，进行 SSH 配置。

```
Router1(config)# ip domain-name cisco.com          （配置 IP 域名）
Router1(config)#crypto key generate rsa            （生成 RSA 秘钥对）
The name for the keys will be: Router1.cisco.com
Choose the size of the key modulus in the range of 360 to 2048 for your
General Purpose Keys. Choosing a key modulus greater than 512 may take a few minutes.
How many bits in the modulus [512]: 2048           （使用 2048bits）
% Generating 2048 bit RSA keys, keys will be non-exportable...[OK]  （生成成功）
Router1(config)#username cisco pas cisco           （配置登录用户名与密码）
Router1(config)#enab pas cisco           （配置 enable 特权模式密码）
Router1(config)#line vty 0 4         （进入虚拟终端线路配置）
Router1(config-line)#transport input ssh         （配置输入方式为 SSH）
Router1(config-line)#login local         （配置登录方式）
Router1(config-line)#exit         （退出虚拟终端线路视图）
```

⑥ 使用 PC0 的 SSH 登录路由器 Router1，查看路由器配置，如图 5-9 所示。

⑦ 使用 PC0 的 SSH 登录路由器 Router1，修改路由器配置。

```
Router1(config)#interface f 0/0
Router1(config-if)#no shutdown           （打开 f0/0 口）
Router1(config-if)#ip ad 172.16.1.254 255.255.255.0          （配置 IP 地址）
Router1(config-if)#exit         （退出接口视图）
Router1(config)#router ospf 1           （进入 OSPF 配置）
Router1(config-router)#network 172.16.1.0 0.0.0.255 area 0        （宣告 f0/0 口 IP 地址）
Router1(config-router)#exit         （退出 OSPF 配置）
Router1(config)#exit         （退出配置模式）
Router1#wr         （保存配置）
```

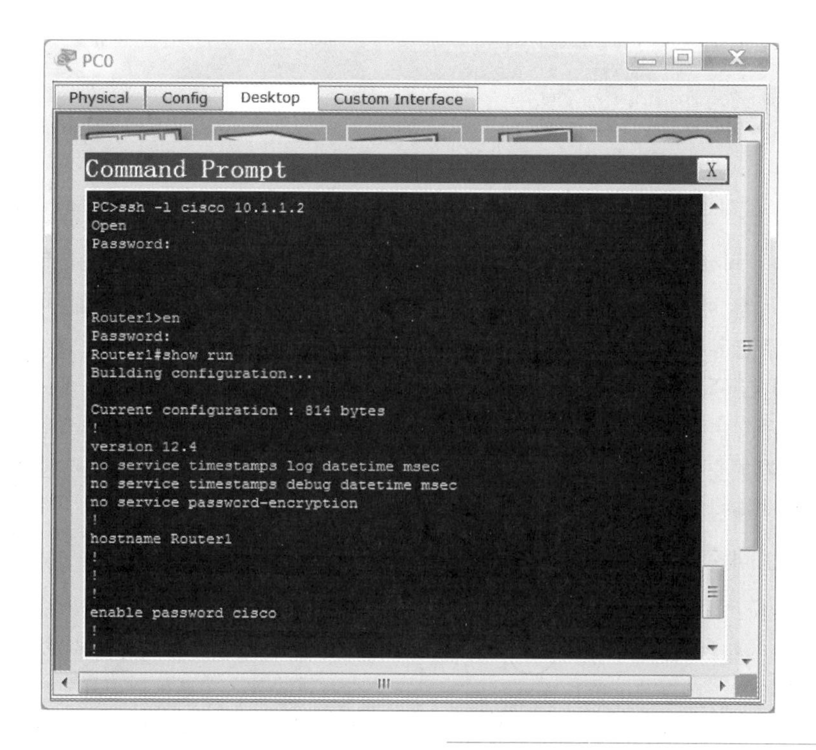

图 5-9
查看路由器 Router1 的配置

⑧ 测试 PC0 和 PC1 的连通性，如图 5-10 所示。

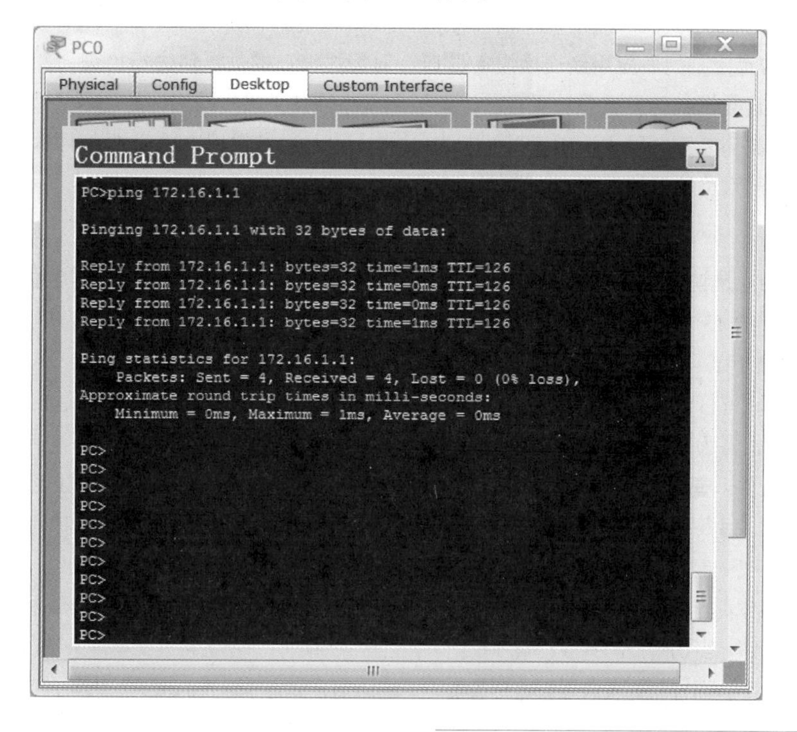

图 5-10
测试 PC0 和 PC1 的连通性

注意

在进行远程配置时，最后一定要保存设备配置。否则设备重启时，设备内配置将丢失。

5.3　ACL 访问控制列表

5.3.1　访问控制列表概述

微课 5-4
访问控制列表及端口安全的基础

访问控制列表使用包过滤技术，通过检查数据包的源端口、目的端口、源地址、目的地址等内容，根据检查的结果，确定允许或禁止哪些数据包通过，以达到维护网络安全、限制网络流量等目的。

访问控制列表通常在三层设备上配置（如三层交换机，路由器），它由一系列语句组成，这些语句主要包括匹配条件和采取的动作（允许或禁止）两个部分。访问控制列表应用在路由器或交换机的接口上，通过匹配数据包信息与访问控制列表参数来决定允许还是拒绝数据包通过某个接口。

1. 访问控制列表的主要作用

（1）安全控制

允许一些符合匹配规则的数据包通过访问的同时而拒绝另一部分不符合匹配规则的数据包。例如，财务处的数据库服务器上的数据具有机密性，不是任何人都可以访问的，此时需要用访问控制列表定义特定主机才可以访问财务处数据库服务器，控制列表以外的主机访问此服务器时，数据包会被交换设备丢弃。

（2）控制网络流量，提高网络性能

将访问控制列表应用到交换设备接口，对经过接口的数据包进行检查，并根据检查的结果决定数据被转发还是被丢弃，达到控制网络流量，提高网络性能的目的。例如，通过访问控制列表限制用户访问大型的 P2P 站点，以及过滤常用 P2P 软件使用的端口等方式达到限制网络流量的目的。

（3）控制网络病毒传播

此功能是访问控制列表使用最广泛的功能。例如，蠕虫病毒在局域网传播的常用端口为 TCP 的 135、139 和 445，通过访问控制列表过滤目的端口为 TCP 协议 135、139 和 445 的数据包，可以控制病毒的传播。

访问控制列表语句具有两个组件：一个是条件，另一个是操作。条件是用于区别数据包内容，当为条件找到匹配时，则会采取对应操作，允许或拒绝。

- 条件：基本上是一组规则，定义要在数据包内容中查找什么来确定数据包是否匹配，每条访问控制列表语句中只可以列出一个条件，但可以将访问控制列表语句组合在一起形成一个列表或策略，语句使用编号或名称来分组。
- 操作：当访问控制列表语句条件与比较的数据包内容匹配时，可以采取允许和拒绝两个操作。当访问控制列表语句中找到一条匹配条件时，则不会再匹配其他条件。而且，在每个访问控制列表最后都有一条看不见的语句，称为“隐式的拒绝”语句，这条语句的目的是丢弃数据包。如果一个数据包和列表中的每条语句都不匹配，则该数据包被丢弃。

2. 访问控制列表的方式

（1）入站访问控制列表

当设备端口收到数据包时，首先确定访问控制列表是否被应用到该端口，如果没有，则正常转发该数据包。如果有，则处理访问控制列表，从第一条语句开始，将条件和数据包内容相比较。如果没有匹配，则处理列表中下一条语句，如果匹配，则执行允许或拒绝操作。如果整个列表中没有找到匹配的规则，则丢弃该数据包。入站访问控制列表的效率很高，因此分组因未能通过过滤测试而被丢弃时，将节省查找路由表的时间。仅当分组通过测试后，才能对其做路由选择方面的处理。图 5-11 所示显示将访问控制列表应用到端口上的入站方向的例子。

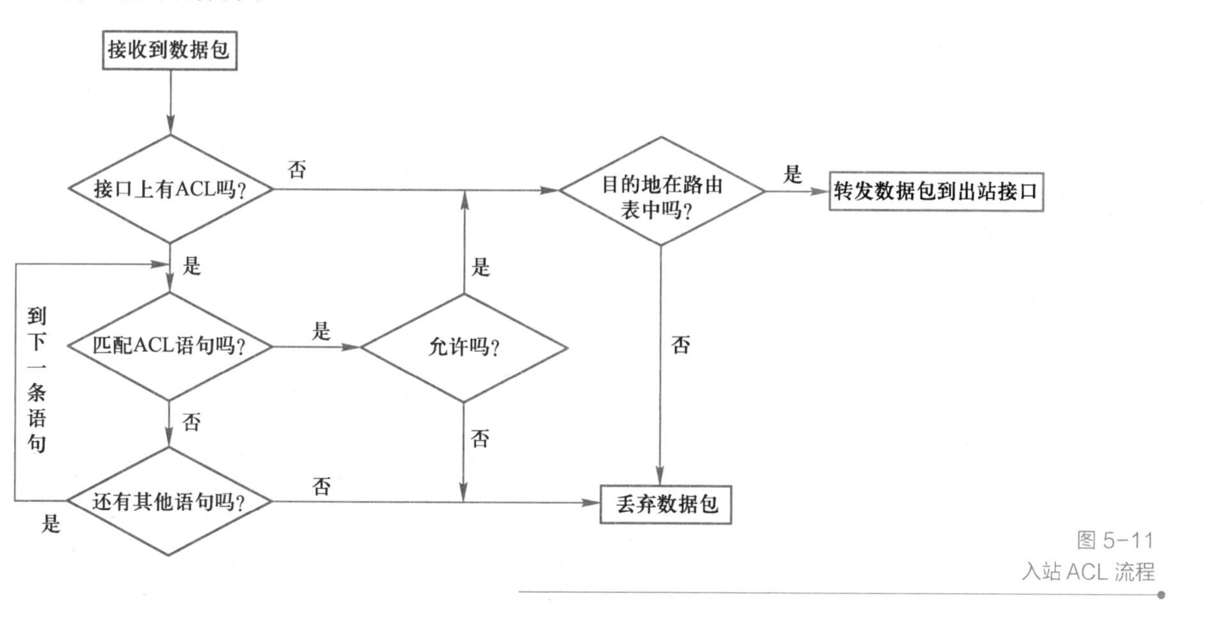

图 5-11
入站 ACL 流程

（2）出站访问控制列表

当设备收到数据包时，首先将数据包路由到输出端口，然后检查端口上是否应用访问控制列表，如果没有，将数据包排在队列中，发送出端口，否则，数据包通过与访问控制列表条目进行比较处理，如图 5-12 所示。

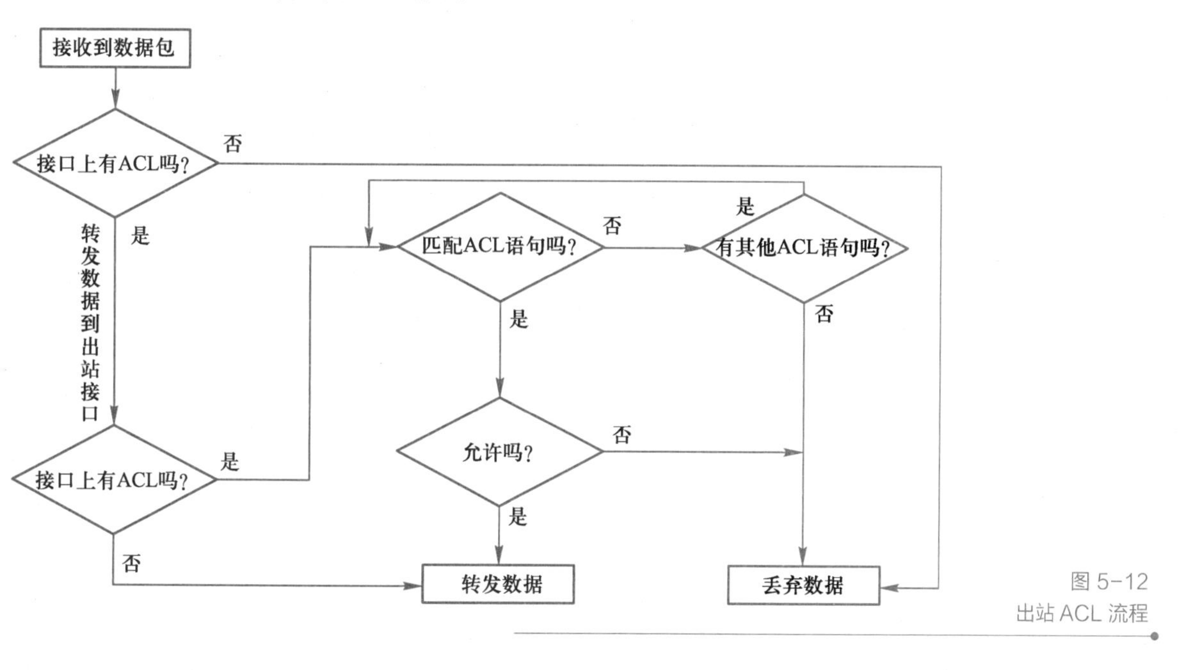

图 5-12
出站 ACL 流程

3. 访问控制列表的类型

微课 5-5
访问控制列表的分类及应用场景

（1）标准访问控制列表

标准访问控制列表检查分组的源地址，结果根据源网络、子网或主机 IP 地址允许或拒绝整个协议簇。

标准 IP 访问控制列表只能过滤 IP 数据包报头中的源 IP 地址，如图 5-13 所示。

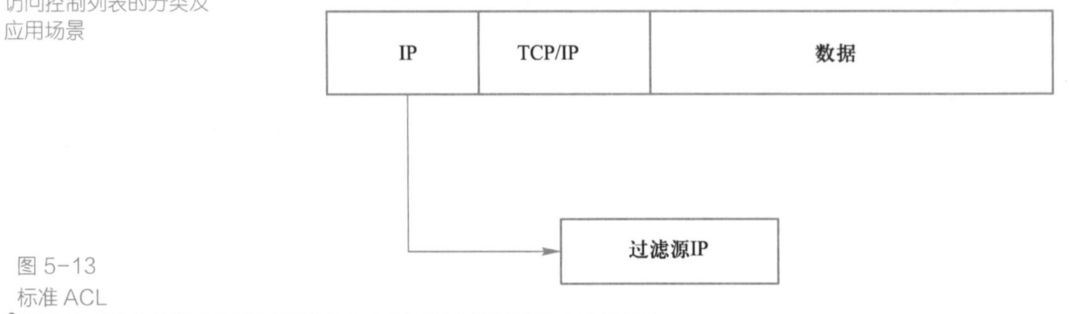

图 5-13
标准 ACL

标准 IP 访问控制列表配置命令如下：

```
access-list access-list-number deny | permit source-address source-wildcard [log]
```

下面对命令中的参数进行解释。

① 访问控制列表编号。标准的访问控制列表，其访问控制列表编号（即参数 access-list-number）只能是 1～99 之间的一个数字。只要访问控制列表编号在 1～99 之间，IOS 就知道这是一个标准 IP 访问控制列表。访问控制列表编号有两个功能：一个是定义了访问控制列表操作的协议，一个是定义了访问控制列表的类型。

② 访问控制列表的动作。访问控制列表的动作参数包括两个：一个是 deny，即匹配的数据包将被丢弃；另一个是 permit，即允许匹配的数据包通过。

③ 源地址。对于标准的 IP 访问控制列表，源地址参数 source-address 即为源 IP 地址，它必须和通配符掩码联合使用才有效。

④ 反掩码。反掩码（参数 source-wildcard）的作用与子网掩码类似，它与 IP 地址一起决定检查的对象是一台主机、多台主机，还是某网段的所有主机。反掩码也是 32 位二进制数，与子网掩码相反，它的高位是连续的 0，低位是连续的 1，使用点分十进制表示。在反掩码中，0 表示需要比较，1 表示不需要比较。例如：

```
0.0.0.255    只比较前 24 位
0.0.3.255    只比较前 22 位
0.255.255.255    只比较前 8 位
```

当条件为所有地址时，如果使用反掩码应该写为：

```
0.0.0.0 255.255.255.255
```

这时可以用“any”表示这个条件。

如下面两条规则是等价的。

```
access-list 1 permit 0.0.0.0 255.255.255.255
access-list 1 permit any
```

⑤ 访问控制列表日志。只有 11.3 以上版本的 IOS 才支持关键字 log。如果该关键字用于访问控制列表中，则符合访问控制列表条件的报文记录日志。因此，包含有 log 关键字的访问控制列表也称为带日志的访问控制列表。

应用访问控制列表到接口的命令如下：

```
ip access-group access-list-number in | out
```

访问控制列表只有被应用到交换设备的某个接口才能生效。接口上的数据包有两个方向：一个是通过接口进入交换设备的数据包（即 in 方向的数据包），另一个是通过该接口离开交换设备的数据包（即 out 方向的数据包）。将访问控制列表应用到交换设备某个接口时，必须指明其方向。

显示所有协议的访问控制列表配置的命令如下：

```
show access-list [access-list-number]
```

其中，access-list-number 是可选参数，带上此参数将只显示指定编号的访问控制列表的配置，如果不指定则显示所有访问控制列表配置。

显示 IP 访问控制列表配置的命令如下：

```
show ip access-list [access-list-number]
```

删除 IP 访问控制列表配置的命令如下：

```
no access-list [access-list-number]
```

注意

定义 ACL 时，每条语句都按照输入的次序加入到 ACL 的末尾，如果想要更改某条语句，或者更改语句的顺序，只能先删除整个 ACL，再重新输入。

如删除表号为 10 的 ACL：

```
no access-list 10
```

例：一个局域网连接在路由器 R1 的 E0 接口，这个局域网要求只有来自 172.17.0.0/16、192.168.3.0/24 的用户能够访问，但其中 172.17.1.1、192.168.3.1 和 192.168.3.3 这 3 台主机除外。

```
R1(config)#access-list 1 deny host 172.17.1.1
R1(config)#access-list 1 deny host 192.168.3.1
R1(config)#access-list 1 deny host 192.168.3.3
R1(config)#access-list 1 permit 172.17.0.0   0.0.255.255
R1(config)#access-list 1 permit 192.168.3.0   0.0.0.255
R1(config)#access-list 1 deny any------可省略
R1(config)#interface e0
R1(config-if)#ip access-group 1 out
```

① host 172.17.1.1：匹配条件，等同于 172.17.1.1 0.0.0.0。标准的 ACL 只限制源地址。Host 172.17.1.1（172.17.1.1 0.0.0.0）的意思是只匹配源地址为 172.17.1.1 的包。host 192.168.3.1、host 192.168.3.3 意思同上。

② access-list 1 permit 172.17.0.0 0.0.255.255、access-list 1 permit 192.168.3.0 0.0.0.255 这两条语句不能写在另 3 条语句的前面，如果把它们写在前面，则 172.17.1.1、192.168.3.1 和 192.168.3.3 这 3 台主机因已经满足条件，不会再进行后面的匹配。

（2）扩展访问控制列表

扩展访问控制列表检查分组的源地址和目的地址，还可以检查协议、端口号和其他参数，这给管理员提供了更大的灵活性和控制权。

扩展 IP 访问控制列表用于扩展报文过滤。一个扩展的 IP 访问列表允许用户根据如下内容过滤报文：源和目的地址、协议、源和目的端口以及在特定报文字段中允许进行特殊位比较的各种选项，如图 5-14 所示。

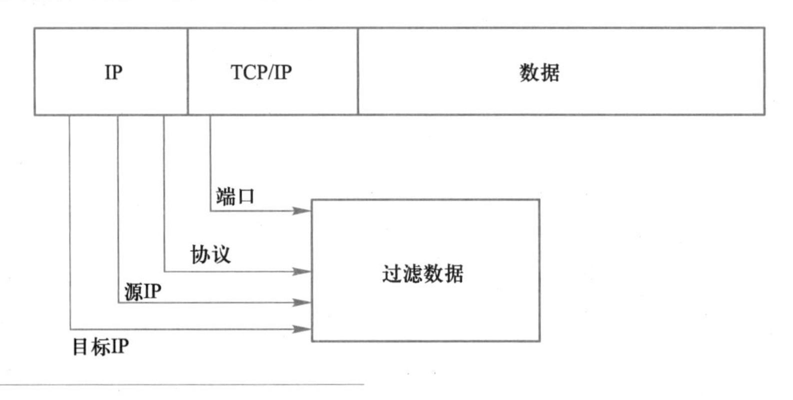

图 5-14
扩展 ACL

扩展 IP 访问控制列表的使用方法与标准 IP 访问控制列表的使用方法基本相同，两者的区别在于扩展访问控制列表中有更多的匹配项。定义扩展 IP 访问控制列表的命令格式为：

```
access-list access-list-number permit | deny protocol source-address source-wildcard
source-port destination-address destination-wildcard destination-port options
```

下面对这条命令中的参数进行解释。

① 访问控制列表编号。扩展 IP 访问控制列表的编号 access-list-number 参数与标准 IP 访问控制列表的类似，扩展 IP 访问控制列表的编号范围为 100～199。

② 访问控制列表的动作。使用 permit 或 deny 关键字，其含义与标准 IP 访问控制列表的相同。

③ 协议。协议 protocol 定义了需要被过滤的协议类型，如 IP、TCP、UDP、ICMP、EIGMP、GRE 等。

④ 源 IP 地址和源地址反掩码。扩展 IP 访问控制列表的源地址 source-address 和源地址反掩码 source-wildcard 与标准 IP 访问控制列表的相同。

⑤ 源端口号。当协议关键字指定为 TCP 或 UDP 时，可以指定过滤的源端口 source-port。源端口可以是一个端口，也可以是多个端口。端口表达方式见表 5-1。

表 5-1 操作符表

协 议	描 述
eq	等于端口号 portnumber
gt	大于端口号 portnumber
lt	小于端口号 portnumber
neq	不等于端口号 portnumber
range	介于端口号 portnumber1 和 portnumber2 之间

⑥ 目的地址和目的地址反掩码。扩展 IP 访问控制列表的目的地址 destination-address 和目的地址反掩码 destination-wildcard 用于描述目的地址匹配条件。

⑦ 目的端口号。目的端口号 destination-port 的指定方法与源端口号的指定方法类似。

标准的 IP 访问控制列表和扩展 IP 访问控制列表的编号范围不允许超过 100，会出现编号不够用的可能，而且，仅用编号区分的访问控制列表不便于对访问控制列表的作用进行识别。基于该原因，引入了命名访问控制列表。

例：一个局域网连接在路由器 R1 的 E0 接口，R1 通过 S0 口跟外网连接，60.50.32.3、202.45.89.34 是两个有害的 Web 网站，禁止内网用户（192.168.*.*）访问这两个网站。

```
R1(config)#access-list 100 deny tcp 192.168.0.0 0.0.255.255 host 60.50.32.3 eq 80
R1(config)#access-list 100 deny tcp 192.168.0.0 0.0.255.255 host 202.45.89.34 eq 80
R1(config)#access-list 100 permit ip any any
R1(config)#interface e0
R1(config-if)#ip access-group 100 in
```

（3）命名访问控制列表

命名访问控制列表适用名称来引用，而不使用编号，命名访问控制列表可以用于标准的和扩展的访问控制列表中。名称必须以字母开头，名称中可以包含字母、数字和以下符号：[、]、{、}、_、-、+、/、\、.、&、$、#、@、!、？。名称区分大小写，最大长度为 100 字符。

命名 IP 访问控制列表与标准、扩展 IP 访问控制列表的工作原理是一样的。与编号 IP 访问控制列表相比，命名 IP 访问控制列表的主要优点如下。

- 允许管理员给访问控制列表制定一个描述性的名称。
- 允许管理生成超过 99 个的标准访问控制列表或都超过 100 个的扩展访问控制列表。
- 允许删除访问控制列表中的特定条目，而编号访问控制列表只能删除整个访问控制列表。

配置命名 IP 访问控制列表与配置编号 IP 访问控制列表的语法非常相似，表 5-2 所示是编号与命名访问控制列表命令的比较。

表 5-2 编号与命名的访问控制列表命令比较

命令类型	编号访问控制列表	命名访问控制列表
标准访问控制列表	access-list 1-99 permit|deny	access-list standard name permit|deny
扩展访问控制列表	access-list 100-199 permit|deny	access-list extended name permit|deny
标准访问控制列表应用	ip access-group 1-99 in|out	ip access-group name in|out
扩展访问控制列表应用	ip access-group 100-199 in|out	ip access-group name in|out

5.3.2　标准访问控制列表的基本配置与应用

微课 5-6
标准访问控制列表的配置与应用

【实验目的】

① 了解标准访问控制列表的基本配置。

② 能够通过 PT 仿真软件建立拓扑图。

③ 能够在路由器上配置标准访问控制列表，并在接口上启用标准访问控制列表对数据包进行过滤。

【实验设备】

在 PT 平台上拖放一台 3560 24PS 交换机、3 台 2960 交换机、两台 PC 和两台服务器，直通双绞线若干，进行设备配置。

【实验拓扑图】

实验拓扑如图 5-15 所示。

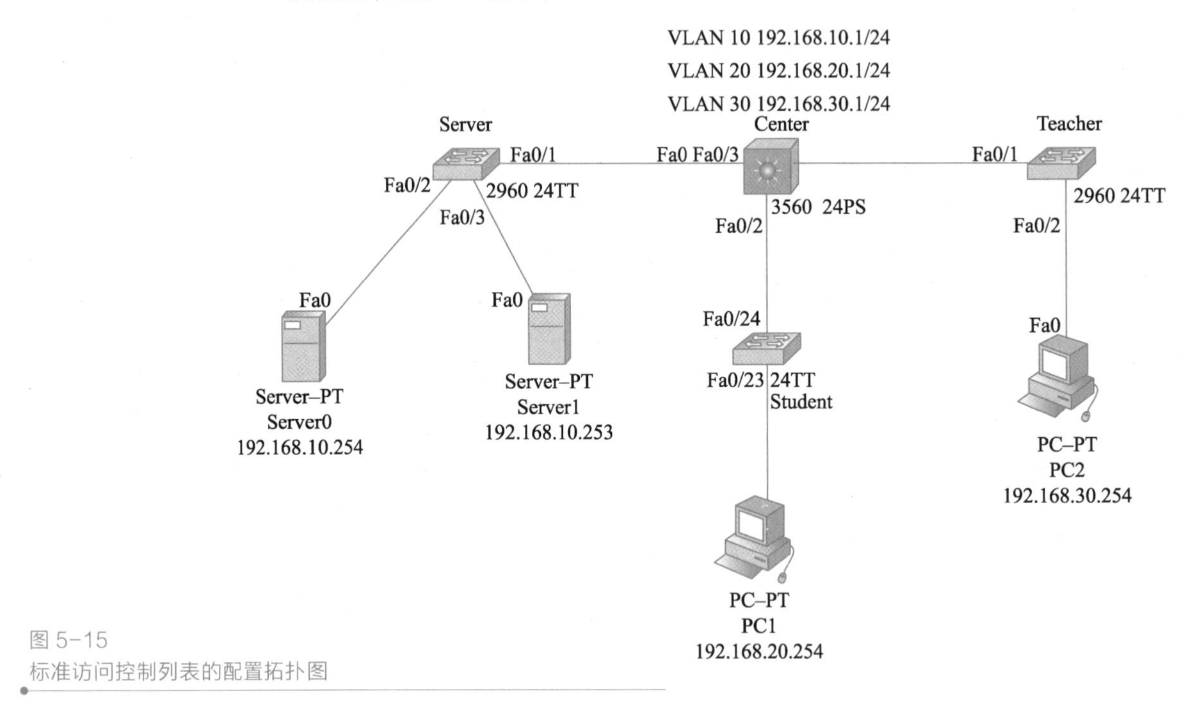

图 5-15
标准访问控制列表的配置拓扑图

【实验步骤】

根据图 5-15 所示，在 Center 交换机上分别配置 PC1、PC2、Server1、Server0 的网关 IP 地址，并且配置 PC1、PC2、Server1、Server0 的 IP 地址、掩码、网关，使得 Server、Student、Teacher 之间互通。在 Center 交换机上配置相应的 ACL，使得 PC1 所在的网段无法访问两台服务器，PC2 所在的网段可以访问两台服务器。

① 使用 console 进入 Center 交换机进行基础配置。

```
Switch>enable              （进入特权模式）
Switch#conf ter            （进入全局配置模式）
Enter configuration commands, one per line.  End with CNTL/Z.
Switch(config)#vlan 10          （创建 VLAN）
Switch(config-vlan)#exit
```

```
Switch(config)#vlan 20
Switch(config-vlan)#exit
Switch(config)#vlan 30
Switch(config-vlan)#exit
Switch(config)#hostname Center      （修改主机名为 Center）
Center(config)#interface vlan 10      （进入 vlanif10 接口）
Center(config-if)#ip ad 192.168.10.1 255.255.255.0      （配置 IP 地址）
Center(config-if)#exit
Center(config)#interface vlan 20
Center(config-if)#ip ad 192.168.20.1 255.255.255.0
Center(config)#interface vlan 30
Center(config-if)#ip ad 192.168.30.1 255.255.255.0
Center(config-if)#exit
Center(config)#inter f 0/1
Center(config-if)#switchport access vlan 10      （将接口划入 VLAN10）
Center(config)#inter f 0/2
Center(config-if)#switchport access vlan 20
Center(config)#inter f 0/3
Center(config-if)#sw ac vlan 30
Center(config-if)#exit
Center(config)#ip routing      （开启交换机三层路由功能）
```

② 测试 PC1、PC2 与 Server0、Server1 之间的连通性，如图 5-16 和图 5-17 所示，结果显示 PC1、PC2 所在的网段可以访问 Server0 和 Server1。

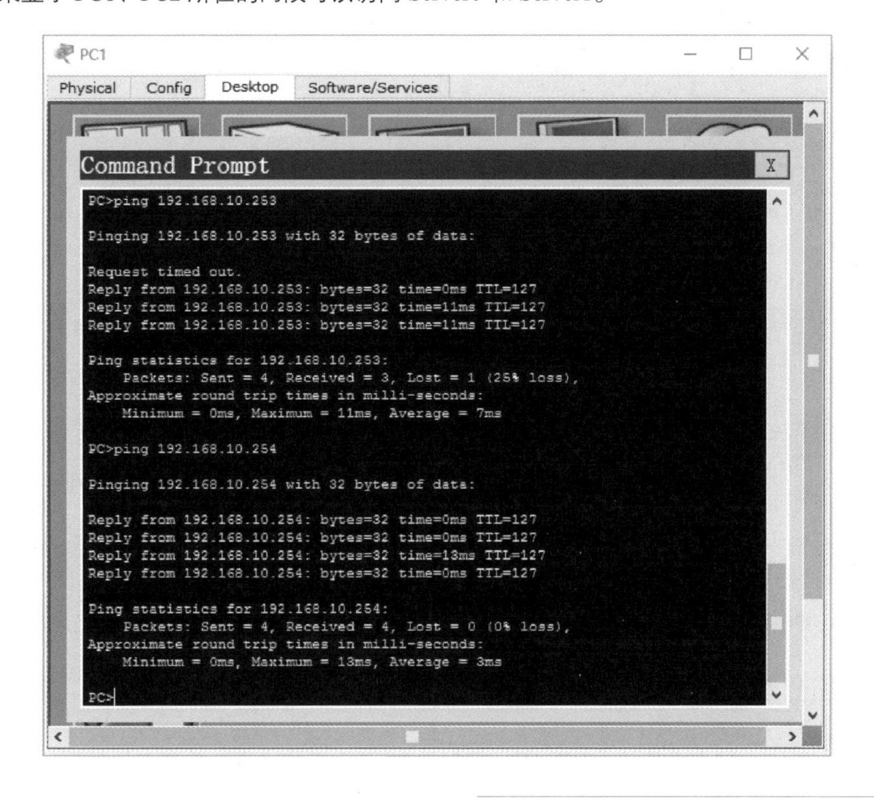

图 5-16
测试 PC1 与 Server0、Server1 之间的连通性

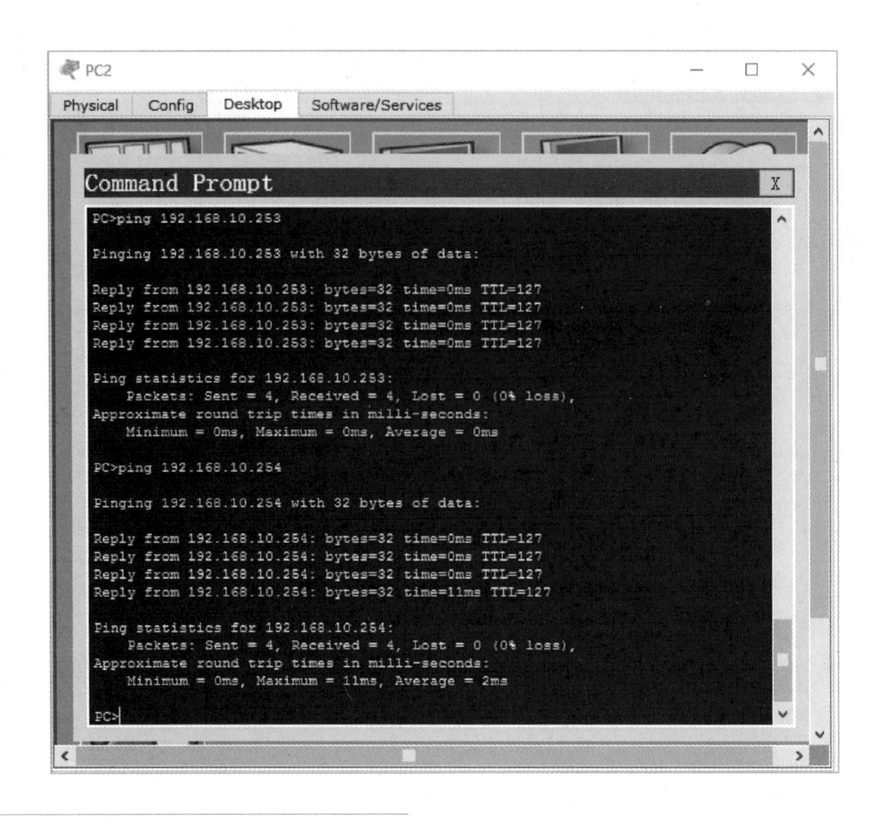

图 5-17
测试 PC2 与 Server0、Server1 之间的连通性

③ 在 Center 交换机上配置命名标准访问控制列表并应用，使得 PC1 所在的网段无法访问两台服务器，PC2 所在的网段可以访问两台服务器。

```
Center(config)#ip access-list standard deny_student    （创建命名标准访问控制列表）
Center(config-std-nacl)#deny 192.168.20.0 0.0.0.255    （拒绝 student PC 所在的网段）
Center(config-std-nacl)#permit any    （允许其他所有网段通过）
Center(config-std-nacl)#exit    （退出 acl 视图）
Center(config)#inter vlan 10    （进入 vlanif10 接口）
Center(config-if)#ip access-group deny_student out    （出方向应用 acl deny_student）
Center(config-if)#exit    （退出接口视图）
Center(config)#exit    （退出配置模式）
Center#wr    （保存配置）
```

④ 在 Center 交换机上完成命名标准访问控制列表的配置后，再测试 PC1、PC2 与 Server0、Server1 之间的连通性，如图 5-18 和图 5-19 所示，结果显示 PC1 无法访问两台服务器，PC2 可以访问两台服务器。

在应用访问控制列表的时候，需要注意应用的方向，错误的应用方向可能导致网络业务的中断。

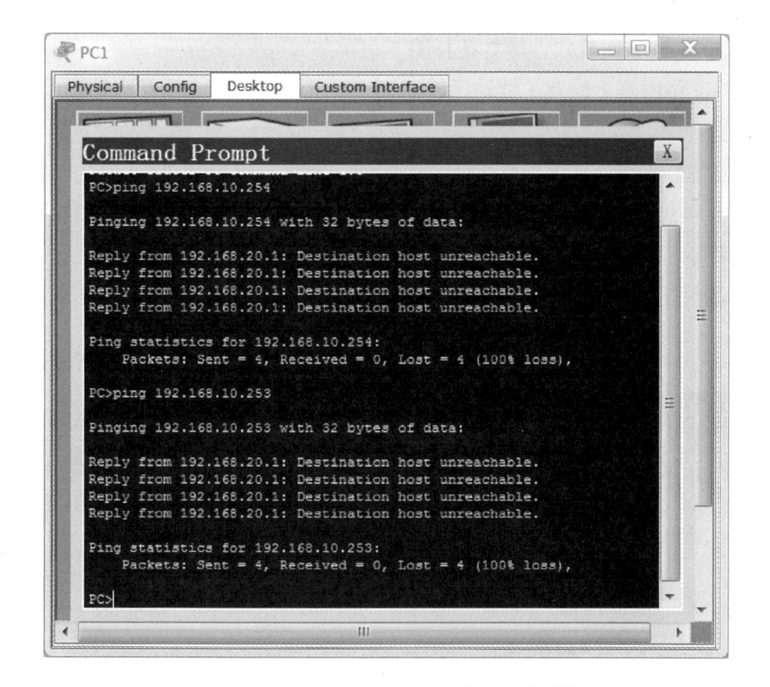

图 5-18
测试 PC1 与 Server0、Server1 之间的连通性

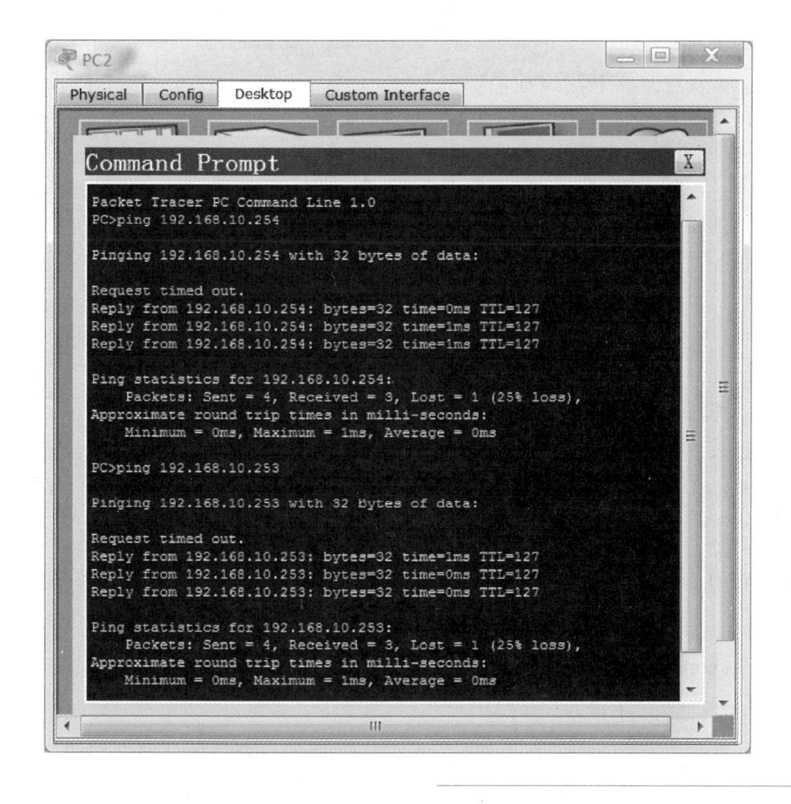

图 5-19
测试 PC2 与 Server0、Server1 之间的连通性

5.3.3 扩展访问控制列表的基本配置与应用

【实验目的】

① 了解扩展访问控制列表的基本配置。

微课 5-7
扩展访问控制列表的配置与应用

② 能够通过 PT 仿真软件建立拓扑图。

③ 能够在路由器上配置扩展访问控制列表，并在接口上启用扩展访问控制列表对数据包进行过滤。

【实验设备】

在 PT 平台上拖放一台 3560 24PS 交换机、3 台 2960 交换机、两台 PC 和两台服务器，直通双绞线若干，进行设备配置。

【实验拓扑图】

实验拓扑如图 5-20 所示。

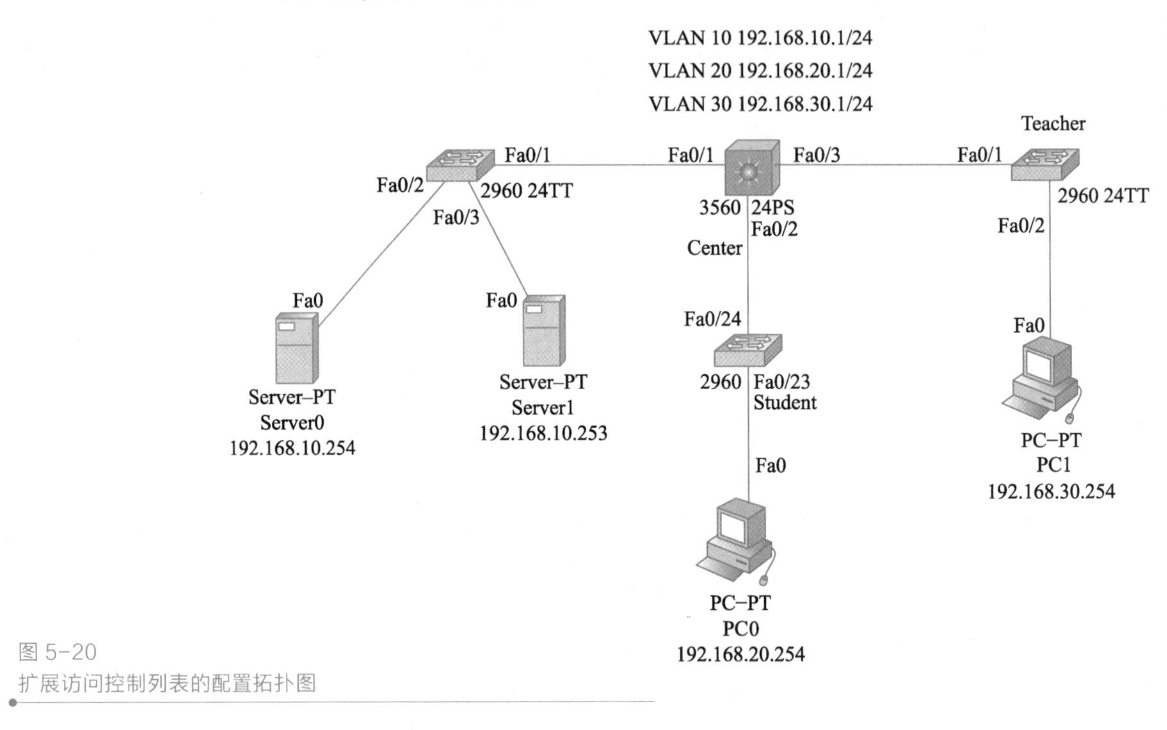

图 5-20
扩展访问控制列表的配置拓扑图

【实验步骤】

根据图 5-20 所示，在 Center 交换机上分别配置 PC0、PC1、Server0、Server1 的网关 IP 地址，并且配置 PC0、PC1、Server0、Server1 的 IP 地址、掩码、网关，使得 Server、Student、Teacher 之间互通。在 Center 交换机上配置相应的 ACL，使得 PC0 所在的网段可以访问 Server0，但是不能访问 Server1，PC1 所在的网段可以访问两台服务器，具体配置如下。

① 使用 console 进入 Center 交换机进行基础配置。

```
Switch>enable     （进入特权模式）
Switch#conf ter             （进入全局配置模式）
Enter configuration commands, one per line.  End with CNTL/Z.
Switch(config)#vlan 10          （创建 VLAN）
Switch(config-vlan)#exit
Switch(config)#vlan 20
Switch(config-vlan)#exit
Switch(config)#vlan 30
```

```
Switch(config-vlan)#exit
Switch(config)#hostname Center            （修改主机名为 Center）
Center(config)#interface vlan 10      （进入 vlanif10 接口）
Center(config-if)#ip ad 192.168.10.1 255.255.255.0     （配置 IP 地址）
Center(config-if)#exit
Center(config)#interface vlan 20
Center(config-if)#ip ad 192.168.20.1 255.255.255.0
Center(config)#interface vlan 30
Center(config-if)#ip ad 192.168.30.1 255.255.255.0
Center(config-if)#exit
Center(config)#inter f 0/1
Center(config-if)#switchport access vlan 10       （将接口划入 VLAN10）
Center(config)#inter f 0/2
Center(config-if)#switchport access vlan 20
Center(config)#inter f 0/3
Center(config-if)#sw ac vlan 30
Center(config-if)#exit
Center(config)#ip routing      （开启交换机三层路由功能）
```

② 测试 PC0、PC1 与 Server0、Server1 之间的连通性，如图 5-21 和图 5-22 所示，结果显示 PC0、PC1 所在的网段可以访问 Server0 和 Server1。

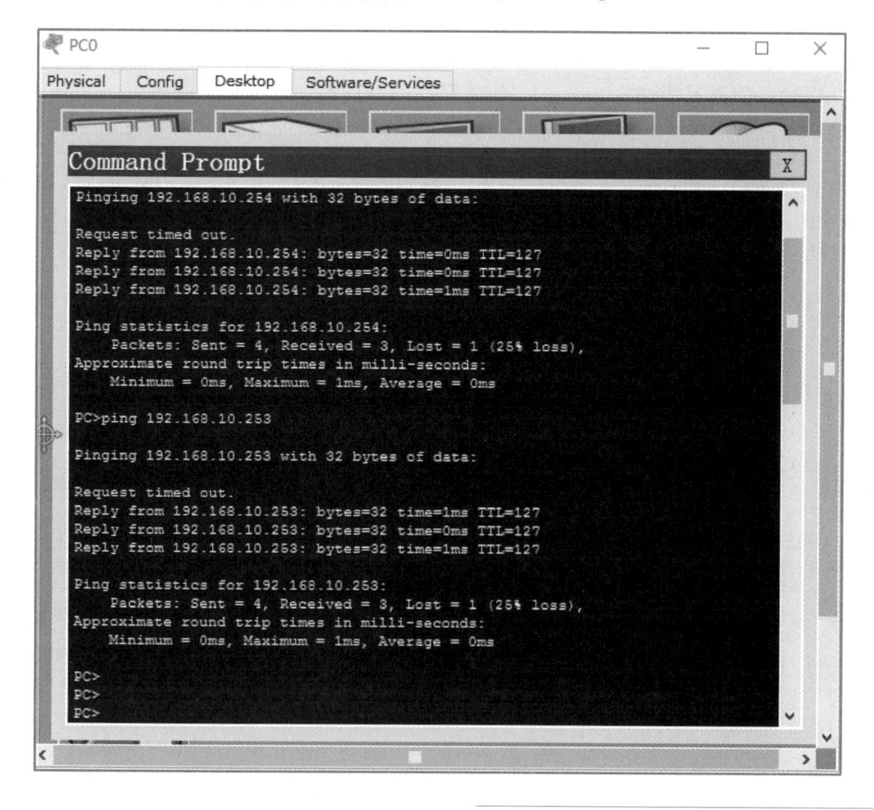

图 5-21
测试 PC0 与 Server0、Server1 之间的连通性

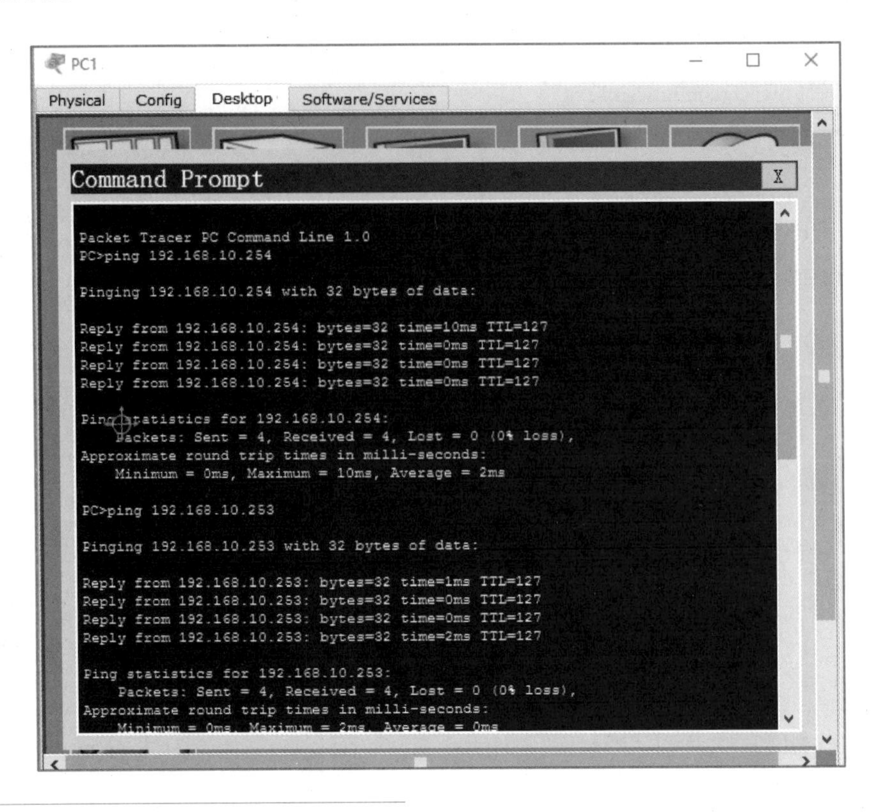

图 5-22
测试 PC1 与 Server0、Server1 之间的连通性

③ 在 Center 交换机上配置扩展标准访问控制列表并应用，使得 PC0 所在的网段可以访问 Server0，但是不能访问 Server1，PC1 所在的网段可以访问两台服务器。

Center(config)#ip access-list extended deny_student_server1（创建扩展访问控制列表）
Center(config-ext-nacl)#deny ip 192.168.20.254 0.0.0.255 host 192.168.10.253 （拒绝 PC0 所在的网段访问 Server1）
Center(config-ext-nacl)#permit ip any any　　（允许其他所有网段通过）
Center(config-ext-nacl)#exit
Center(config)#interface vlan 10　　（进入 vlanif10 接口）
Center(config-if)#ip access-group deny_student_server1 out　　（在出方向上应用扩展访问控制列表）
Center(config-if)#exit　　（退出接口视图）
Center(config)#exit　　（退出配置模式）
Center#wr　　（保存配置）
Building configuration...
[OK]　　（提示配置保存成功）

④ 在 Center 交换机上完成扩展标准访问控制列表的配置后，再测试 PC0、PC1 与 Server0、Server1 之间的连通性，如图 5-23 和图 5-24 所示，结果显示 PC0 所在的网段可以访问 Server0，但是不能访问 Server1，PC1 所在的网段可以访问两台服务器。

注意

在应用访问控制列表时，应注意访问控制列表的应用方向。

```
PC0
Physical | Config | Desktop | Custom Interface
Command Prompt

Packet Tracer PC Command Line 1.0
PC>ping 192.168.10.253

Pinging 192.168.10.253 with 32 bytes of data:

Reply from 192.168.20.1: Destination host unreachable.
Reply from 192.168.20.1: Destination host unreachable.
Reply from 192.168.20.1: Destination host unreachable.
Reply from 192.168.20.1: Destination host unreachable.

Ping statistics for 192.168.10.253:
    Packets: Sent = 4, Received = 0, Lost = 4 (100% loss),

PC>ping 192.168.10.254

Pinging 192.168.10.254 with 32 bytes of data:

Request timed out.
Reply from 192.168.10.254: bytes=32 time=0ms TTL=127
Reply from 192.168.10.254: bytes=32 time=0ms TTL=127
Reply from 192.168.10.254: bytes=32 time=0ms TTL=127

Ping statistics for 192.168.10.254:
    Packets: Sent = 4, Received = 3, Lost = 1 (25% loss),
```

图 5-23
测试 PC0 与 Server0、Server1 之间的连通性

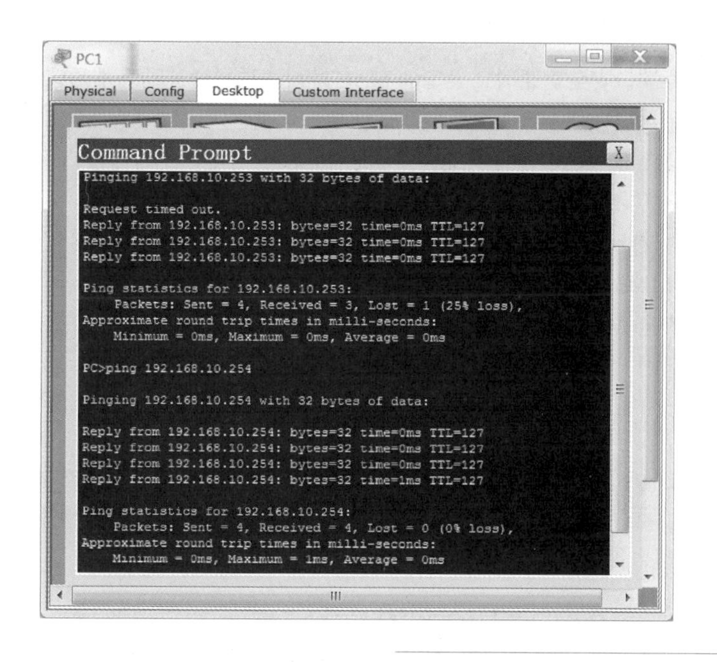

图 5-24
测试 PC1 与 Server0、Server1 之间的连通性

5.4 端口安全

5.4.1 端口安全的基础

1. 端口安全的基本原理

在网络中，设备的 MAC 地址是不变的，控制 MAC 地址接入也就控制了交换机的端口接入，所以端口安全也是对 MAC 的安全。使用端口安全能够有效降低未经允许的设备访问网

络的可能性，具体操作是：端口安全通过 MAC 地址表记录了与交换机相连的设备的 MAC 地址、端口号、所属 VLAN 等对应关系，并仅允许指定的 MAC 地址发送的数据包通过某个端口。如果有其他 MAC 地址发送的数据包想要通过此端口，端口安全就会阻止它。

端口安全功能将设备端口学习到的 MAC 地址变为安全 MAC 地址，可以有效阻止除安全 MAC 和静态 MAC 之外的主机通过某个端口和设备通信，从而增强设备安全性。安全 MAC 地址分为：安全动态 MAC、安全静态 MAC 与 Sticky MAC，具体见表 5-3。

表 5-3　安全 MAC 地址的说明

类型	定义	特点
安全动态 MAC 地址	使能端口安全而未使能 Sticky MAC 功能时转换的 MAC 地址	设备重启后安全动态 MAC 地址会丢失，需要重新学习。 默认情况下不会被老化，只有在配置安全 MAC 的老化时间后才可以被老化
安全静态 MAC 地址	使能端口安全时手工配置的静态 MAC 地址	不会被老化，手动保存配置后重启设备不会丢失
Sticky MAC 地址	使能端口安全后又同时使能 Sticky MAC 功能后转换到的 MAC 地址	不会被老化，保存配置后重启设备，Sticky MAC 地址不会丢失，无需重新学习

2. 端口安全功能的实现

① 未使能端口安全功能时，设备的 MAC 地址表项可通过动态学习或静态配置。

② 当某个接口使能端口安全功能后，该接口之前学习到的动态 MAC 地址表项会被删除，之后学习到的 MAC 地址将变为安全动态 MAC 地址，此时该接口仅允许匹配安全 MAC 地址或静态 MAC 地址的报文通过。

③ 若接着使能 Sticky MAC 功能，全动态 MAC 地址表项将转化为 Sticky MAC 表项，之后学习到的 MAC 地址也变为 Sticky MAC 地址。

④ 直到安全 MAC 地址数量达到限制，将不再学习 MAC 地址，并对接口或报文采取配置的保护动作。

3. 违规的处理方式

超过安全 MAC 地址限制数后的动作：接口上安全 MAC 地址数达到限制后，如果收到源 MAC 地址不存在的报文，端口安全则认为有非法用户攻击，就会根据配置的动作对接口做保护处理，见表 5-4。

表 5-4　端口安全的保护动作

动作	实现说明
restrict	当违例产生时，将发送一个 Trap 通知
protect	当 IP/MAC 过滤项个数满后，安全端口将丢所有新接入的用户数据流，该处理模式为默认配置
shutdown	当违例产生时，将关闭端口并发送一个 Trap 通知

4. 端口安全的作用

端口安全的作用如下。

- 允许网络允许的主机接入网络。
- 控制交换机端口能接入的主机数量。
- 提高网络的安全性。

5.4.2　端口安全的基本配置与验证

① 了解端口安全的基本配置。

② 能够通过 PT 仿真软件建立拓扑图。

③ 能够在交换机上配置端口安全，并验证端口安全功能的实现。

微课 5-8
端口安全的基本配置

【实验设备】

在 PT 平台上拖放 3 台 2960 24TT 交换机、3 台 PC 和两台服务器，直通双绞线若干，进行设备配置。

【实验拓扑图】

实验拓扑如图 5-25 所示。

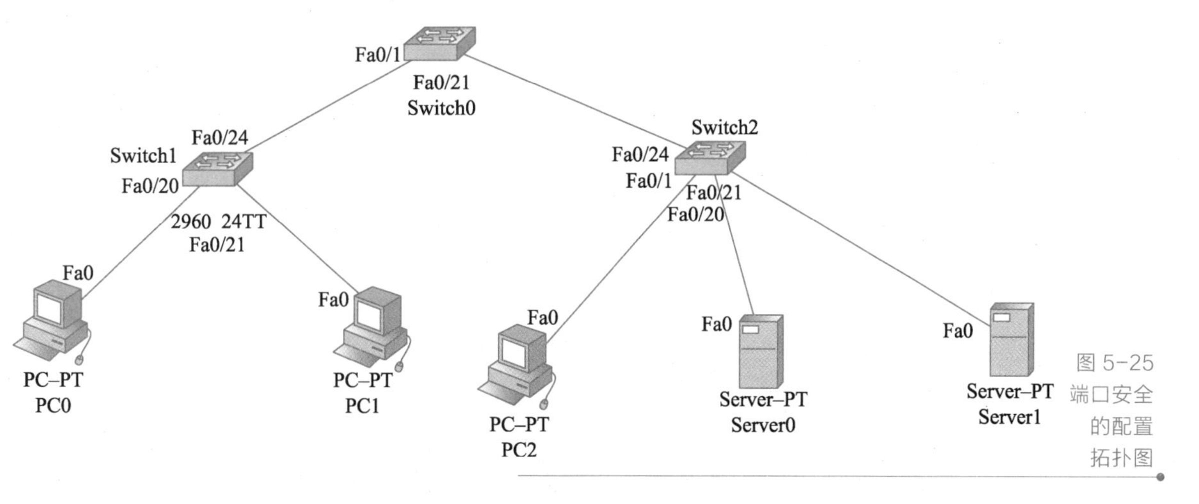

图 5-25 端口安全的配置拓扑图

【实验步骤】

根据图 5-25 所示，这个实验要在 Switch0 上进行配置，实现 Switch1 下面只能接入两台 PC，并且都学习为 Sticky MAC 地址，当接入第 3 台 PC 或者其他终端时，Switch0 与 Switch1 互连的接口将会变为 Down 状态。在 Switch0 和 Switch2 互连的接口上静态绑定两台服务器的 MAC 地址，并且不允许其他终端接入，当有其他终端接入时，Switch0 和 Switch2 互连的端口将 Shutdown。具体操作如下。

① 使用 console 进入 Switch0 交换机，配置交换机。

```
Switch>enable              （进入特权模式）
Switch#conf ter            （进入配置模式）
Switch(config)#hostname Switch0          （配置 hostname）
Switch0(config)#interface fastEthernet 0/1          （进入 Fa0/1 接口）
Switch0(config-if)#switchport port-security         （开启端口安全功能）
Command rejected: FastEthernet0/1 is a dynamic port.          （提示端口为动态端口，需
要将端口改为 Access 或者 Trunk 才可以配置端口安全）
Switch0(config-if)#switchport mode access          （配置端口模式为 Access）
Switch0(config-if)#switchport port-security         （开启端口安全功能）
Switch0(config-if)#switchport port-security maximum 3        （配置最大 MAC 为 3）
Switch0(config-if)#switchport port-security mac-address sticky  （配置 Sticky MAC）
Switch0(config-if)#switchport port-security violation shutdown（配置违例手段为 Shutdown）
Switch0(config-if)#exit          （退出接口视图）
```

② 查看 Server0 和 Server1 的 MAC 地址，如图 5-26 和图 5-27 所示。

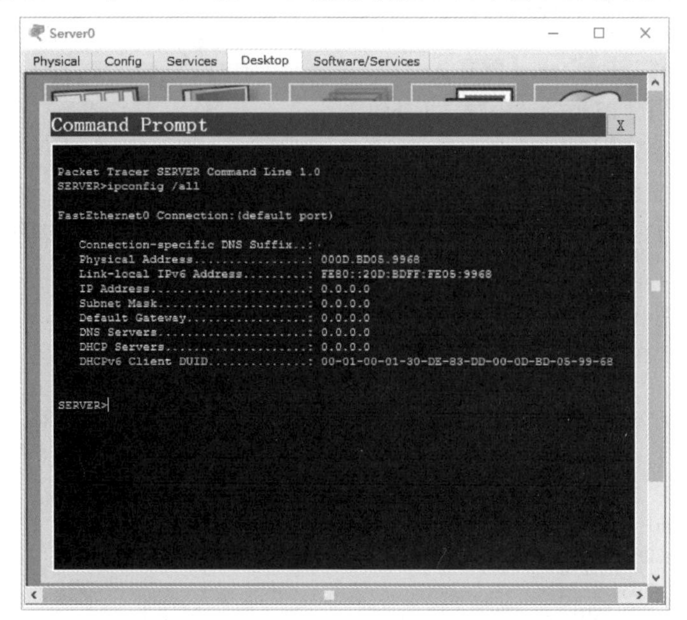

图 5-26
Server0 的 mac 地址

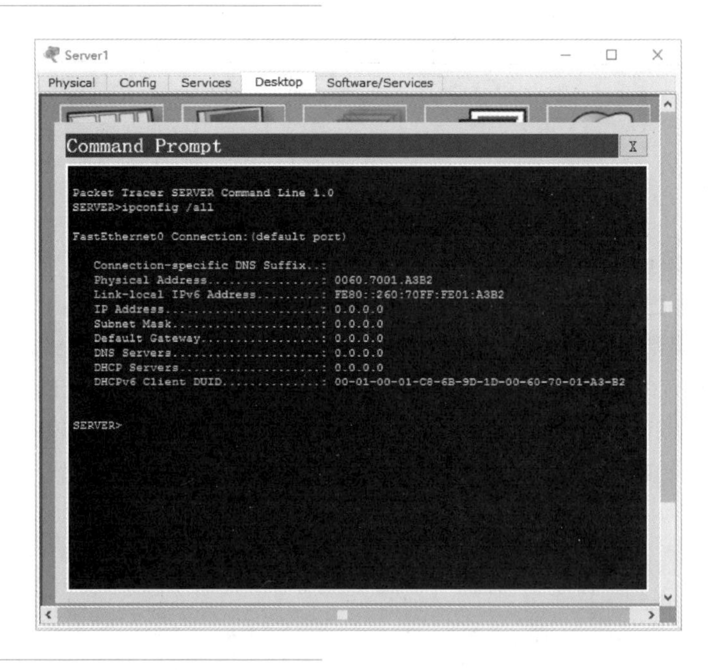

图 5-27
Server1 的 mac 地址

③ 使用 console 进入 Switch0 交换机，配置交换机。

Switch0(config)#interface fastEthernet 0/2　　（进入 Fa0/2 口）

Switch0(config-if)#switchport mode access　　（配置端口模式为 Access）

Switch0(config-if)#switchport port-security　　（开启端口安全功能）

Switch0(config-if)#switchport port-security mac-address 000D.BD05.9968　　（配置静态 MAC 地址）

Total secure mac-addresses on interface FastEthernet0/2 has reached maximum limit.（提示安全 MAC 地址数已达到最大）

Switch0(config-if)#switchport port-security maximum 3　（修改最大 MAC 地址为 3）

```
        Switch0(config-if)#switchport port-security mac-address 000D.BD05.9968          （静
态绑定 MAC 地址）
        Switch0(config-if)#switchport port-security mac-address 0060.7001.A3B2          （静
态绑定 MAC 地址）
      Switch0(config-if)#switchport port-security violation shutdown  （惩罚手段为 Shutdown）
      Switch0(config-if)#exit      （退出接口视图）
      Switch0(config)#exit    （退出配置模式）
      Switch0#wr      （保存当前配置）
      Building configuration...
      [OK]
```

④ 查看端口安全功能的状态。

```
      Switch0#show port-security address
      Secure Mac Address Table
      -------------------------------------------------------------------------
      Vlan Mac Address Type Ports Remaining Age
      (mins)
      ---- ----------- ---- ----- -------------
      1 0001.C73C.07DC SecureSticky FastEthernet0/1 -          （Sticky MAC 地址）
      1 0001.C7E2.648D SecureSticky FastEthernet0/1 -
      1 0060.4755.8918 DynamicConfigured FastEthernet0/1 -     （动态安全 MAC 地址）
      1 000D.BD05.9968 SecureConfigured FastEthernet0/2 -      （安全静态 MAC 地址）
      1 0060.7001.A3B2 SecureConfigured FastEthernet0/2 -
      1 000D.BD04.8718 DynamicConfigured FastEthernet0/2 -
      -------------------------------------------------------------------------
      Total Addresses in System (excluding one mac per port) : 4
      Max Addresses limit in System (excluding one mac per port) : 1024
      Switch0#
```

⑤ 分别在 Switch1 和 Switch2 上接入 PC2，观察 Switch0 端口状态，如图 5-28 所示，结果显示 Switch0 上的两个接口都变为 Shutdown 状态。

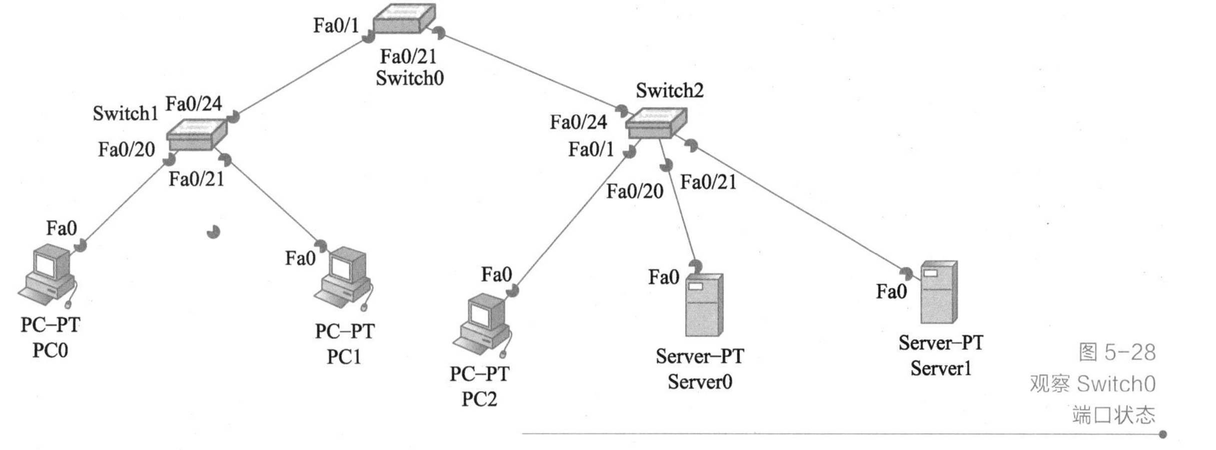

图 5-28 观察 Switch0 端口状态

注意

在配置上行端口安全功能时，需谨慎配置，有可能导致设备端口 Down，因上行接口的 MAC 地址学习到较多，可能超出端口安全配置的范围，导致端口变为 Down 状态，业务中断。

第6章

网络地址转换

6.1　NAT 概述

微课 6-1
NAT 概述

随着信息技术和 Internet 的发展，全球 IPv4 的地址已经所剩不多，地址空间的不足必然将妨碍互联网的进一步发展，将稀缺的网络地址分配给专用网络被看成是一种对珍贵资源的浪费。虽然基于 IPv6 协议的地址从根本上扩大了地址空间，也能够解决基于 IPv4 协议的地址资源紧缺的问题，但是目前大部分的网络应用及设备仍然依赖于 IPv4，所以目前我们正处于 IPv4 到 IPv6 的过渡阶段。在这过渡期间，网络地址转换（Network Address Translation，NAT）就是其中一种解决地址匮乏问题的主要方法。本章介绍如何正确应用网络地址转换 NAT 技术。

网络地址转换（NAT），也称 IP 地址伪装技术（IP Masquerading），是一个 IETF 标准，它可以让那些使用私有地址的内部网络连接到 Internet 或其他 IP 网络上，以缓解 IP 地址匮乏的问题。

私有地址是一段保留的 IP 地址：A 类地址范围为 10.0.0.0～10.255.255.255、B 类地址范围为 172.16.0.0～172.31.255.255、C 类地址范围为 192.168.0.0～192.168.255.255。

私有 IP 地址只能在内部网络中使用，不能在公网上使用。使用私有 IP 地址的内部主机或网络可以借助 NAT 技术渡上公网。NAT 路由器在将内部网络的数据包发送到公用网络时，在 IP 包的报头把私有地址转换成公网上合法的 IP 地址，反之亦然。此外，NAT 技术还可以在防火墙技术里进行应用，主要是把内部网络中部分 IP 地址隐藏起来，这些隐藏了的 IP 地址对外部网络而言是不可见的，其最终目的是让外部网络无法直接访问内部网络设备。

1. NAT 技术的术语解释

- 内部局部地址（Inside Local）：在内部网络中分配给主机的私有 IP 地址。
- 内部全局地址（Inside Global）：一个合法的 IP 地址，它对外代表一个或多个内部局部 IP 地址。
- 外部全局地址（Outside Global）：由其所有者给外部网络上的主机分配的 IP 地址。
- 外部局部地址（Outside Local）：外部主机在内部网络中表现出来的 IP 地址。

2. NAT 技术的基本原理

NAT 技术能够有效减缓 IP 地址紧缺的问题，同时还能隔离内部网络和外部网络，为网络安全提供了一定的保障。它解决问题的方法是：在内部网络中使用私有地址，当内部网络中的主机与外部网络的主机通信时，通过 NAT 将私有地址转换成公网上使用的公有地址，反之亦然。其具体做法如下。

当内部网络中的主机想将信息传到外部网络时，首先将数据包传到 NAT 路由器上，路由器从数据包的首部获得源 IP 地址，然后根据源 IP 地址查找 NAT 映射表，找到匹配条目后用内部全局地址（全球唯一的 IP 地址）来替换内部局部地址，最后转发数据包。

当外部网络想要将响应信息传到内部网络的主机时，首先将数据包传到 NAT 路由器上，路由器从数据包的首部获得目的 IP 地址，接着根据目的 IP 地址查找 NAT 映射表，找到匹配条目后用内部局部地址来替换内部全局地址（全球唯一的 IP 地址），最后转发数据包。

接下来，通过一个具体的案例说明 NAT 的工作过程。

① 内部主机 A（192.168.1.2）当需要访问互联网上的服务器（200.1.1.1）时，内部主机 A 的数据包就会被送到 NAT 路由器。

② 通过 NAT 路由器，它会将内部主机发出包的源私有 IP 地址（192.168.1.2）伪装成这台 NAT 路由器拥有的公有 IP 地址（218.1.1.1），因为源地址已经转换为公有 IP 地址，所以这个数据包就可以在互联网上传输，同时 NAT 路由器会记忆这个数据包是由哪一个内部主机发出来的。

③ 互联网（200.1.1.1）传送回来的数据包，由 NAT 路由器接收，然后 NAT 路由器会去查询原本记录的 NAT 映射表，并将目标 IP（218.1.1.1）由 NAT 路由器上的公有 IP 地址转换为内部私有 IP 地址（192.168.1.2）。

④ 最后，由 NAT 路由器将该数据包传送给原先发送数据包的内部主机 A。

NAT 功能通常被集成到路由器、防火墙、ISDN 路由器或者单独的 NAT 设备中。NAT 设备维护一个状态表，用来把私有的 IP 地址映射到共有的 IP 地址上。每个包在 NAT 设备中都被翻译成正确的 IP 地址，发往下一级，这意味着给处理器带来了一定的负担。但对于一般网络来说，这种负担是微不足道的。

3. NAT 技术的类型

微课 6-2
NAT 的分类及应用场景

NAT 技术有 3 种类型：静态 NAT（Static Network Address Translation）、动态 NAT（Pooled Network Address Translation）、网络地址端口转换（Network Address Port Translation，NAPT）。

（1）静态 NAT

这类 NAT 设置起来比较简单，静态 NAT 实现了内部网络中的私有地址和外部网络中的公有地址的一对一映射，也就是说，内部网络中的每个主机都被永久映射成外部网络中的某个合法的地址。倘若一台主机想要指定使用某个关联地址，或者想要给内部网络服务器指定一个公有 IP 地址以便外部网络访问时，可以使用静态 NAT。但是在大型网络中，这种一对一的 IP 地址映射无法缓解公用 IP 地址紧缺的问题。

如图 6-1 所示，静态 NAT 过程描述如下。

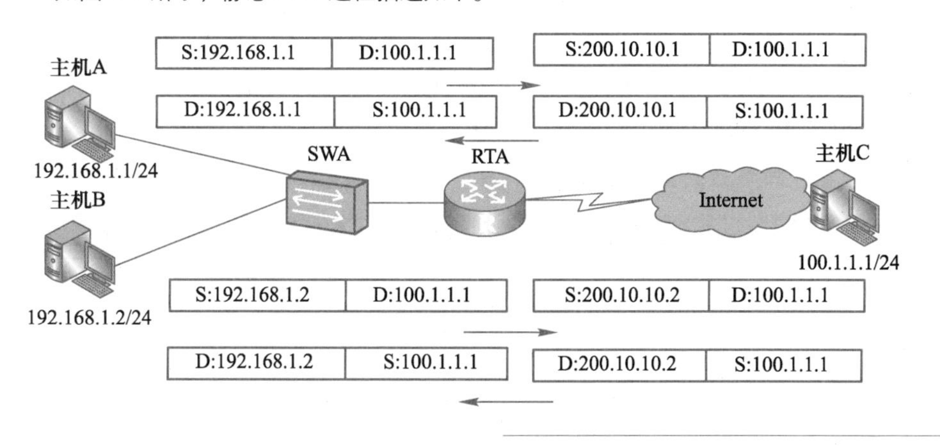

图 6-1
静态 NAT 原理图

源地址为 192.168.1.1 的报文需要发往公网地址 100.1.1.1。在网关 RTA 上配置了一个私有地址 192.168.1.1 到公有地址 200.10.10.1 的映射。当网关收到主机 A 发送的数据包后，会先将报文中的源地址 192.168.1.1 转换为 200.10.10.1，然后转发报文到目的设备。目的设备回复的报文目的地址是 200.10.10.1。当网关收到回复报文后，也会执行静态地址转换，将 200.10.10.1 转换成 192.168.1.1，然后转发报文到主机 A。和主机 A 在同一个网络中的其他主机，如主机 B，访问公网的过程也需要网关 RTA 做静态 NAT 转换，具体 NAT 映射表见表 6-1。

表 6-1　NAT 映射表

内网 IP	公网 IP
192.168.1.1	200.10.10.1
192.168.1.2	200.10.10.2
……	……

（2）动态 NAT

这类 NAT 是在外部网络中定义了若干个公有 IP 地址，这若干个公有 IP 地址被组成地址池，动态 NAT 可以采用动态分配实现一个内部网络私有 IP 地址动态映射为外部网络公有 IP 地址池中的一个。

如图 6-2 所示，动态 NAT 过程描述如下。

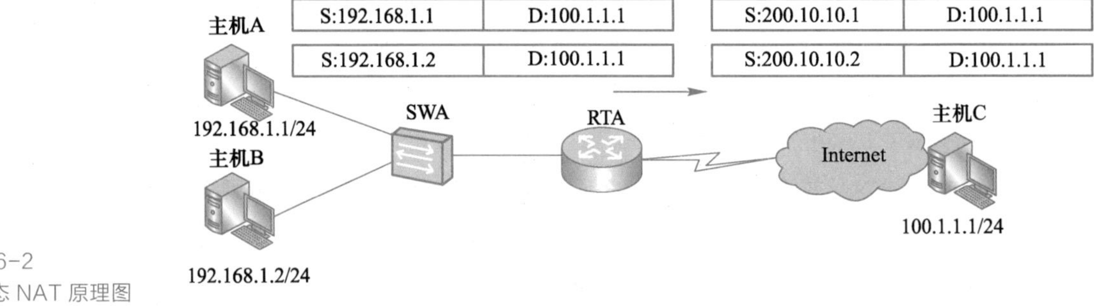

图 6-2
动态 NAT 原理图

当内部主机 A 和主机 B 需要与公网中的目的主机通信时，网关 RTA 会从配置的公网地址池中选择一个未使用的公网地址与之做映射。每台主机都会分配到地址池中的一个唯一地址。当不需要此连接时，对应的地址映射将会被删除，公网地址也会被恢复到地址池中待用。当网关收到回复报文后，会根据之前的映射再次进行转换之后转发给对应主机，具体 NAT 映射表见表 6-2。

表 6-2　NAT 映射表

内网 IP	公网 IP 地址池
192.168.1.1	200.10.10.1
192.168.1.2	200.10.10.2
……	……

动态 NAT 地址池中的地址用尽后，只能等待被占用的公用 IP 被释放，这时其他主机才能使用它来访问公网。

动态 NAT 只是转换 IP 地址，它为每一个内部 IP 地址分配一个临时的外部 IP 地址，主要应用于拨号，对于频繁的远程连接也可以采用动态 NAT。当远程用户连接上之后，动态 NAT 就会分配一个 IP 地址，当用户断开时，这个 IP 地址就会被释放而留待以后使用。

（3）网络地址端口转换（NAPT）

NAPT 允许多个内部网络的私有地址映射到外部网络的同一个公有 IP 地址的不同端口上。严格说来，NAPT 并不是简单的 IP 地址之间的映射，而是网络套接字映射，网络套接字由 IP 地址和端口号共同组成。当多个不同的内部地址映射到同一个公网地址时，可以使用不用端口号来区分它们，这种技术称为复用。

如图 6-3 所示，NAPT 过程描述如下。

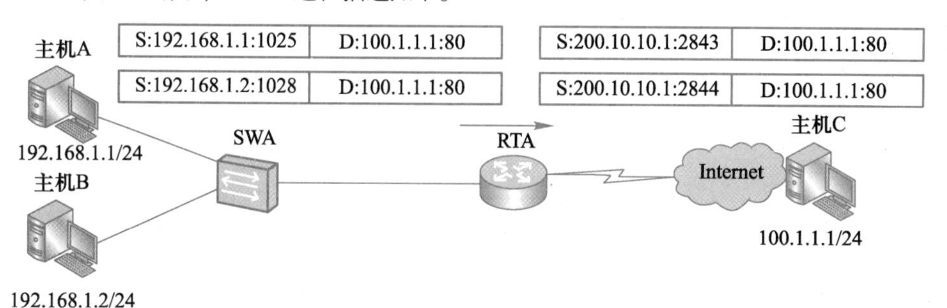

图 6-3
NAPT 原理图

RTA 收到一个内部网络的主机发送的报文，源 IP 地址是 192.168.1.1，源端口号是 1025，目的 IP 地址是 100.1.1.1，目的端口是 80。RTA 会从配置的公网地址池中选择一个空闲的公网 IP 地址和端口号，并建立相应的 PAT 表项。这些 PAT 表项指定了报文的私网 IP 地址和端口号与公网 IP 地址和端口号的映射关系。之后，RTA 将报文的源 IP 地址和端口号转换成公网地址 200.10.10.1 和端口号 2843，并转发报文到公网。当网关 RTA 收到回复报文后，会根据之前的映射表再次进行转换之后转发给主机 A。主机 B 同理，具体 NAT 映射表见表 6-3。

表 6-3 NAT 映射表

协议	内网 IP：端口	公网 IP：端口	外部主机 IP：端口
TCP	192.168.1.1:1025	200.10.10.1:2843	100.1.1.1:80
TCP	192.168.1.2:1028	200.10.10.1:2844	100.1.1.1:80
……	……	……	……

网络地址端口转换（NAPT）是人们比较熟悉的一种转换方式。NAPT 普遍应用于接入设备中，它可以将中小型网络隐藏在一个合法的 IP 地址后面。NAPT 与动态地址 NAT 不同，它将内部连接映射到外部网络中一个单独的 IP 地址上，同时在该地址上加上一个由 NAT 设备选定的 TCP 端口号。

4. NAT 技术的其他功能

NAT 技术不仅具有隐藏内部网络结构的作用，还具有以下功能。

（1）网络负载均衡

对于外部网络访问内部网络服务器的数据流，可以为其配置一种目的地址转换的动态形式。当建立好恰当的映射方案后，与 NAT 映射表相匹配的目的地址会被内网地址池里的一个地址所代替。这种地址转换是以连接为单位按轮询方式进行的，只有建立一个由外部发起到内部的新连接时才执行。所有非 TCP 的数据流不进行转换（除非设置了其他转换方式）。

如图 6-4 所示，外部网络主机 X 和 Y 想要访问内部网络的 Web 服务器时，需使用 IP 地址 200.10.10.1（虚拟服务器的 IP 地址）进行访问，然后 NAT 路由器采用循环方式将 IP 地址 200.10.10.1 转换为内部的 IP 地址 192.168.10.101、192.168.10.102、192.168.10.103，并将数据转发给相应的服务器，实现负载均衡。

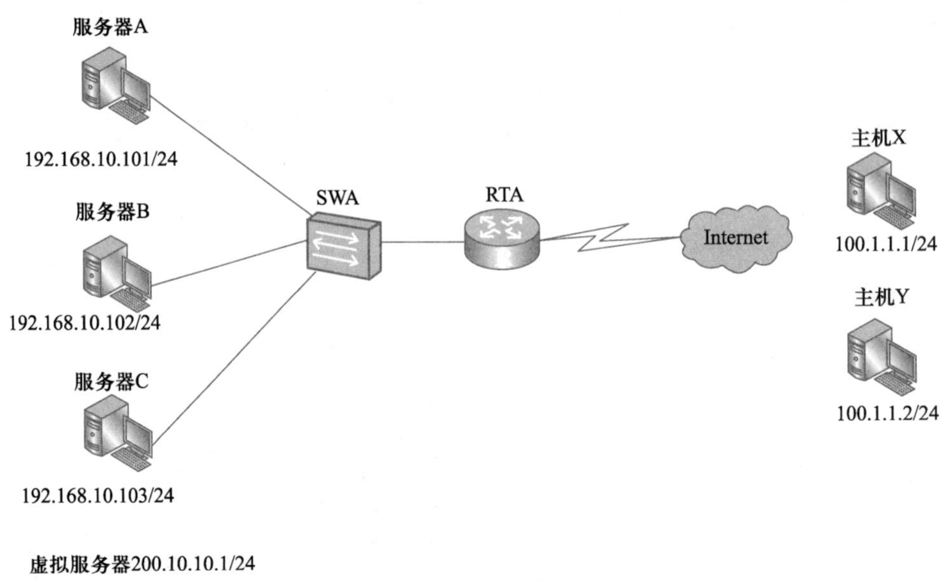

图 6-4
NAT 技术实现 TCP 负载均衡原理图

主机 X 想要访问内部 Web 服务器的步骤如下。

第 1 步：主机 X（100.1.1.1/24）和虚拟服务器 IP 地址 200.10.10.1：80 建立 TCP 连接。

第 2 步：RAT 路由器收到连接请求，首先将数据包中目的地址（200.10.10.1/24）转换成内部网络中的真实服务器 IP 地址（如服务器 A：192.168.10.101/24），然后将数据包转发到真实服务器 A。

第 3 步：真实服务器 A 收到信息包并且回复。回复消息到达 RAT 路由器后，RAT 路由器将数据包中的源 IP 地址（真实服务器 A：192.168.10.101/24）转换成虚拟服务器 IP 地址（200.10.10.1/24），并且转发信息包。

主机 Y 想要访问内部 Web 服务器的步骤如下。

第 1 步：主机 Y（100.1.1.2/24）和虚拟服务器 IP 地址 200.10.10.1：80 建立 TCP 连接。

第 2 步：RAT 路由器收到连接请求，首先将数据包中目的地址（200.10.10.1/24）转换成内部网络中的真实服务器 IP 地址（如服务器 B：192.168.10.102/24），然后将数据包转发到真实服务器 B。

第 3 步：真实服务器 B 收到信息包并且回复。回复消息到达 RAT 路由器后，RAT 路由器将数据包中的源 IP 地址（真实服务器 B：192.168.10.102/24）转换成虚拟服务器 IP 地址（200.10.10.1/24），并且转发信息包。

（2）网络地址重叠

NAT 技术也常被用来解决内部网络地址与外部网络地址重叠的情况。例如，当两个公司要进行合并，但双方各自使用的内部网络地址有重叠时；再如，用户在内部网络设计中私自使用了公有地址，但后来又想与公司网络（如因特网）进行连接时。原理如图 6-5 所示。

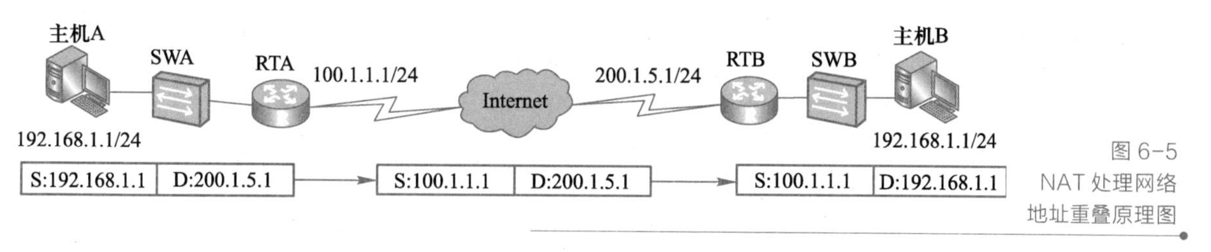

图 6-5 NAT 处理网络地址重叠原理图

NAT 也存在一些缺点，如延迟增大、配置和维护的复杂性、不支持某些应用等。

6.2　NAT 的基本配置

6.2.1　静态 NAT 的基本配置

【实验目的】

① 了解静态 NAT 的基本原理。

② 能够通过 PT 仿真软件建立拓扑图。

③ 能够在路由器上配置静态 NAT，并实现内部主机访问外部服务器。

微课 6-3 静态 NAT 的基本配置

【实验设备】

在 PT 平台上拖放两台 2811 路由器、一台 PC 和一台服务器，交叉双绞线若干，进行设备配置。

【实验拓扑图】

实验拓扑如图 6-6 所示。

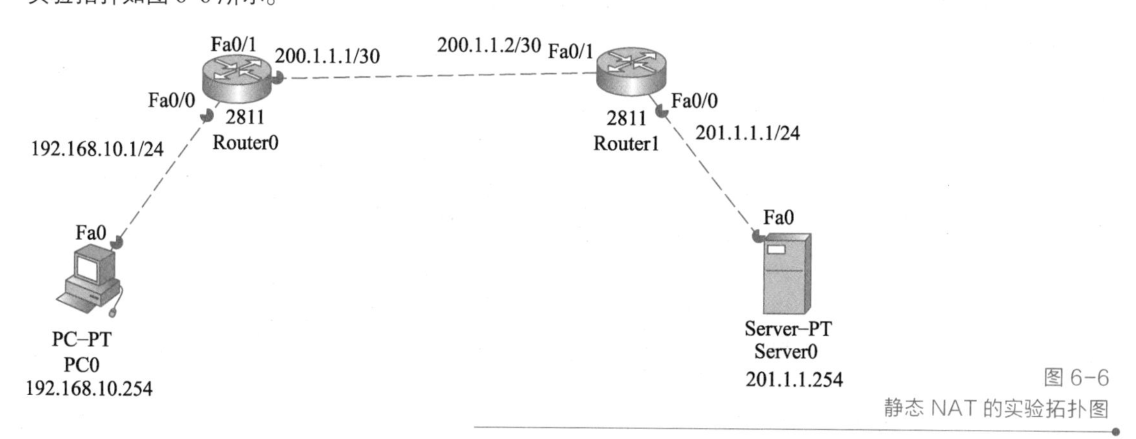

图 6-6 静态 NAT 的实验拓扑图

【实验步骤】

根据图 6-6 所示，在 Router0 和 Router1 上进行基础配置，使得路由器 Router0 和 Router1 互通，然后在 Router0 上配置静态 NAT，使得内部主机 PC0 能够通过公有地址 200.1.1.1 访问外部服务器 Server0，具体操作如下。

① 使用 console 进入 Router0 路由器进行基础配置。

```
Router(config)#hostname Router0          （修改主机名为 Router0）
Router0(config)#interface fastEthernet 0/0          （进入 F0/0 口进行配置）
Router0(config-if)#ip address 192.168.10.1 255.255.255.0          （配置 IP 地址）
Router0(config-if)#no shutdown          （打开端口）
Router0(config-if)#exit
Router0(config)#interface fastEthernet 0/1
Router0(config-if)#ip address 200.1.1.1 255.255.255.252
Router0(config-if)#no shutdown
Router0(config)#ip route 0.0.0.0 0.0.0.0 200.1.1.2          （配置默认路由指向 Router1）
```

② 使用 console 进入 Router1 进行基础配置。

```
Router(config)#hostname Router1          （修改主机名）
Router1(config)#interface fastEthernet 0/1          （进入 F0/1 口）
Router1(config-if)#ip add 200.1.1.2 255.255.255.252          （配置 IP 地址）
Router1(config-if)#no shut          （打开 F0/1 端口）
Router1(config-if)#exit          （退出接口视图）
Router1(config)#interface fastEthernet 0/0
Router1(config-if)#no shutdown
Router1(config-if)#ip address 201.1.1.1 255.255.255.0
Router1(config-if)#exit
```

③ 测试 Router0 和 Server0 的连通性。

如图 6-7 所示，测试 Router0 和 Server0 的连通性，结果显示 Router0 可以 Ping 通 Server0。

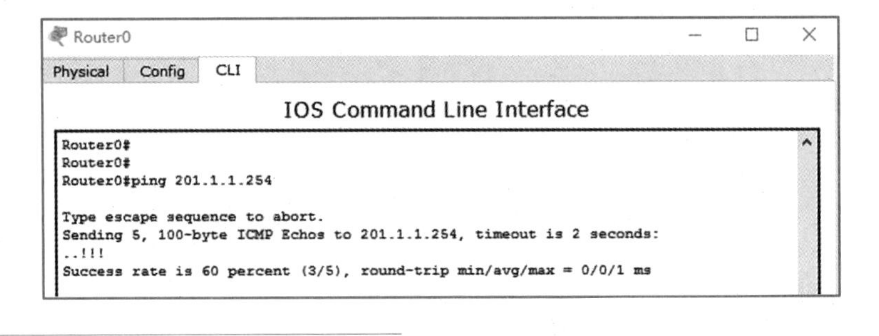

图 6-7
测试 Router0 和 Server0 的连通性

④ 使用 console 进入 Router0 路由器进行静态 NAT 配置。

```
Router0(config)#interface fastEthernet 0/0          （进入 F0/0 接口）
Router0(config-if)#ip nat inside          （定义内部接口）
Router0(config-if)#exit          （退出接口）
Router0(config)#interface fastEthernet 0/1
Router0(config-if)#ip nat outside          （定义外部接口）
Router0(config-if)#exit
Router0(config)#ip nat inside source static 192.168.10.254 200.1.1.1  （配置静态 NAT 转换）
Router0(config)#exit
Router0#wr          （保存配置）
Building configuration...
[OK]          （保存配置成功）
```

⑤ 测试 PC0 和 Server0 的连通性。

如图 6-8 所示，测试 PC0 和 Server0 的连通性，结果显示内部主机 PC0 能够通过公有地址 200.1.1.1 访问外部服务器 Server0。

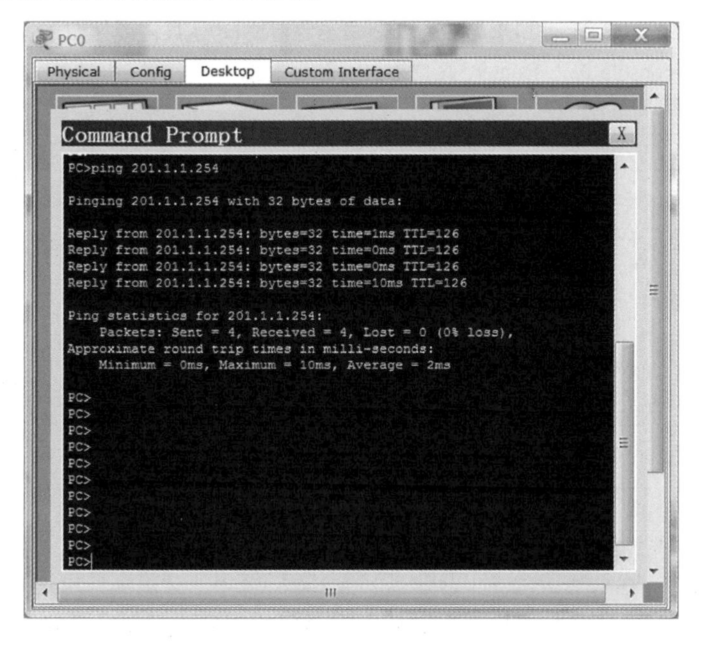

图 6-8
测试 PC0 和 Server0 的连通性

6.2.2 动态 NAT 的基本配置

微课 6-4
动态 NAT 的基本配置

【实验目的】

① 了解动态 NAT 的基本原理。

② 能够通过 PT 仿真软件建立拓扑图。

③ 能够在路由器上配置动态 NAT，并实现内部主机访问外部服务器。

【实验设备】

在 PT 平台上拖放两台 2811 路由器、一台 PC 和一台服务器，交叉双绞线若干，进行设备配置。

【实验拓扑图】

实验拓扑如图 6-9 所示。

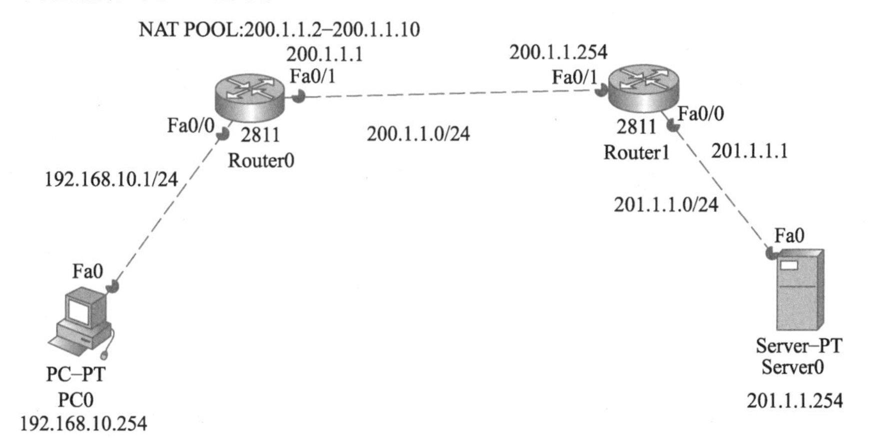

图 6-9
动态 NAT 的实验拓扑图

【实验步骤】

根据图 6-9 所示，在 Router0 和 Router1 上进行基础配置，使得路由器 Router0 和 Router1 互通，然后在 Router0 上配置动态 NAT，使得内部主机 PC0 所在的网段能够通过公有地址池 200.1.1.2 到 200.1.1.10 访问外部服务器 Server0，具体操作如下。

① 使用 console 进入 Router0 路由器进行基础配置。

```
Router(config)#hostname Router0            （修改主机名为 Router0）
Router0(config)#interface fastEthernet 0/0        （进入 F0/0 口进行配置）
Router0(config-if)#ip address 192.168.10.1 255.255.255.0          （配置 IP 地址）
Router0(config-if)#no shutdown       （打开端口）
Router0(config-if)#exit
Router0(config)#interface fastEthernet 0/1
Router0(config-if)#ip address 200.1.1.1 255.255.255.0
Router0(config-if)#no shutdown
Router0(config)#ip route 0.0.0.0 0.0.0.0 200.1.1.254    （配置默认路由指向 Router1）
```

② 使用 console 进入 Router1 进行基础配置。

```
Router(config)#hostname Router1            （修改主机名）
Router1(config)#interface fastEthernet 0/1        （进入 F0/1 口）
Router1(config-if)#ip add 200.1.1.254 255.255.255.0          （配置 IP 地址）
Router1(config-if)#no shut       （打开 F0/1 端口）
Router1(config-if)#exit          （退出接口视图）
Router1(config)#interface fastEthernet 0/0
Router1(config-if)#no shutdown
Router1(config-if)#ip address 201.1.1.1 255.255.255.0
Router1(config-if)#exit
```

③ 测试 Router0 和 Server0 以及 Router1 的连通性。

如图 6-10 所示，测试 PC0 和 Server0 的连通性，结果显示 Router0 可以 Ping 通 Server0。

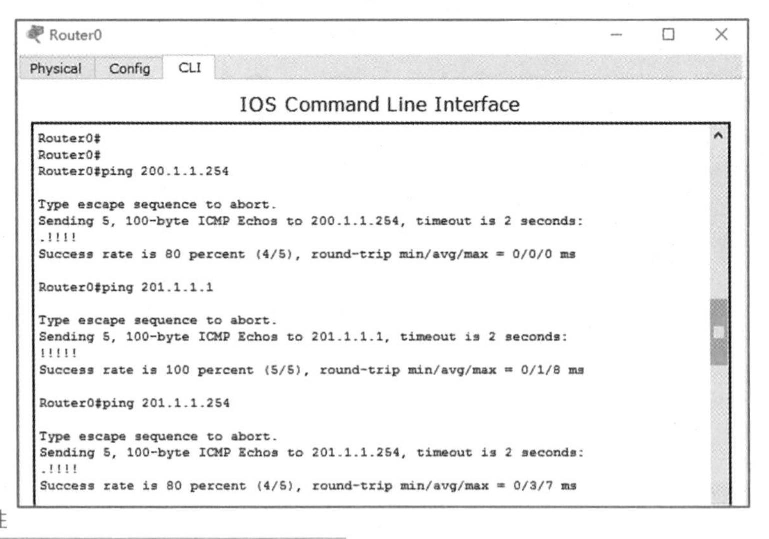

图 6-10
测试 PC0 和 Server0 的连通性

④ 使用 console 进入 Router0 路由器进行动态 NAT 配置。

```
Router0(config)# ip access-list standard nat        （定义 NAT 访问控制列表匹配流量）
Router0(config-std-nacl)#permit 192.168.10.0 0.0.0.254      （匹配 PC0 所在的网段）
Router0(config-std-nacl)#exit
Router0(config)#ip nat pool waiwang 200.1.1.2 200.1.1.10 netmask 255.255.255.0    （配置 NAT 地址池）
Router0(config)#interface fastEthernet 0/0        （进入 F0/0 接口）
Router0(config-if)#ip nat inside     （定义内部接口）
Router0(config-if)#exit        （退出接口）
Router0(config)#interface fastEthernet 0/1
Router0(config-if)#ip nat outside          （定义外部接口）
Router0(config-if)#exit
Router0(config)#ip nat inside source list nat pool waiwang    （配置动态 NAT 转换）
Router0(config)#exit
Router0#wr        （保存配置）
Building configuration...
[OK]        （保存配置成功）
```

⑤ 测试 PC0 和 Server0 的连通性。

如图 6-11 所示，测试 PC0 和 Server0 的连通性，结果显示内部主机 PC0 所在网段能够通过公有地址池 200.1.1.2～200.1.1.10 访问外部服务器 Server0。

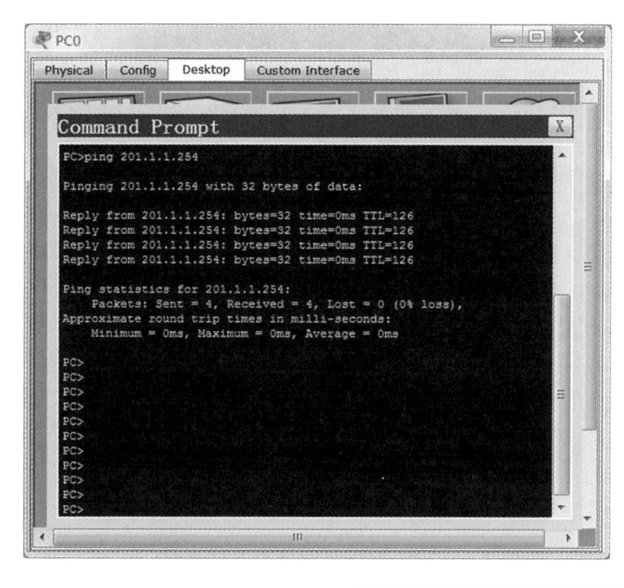

图 6-11
测试 PC0 和 Server0 的连通性

第7章

虚拟专用网络原理与应用

7.1　VPN 的概述

微课 7-1
VPN 概述

随着业务的发展，很多企业可能会在全国各地，甚至全球各地建立起分支机构，每个分支机构都有自己的专用网，且分支机构彼此之间相距很远，那么能否让这些分支机构彼此之间安全便捷地通信呢？此外，随着企业业务的拓展，合作伙伴日益增多，有时有些员工出差到外地甚至需要回家继续办公，那么能否让合作伙伴、公司移动办公员工可以方便快捷地访问公司内部网络呢？答案是肯定的，可以有以下两种方式。

方式一：租用专线，这种方式是让每个异地网络用户单元租用电信公司的一条通信线路为本机构专用，这种方式简单方便，但是需要专门为每个用户架设物理线路，且一条物理线路只为一个用户专用，线路利用率低，每条专线租金昂贵。

方式二：在公共网络上架设多条虚拟通道，每个用户利用虚拟通道实现通信。这就是本章要讲的内容——虚拟专用网络（Virtual Private Network，VPN）。采用 VPN 的方式，无须另外建立专门的网络连接。

（1）VPN 的定义

虚拟专用网络（VPN）是指在公共网络（如因特网、电信部门提供的公用电话网、帧中继以及 ATM 网络等）中构建的虚拟专用通信网络。VPN 是综合利用了认证和加密技术，在公共网络上搭建属于自己的虚拟专用安全传输网络，为关键应用的通信提供认证和数据加密等安全服务。

VPN 隧道是在现有的公共网络的通信路径上建立的，虽然多路 VPN 用户的隧道可以共享同一个公共网络，但是对每一路 VPN 用户而言，使用的都是专用通道，如图 7-1 所示。

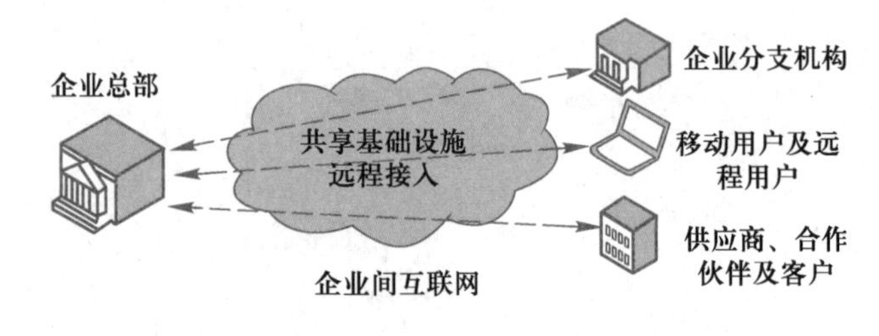

图 7-1
VPN 模型

（2）VPN 的 3 种应用

微课 7-2
VPN 的分类及应用

根据 VPN 的应用来分，VPN 可以分为 Access VPN、Intranet VPN、Extranet VPN 这 3 类。

1）远程访问 VPN（Access Virtual Private Network，Access VPN）

Access VPN 是指企业移动办公员工通过公共网络远程拨号的方式与公司总部网络建立起隧道或秘密信道，实现访问连接。客户端到网关。

2）企业内部 VPN（Intranet Virtual Private Network，Intranet VPN）

Intranet VPN 是指分支机构通过公共网络与公司总部网络建立起隧道或秘密信道，实现访问连接。网关到网关。

3）企业扩展 VPN（Extranet Virtual Private Network，Extranet VPN）

Extranet VPN 是指合作伙伴企业网通过公共网络与公司总部网络互联，属于将一个公司与另一个公司的资源进行连接。关到网关。Extranet VPN 与 Intranet VPN 的网络基本结构是一样的，只是所连接的对象有所不同。

Access VPN 属于 Client-LAN 的类型，该类型的 VPN 是通过远程方式访问 VPN，如图 7-2 所示。

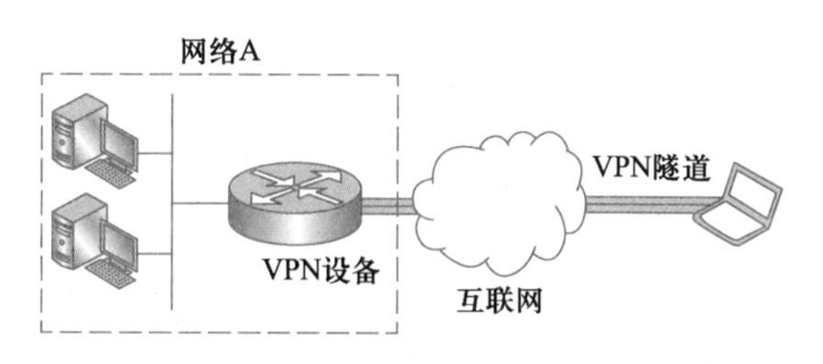

图 7-2
Client-LAN 类型的 VPN

Intranet VPN 和 Extranet VPN 属于 LAN-LAN 的类型，该类型的 VPN 目的是在不同局域网之间建立安全的数据传输通道，如图 7-3 所示。

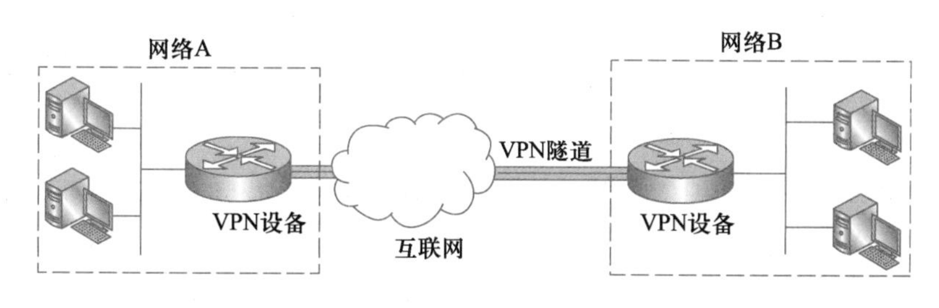

图 7-3
LAN-LAN 类型的 VPN

（3）VPN 的隧道技术和相关协议

从本质上讲，VPN 技术主要就是在公共网络中建立安全“隧道”（Tunnel）连接，让数据能够在“隧道”中传输。

隧道技术是指利用一种网络协议来传输另一种网络协议，它主要利用隧道协议来实现这种功能。使用隧道传递的数据（或负载）可以是不同协议的数据帧或包。隧道协议将这些其他协议的数据帧或包重新封装在新的包头中发送，新的包头提供了路由信息，从而使封装的负载数据能够通过互联网传递。

网络隧道技术涉及 3 种网络协议，从高层到底层依次是隧道协议所承载的乘客协议、隧道协议、隧道协议下面的承载协议。

① 乘客协议：隧道协议所承载的协议，如点对点（Point to Point，P2P）、串行线路网际协议（Serial Line Internet Protocol，SLIP）等。

② 隧道协议：用于隧道的建立、维持和断开，把乘客协议当做自己的数据来传输。隧道协议可分为二层隧道协议和三层隧道协议。

- 二层隧道协议：把数据链路层的各种协议直接封装到隧道协议中进行传输，由于被封装的是第二层的网络协议，所以称之为第二层隧道协议。如点对点隧道协议（Point-to-Point Tunneling Protocol，PPTP）、第二层转发（Layer 2 Forwarding，L2F）、第二层隧道协议（Layer 2 Tunneling Protocol，L2TP）等，主要用于构建 Access VPN。
- 三层隧道协议：把网络层的各种协议直接封装到隧道协议中进行传输，由于被封装的是第三层的网络协议，所以称之为第三层隧道协议。如通用路由封装协议（Generic Routing Encapsulation，GRE）、IP 安全（Internet Protocol Security，IPSec）等，主要应用于构建 Intranet VPN 和 Extranet VPN。

③ 承载协议：把隧道协议当做自己的数据来传输，如 IP、ATM 和以太网等。

7.2　基于 PPTP、L2TP 协议的 VPN

7.2.1　PPTP VPN、L2TP VPN 的工作原理

微课 7-3
PPTP VPN 的工作原理

（1）PPTP VPN

点对点隧道协议（PPTP）是由微软公司提出的，它是第一个被设计用于在拨号网络上提供 VPN 通道来访问远程服务器的协议之一。PPTP 是对较老的端对端协议（PPP）的扩展，它采用了 PPP 所提供的身份验证、压缩与加密机制。PPTP 通过 Internet 建立通道并在其中传输不同的协议，通道是通过使用通用路由封装技术把 IP 报文封装进 PPP 包中来实现的。客户端首先使用正常方法通过 PPP 协议来建立一条到 ISP（因特网服务提供商）的连接，而 ISP 并不知晓这样的 VPN，因为这条通道是从 PPTP 服务延伸到客户端的。PPTP 标准并不定义数据如何加密，通常使用微软的点到点加密（MPPE）标准实现。

PPTP 协议假定在 PPTP 客户端（使用 PPTP 协议的 VPN 客户端）和 PPTP服务器（使用 PPTP 协议的 VPN 服务器）之间存在 IP 网络，且该 IP 网络连通可用。远程的 PPTP 客户端用户可以通过 IP 网络建立到企业内部网络的 VPN 连接，远程的 PPTP 客户端用户建立到 PPTP 服务器的 VPN 拨号后，会得到一个企业内部网络的 IP 地址，这样远程的 PPTP 客户端用户就仿佛是在企业内网中一样访问内部的主机，如图 7-4 所示。

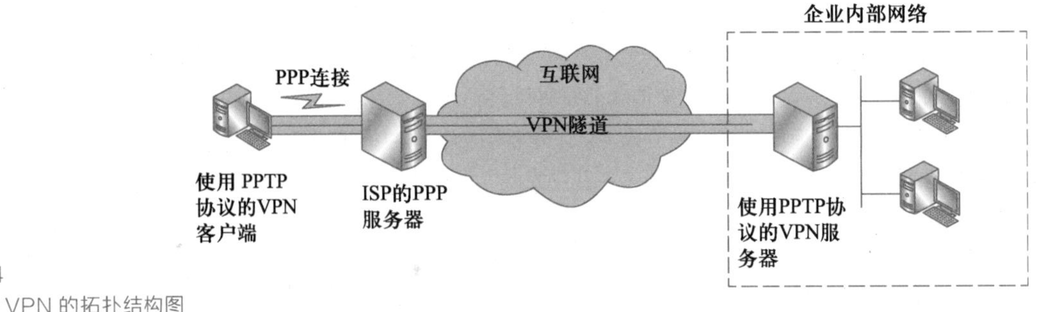

图 7-4
PPTP VPN 的拓扑结构图

PPTP 协议将控制连接的消息与隧道中传输的数据消息分开，PPTP 协议通信需要建立以下两个 PPTP 连接。

- 一个是使用 TCP 在 PPTP 客户端和 PPTP 服务器之间建立控制连接，也就是说控制数据包是 TCP 控制的。控制连接主要负责建立、管理和终止 VPN 隧道，控制连接的建立是由 PPTP 客户端或者 PPTP 服务器发起，PPTP 客户端机使用动态分配的 TCP 端口号，PPTP 服务器所使用的端口号是 TCP 1723。PPTP 控制连接数据包包括一个 IP 报头、一个 TCP 报头和 PPTP 控制消息，其格式如图 7-5 所示。

IP头	TCP头	PPTP控制消息

图 7-5
PPTP 控制连接数据包格式

- 另一个是在 PPTP 客户端和 PPTP 服务器之间建立数据连接，PPTP 客户端和 PPTP

服务器之间所有的会话都使用 GRE 把数据封装成 PPP 数据帧通过隧道传送。PPTP VPN 隧道中的数据包格式如图 7-6 所示。具体封装过程是：将原来数据包先封装成 PPP 帧，再由 GRE 协议封装，最后通过公共 IP 网络进行封装。

IP头	GRE头	PPP协议	IP头	Data

图 7-6
PPTP VPN 隧道中的数据包格式

PPTP 能够随 TCP/IP 协议一道自动进行安装。PPTP 与 Microsoft 端对端加密（MPPE）技术提供了用以对保密数据进行封装与加密的 VPN 服务。MPPE 将通过由 MS-CHAP、MS-CHAP v2 身份验证过程所生成的加密密钥对 PPP 帧进行加密。为对 PPP 帧中所包含的有效数据进行加密，虚拟专用网络客户端必须使用 MS-CHAP、MS-CHAP v2 身份验证协议。

（2）L2TP VPN

第二层通道协议（L2TP）则是将 Cisco System 公司开发的 L2F 和 PPTP 综合以后的 VPN 协议，利用了这两种协议中最完美的部分，与 PPTP 协议一样也是 PPP 的扩展应用。由于 L2TP 标准中没有实现加密，因此它通常使用另一种名为 L2TP/IPSec 的 IETF 标准，在这个标准中，L2TP 数据包被封装于 IPSec 中，客户端使用 L2TP 访问集中器（Local Access Concentrator，LAC）进行通信，而这个 LAC 通过 Internet 与一台 L2TP 网络服务器（L2TP Network Server，LNS）进行通信，如图 7-7 所示。L2TP 是一个基于证书的通信机制，因此更加易于管理数量众多的客户端，并可以提供比 PPTP 更高的安全性。与 PPTP 不同，它可以在一个单独的通道上建立多个虚拟网络。因为是基于 IPSec，所以 L2TP 需要在通道的 LNS 一方实现 NAT 穿越。

微课 7-4
L2TP VPN 的工作原理

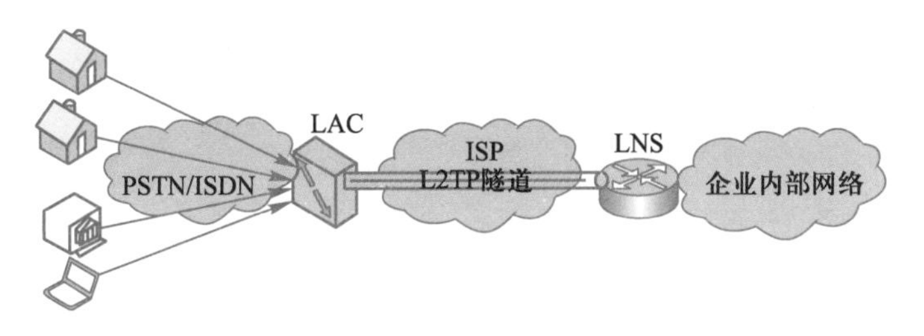

图 7-7
L2TP VPN 模型

L2TP 协议将控制连接的消息与隧道中传输的数据消息分开。控制连接主要负责建立、管理和终止 VPN 隧道，L2TP 控制连接建立在 L2TP 客户端机和 L2TP 服务器之间，L2TP 客户端使用动态的 UDP 端口号，L2TP 服务器所使用的端口号是 UDP 1701。L2TP 控制连接数据包包括一个 IP 报头、一个 UDP 报头和 L2TP 控制消息，其格式如图 7-8 所示。

IP头	UDP头	L2TP控制消息

图 7-8
L2TP 控制连接数据包格式

数据消息是对用户 PPP 数据进行 L2TP 协议重封装后的消息，其格式如图 7-9 所示。封装后在隧道中的数据包是将原来数据包先封装成 PPP 帧，再通过 L2TP 封装，然后再通过 UDP 协议进行封装，最后通过公共 IP 网络进行重封装。

IP头	UDP头	L2TP协议	PPP协议	IP头	Data

图 7-9
L2TP VPN 隧道中的数据包格式

7.2.2　PPTP VPN、L2TP VPN 的基本配置

微课 7-5
PPTP VPN、L2TP VPN 的基本配置

【实验目的】

① 通过实验加深对 VPN 的了解。

② 学习搭建 PPTP、L2TP VPN。

【实验设备】

一台 PC，VMware 虚拟机。

【实验拓扑图】

实验拓扑如图 7-10 所示。

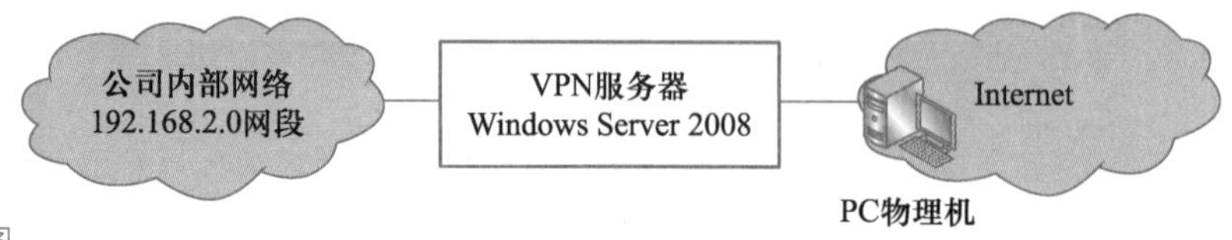

图 7-10
PPTP、L2TP VPN 的拓扑图

【实验步骤】

在图 7-10 中，在物理机 PC 中新建一个虚拟机（Windows Server 2008 系统），该虚拟机配置两个网络适配器：一个适配器设置成仅主机模式（IP：192.168.2.1/24），该网卡用来模拟连接着公司内网；另一个适配器设置成桥接模式（IP：200.200.200.1/24），该网卡用来模拟连接着 Internet。通过配置 VPN 服务器端和 Internet 的客户端（此实验中指的是物理机），让客户端能够通过 VPN 成功连接公司内网，获得公司内网的 IP 地址，具体配置如下。

1．服务器端的配置

（1）添加“网络策略和访问服务”角色

步骤 1 选择“开始”→“管理工具”→“服务器管理器”命令，选择“添加角色”→选择“网络策略和访问服务”选项，如图 7-11 和图 7-12 所示。

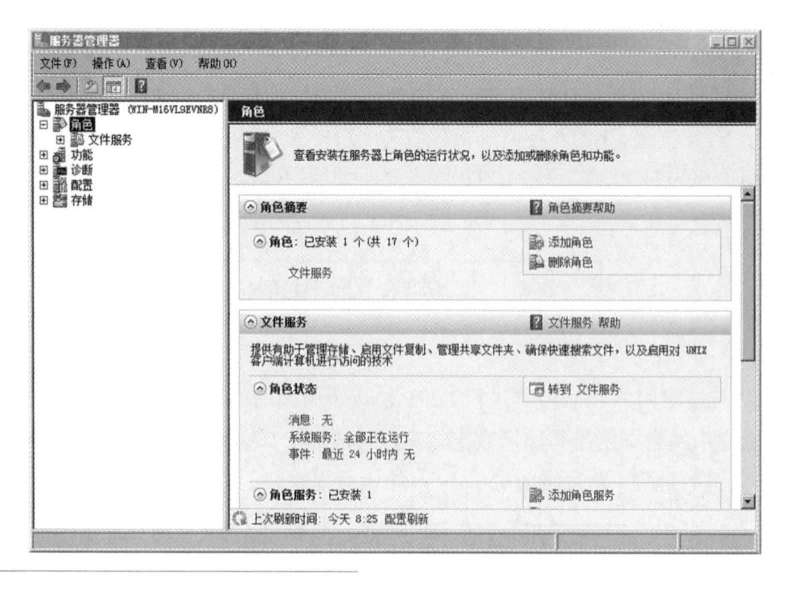

图 7-11
添加角色

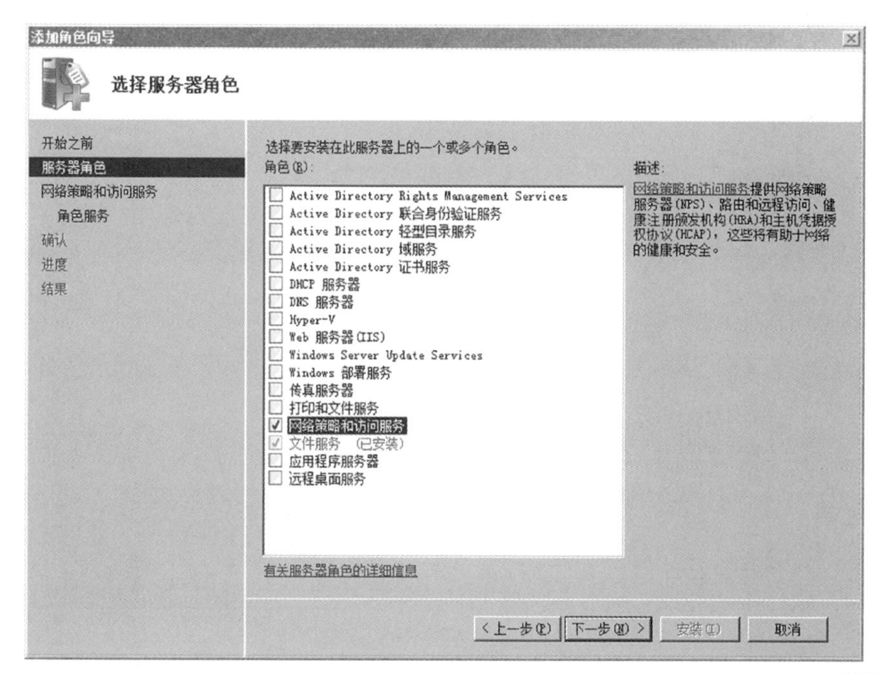

图 7-12
选择“网络策略和访问服务”

步骤 2 接着在“选择角色服务”界面，选择“路由和远程访问服务”选项，如图 7-13 所示。

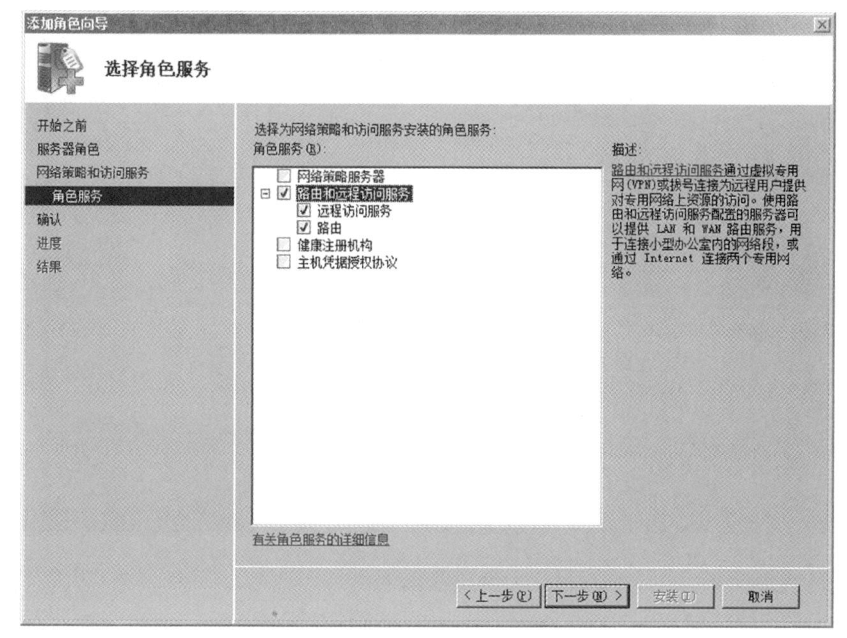

图 7-13
选择“路由和远程访问服务”

步骤 3 添加角色服务后，确认安装选择，如图 7-14 所示。

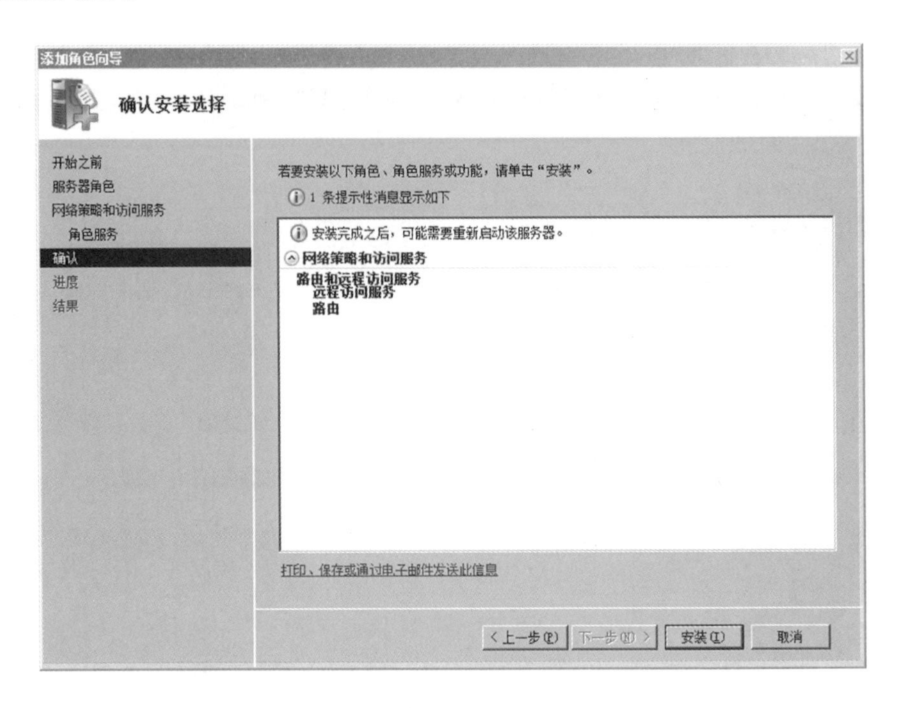

图 7-14
确认安装选择

步骤 4　“网络策略和访问服务”安装完成，如图 7-15 所示。

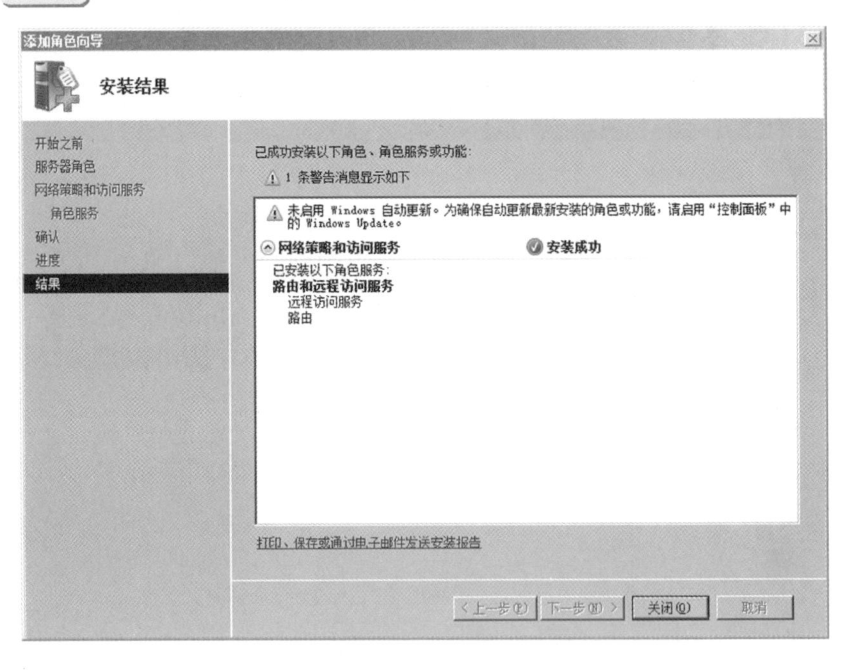

图 7-15
完成“网络测略和访问服务”的安装

（2）安装“路由和远程访问服务器”

步骤 1　选择“开始”→“管理工具”→“路由和远程访问”命令，配置并启用路由和远程访问，如图 7-16 所示。

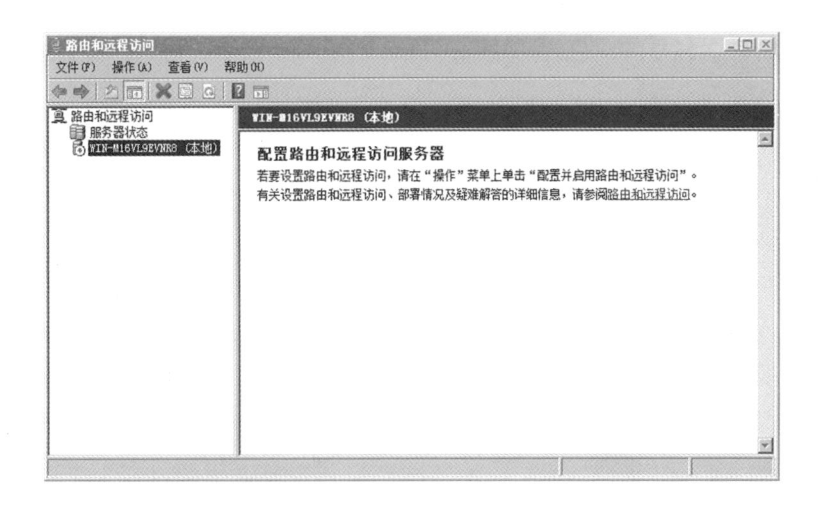

图 7-16
设置“路由和远程访问”

步骤 2　在“路由和远程访问服务器安装向导”界面中，单击“下一步”按钮，如图 7-17 所示。

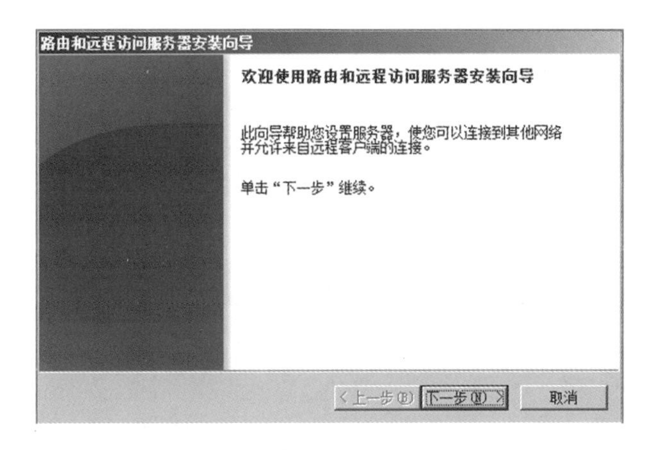

图 7-17
“路由和远程访问服务器安装向导”界面

步骤 3　选择“远程访问（拨号或 VPN）”单选按钮，单击“下一步”按钮，如图 7-18 所示。

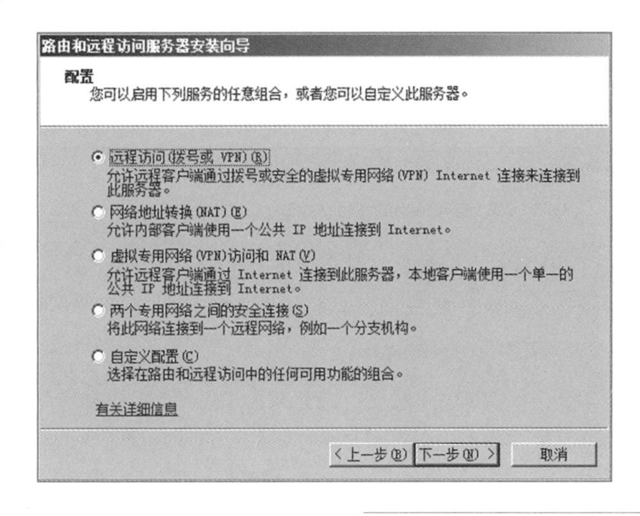

图 7-18
选择“远程访问（拨号或 VPN）”单选按钮

步骤 4　选择“VPN（V）”复选框，单击“下一步”按钮，如图 7-19 所示。

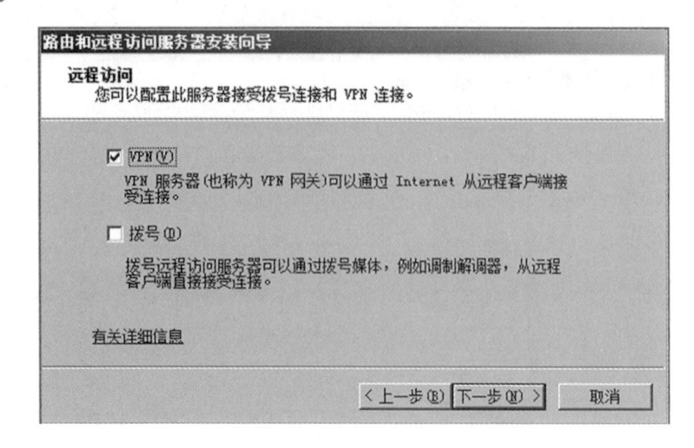

图 7-19
选择“VPN（V）”复选框

步骤 5　选择连接到 Internet 上的外网网络接口，单击“下一步”按钮，如图 7-20 所示。

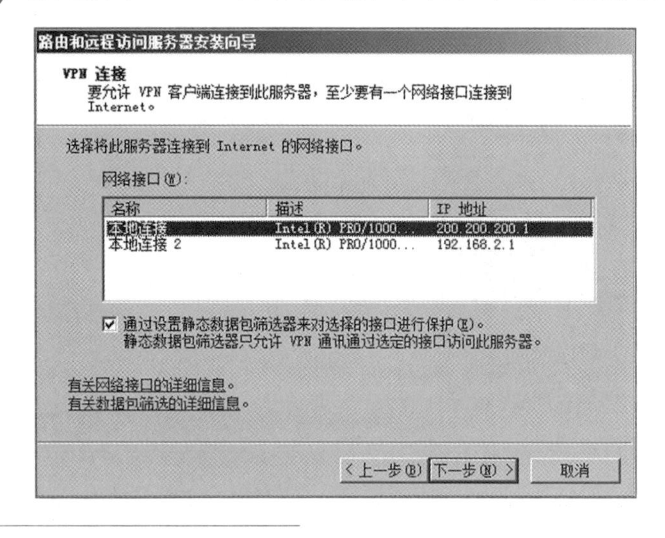

图 7-20
选择连接到 Internet
上的外网网络接口

步骤 6　为远程客户端分配 IP 地址范围，选择“来自一个指定的地址范围”单选按钮，单击“下一步”按钮，如图 7-21 所示，在弹出的界面中单击“新建”按钮，在“新建 IPv4 地址范围”对话框中输入“起始 IP 地址”和“结束 IP 地址”，单击“确定”按钮，如图 7-22 所示。

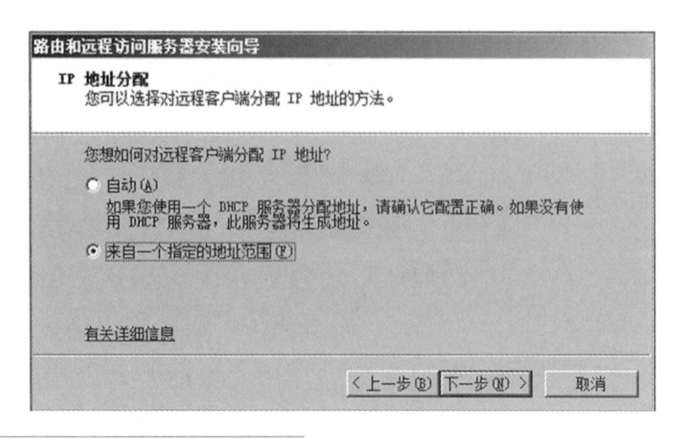

图 7-21
远程客户端分配 IP 地址范围

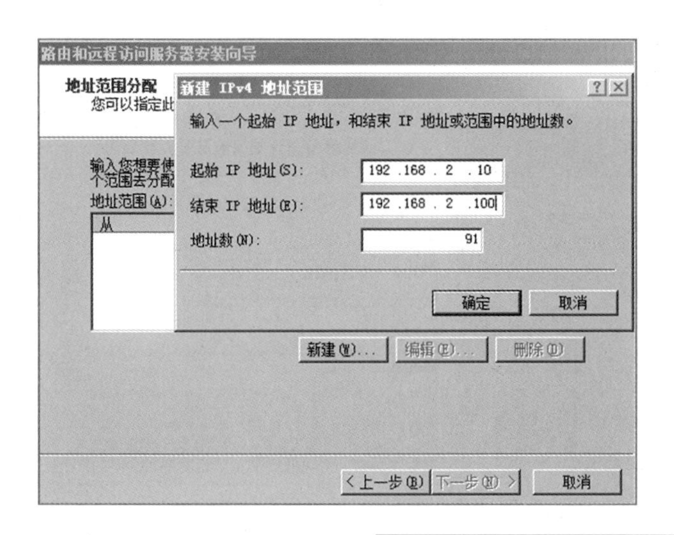

图 7-22
设置 IP 地址范围

步骤 7 地址分配完成，单击“下一步”按钮，如图 7-23 所示。

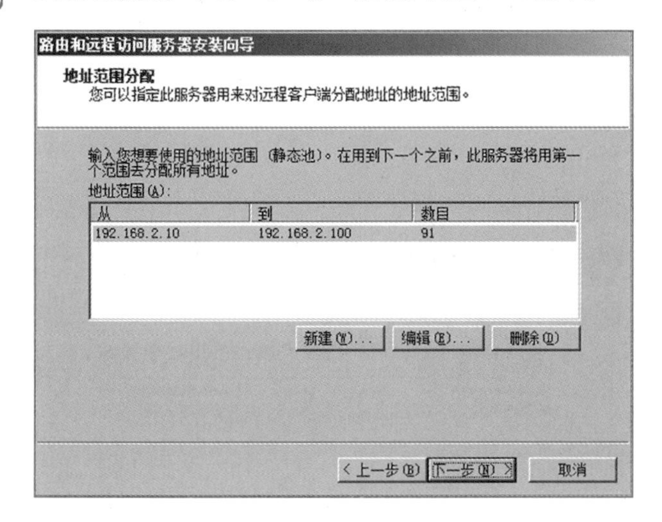

图 7-23
完成地址分配

步骤 8 选择连接请求的身份验证方式，单击“下一步”按钮，如图 7-24 所示。

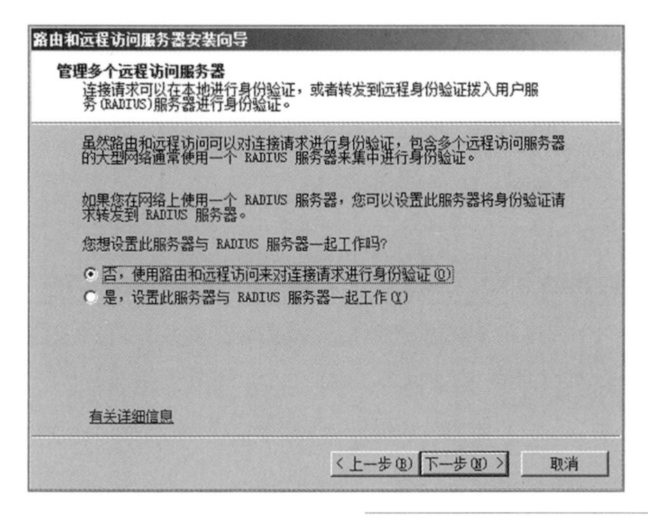

图 7-24
选择连接请求的身份验证方式

步骤 9 “路由和远程访问”服务配置完成后的界面，如图 7-25 所示。

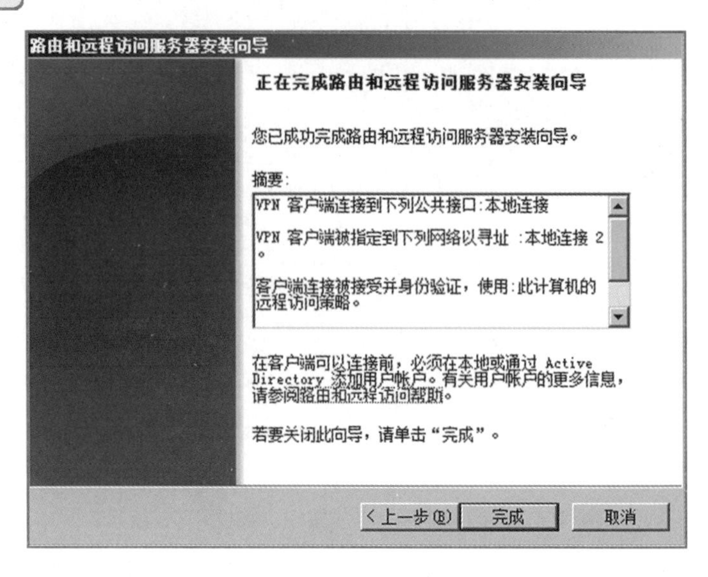

图 7-25
服务配置完成

(3) 在服务器端添加 VPN 用户

步骤 1 选择“开始”→“管理工具”→“服务器管理”命令，打开“服务器管理器”界面，如图 7-26 所示。

图 7-26
“服务器管理器”界面

步骤 2 在“新用户”对话框中，新建用户，输入信息，单击“创建”按钮，如图 7-27 所示。

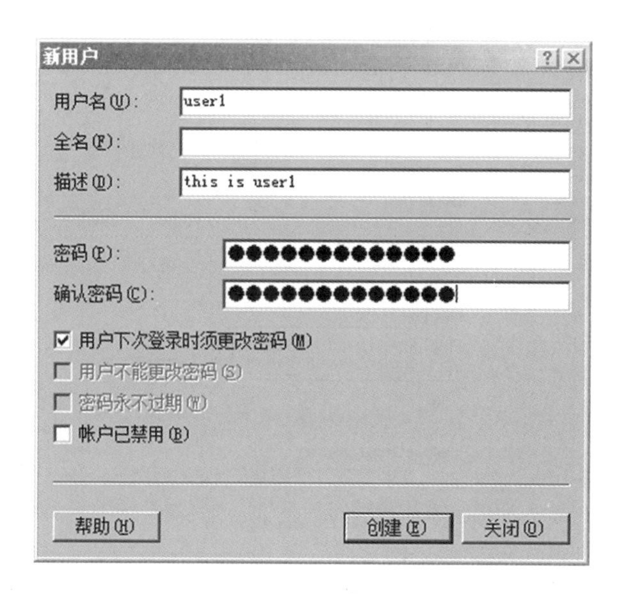

图 7-27
添加新用户

步骤 3　为新建用户 user1 设置网络访问权限为“允许访问”，其他为默认选项，如图 7-28 所示。

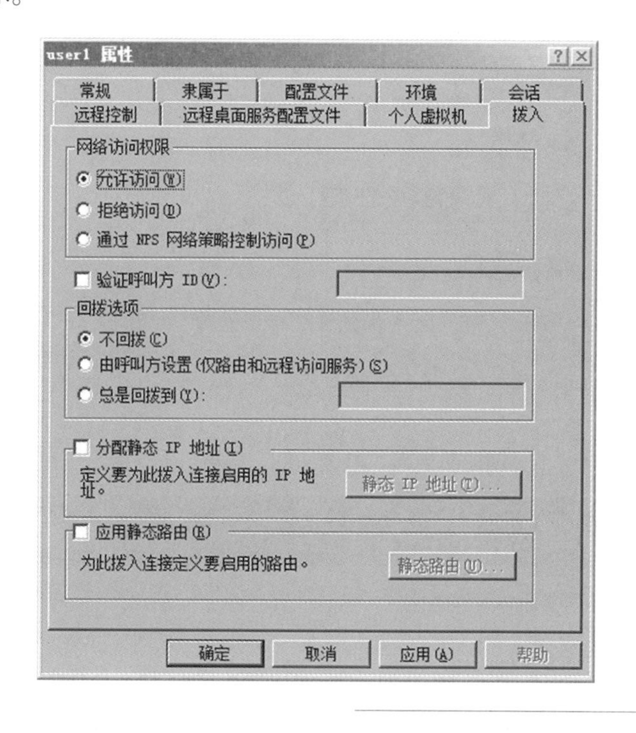

图 7-28
为用户 user1 设置网络访问权限

2．客户端的配置

步骤 1　在“网络和共享中心”下选择“设置新的连接或网络”选项，如图 7-29 所示。

步骤 2　选择“连接到工作区”选项，单击“下一步”按钮，如图 7-30 所示。

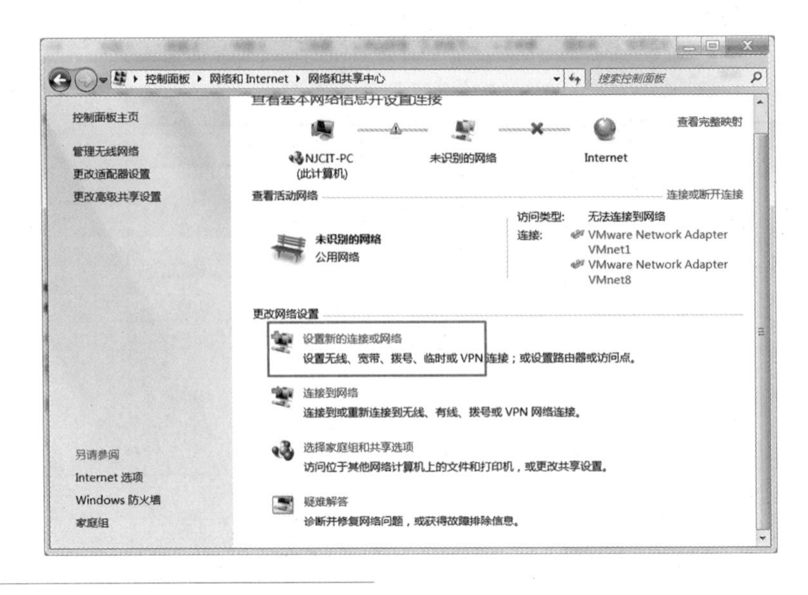

图 7-29
新建“虚拟专用网络连接”

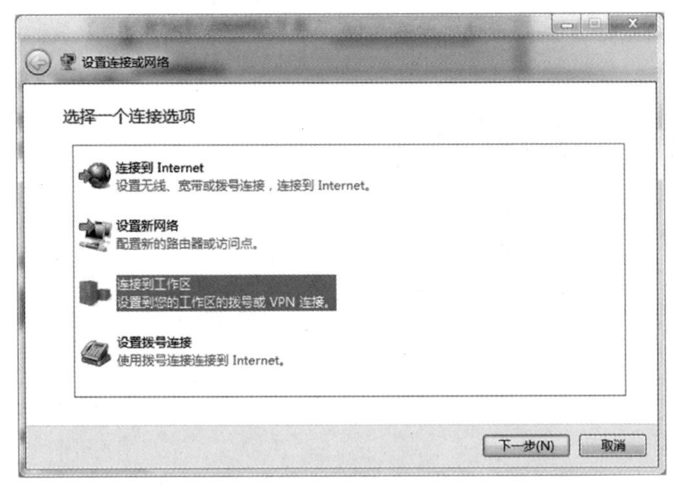

图 7-30
选择“连接到工作区”选项

步骤 3　选择“否，创建新连接”单选按钮，单击“下一步”按钮，如图 7-31 所示。

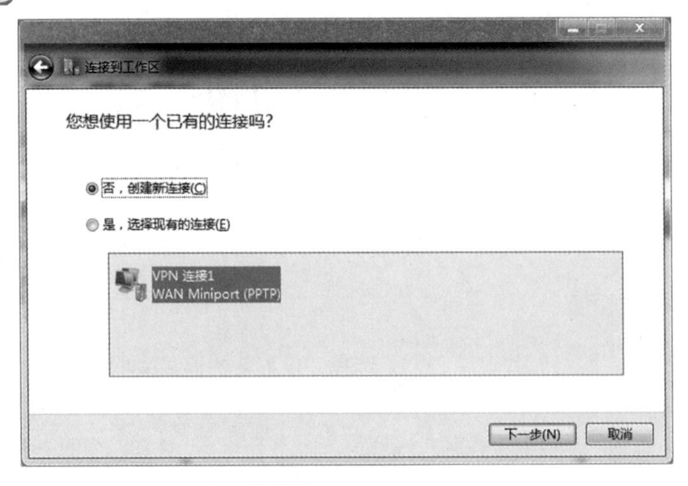

图 7-31
选择“否，创建新连接”单选按钮

步骤 4　选择“使用我的 Internet 连接（VPN）”选项，如图 7-32 所示。

连接到工作区
您想如何连接?
使用我的 Internet 连接(VPN)(I)
通过 Internet 使用虚拟专用网络(VPN)来连接
直接拨号(D)
不通过Internet直接使用电话号码来连接。
什么是 VPN 连接?
取消

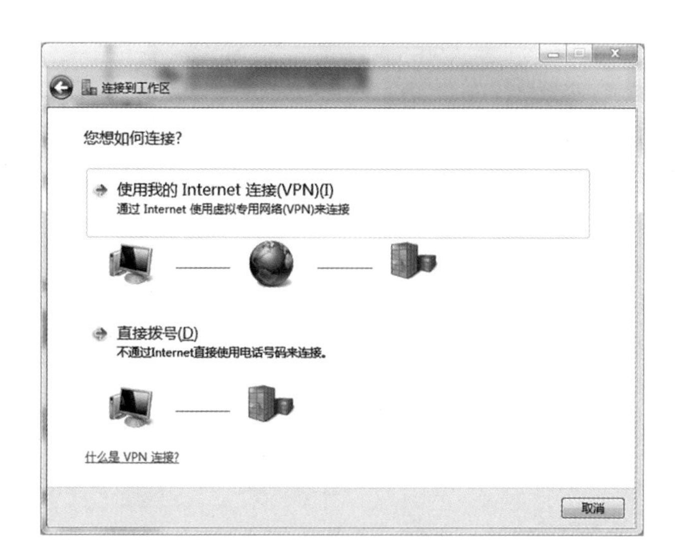

图 7-32
选择“使用我的 Internet
连接（VPN）”选项

步骤 5　输入要连接的 Internet 地址，单击“下一步”按钮，如图 7-33 所示。

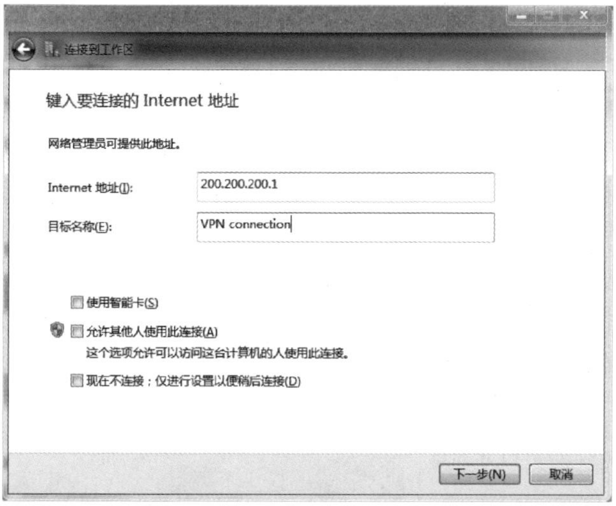

连接到工作区
键入要连接的 Internet 地址
网络管理员可提供此地址。
Internet 地址(I):
200.200.200.1
目标名称(E):
VPN connection
使用智能卡(S)
允许其他人使用此连接(A)
这个选项允许可以访问这台计算机的人使用此连接。
现在不连接；仅进行设置以便稍后连接(D)
下一步(N)
取消

图 7-33
设置连接地址

步骤 6　输入“用户名”和“密码”，进行身份验证，如图 7-34 所示。

连接到工作区
键入您的用户名和密码
用户名(U):
user1
密码(P):
显示字符(S)
记住此密码(R)
域(可选)(D):
连接(C)
取消

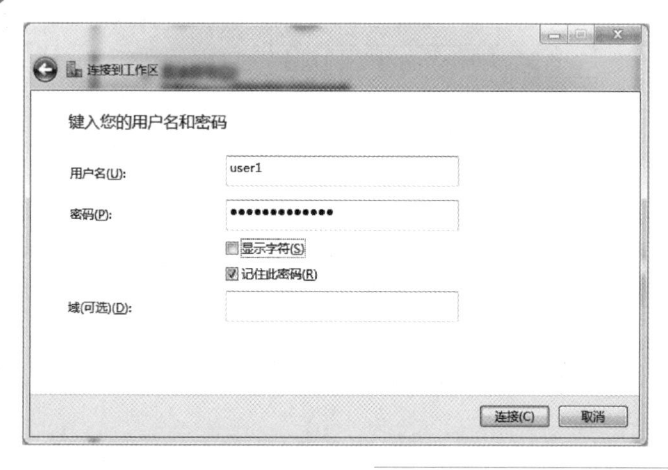

图 7-34
身份验证

7.3　基于 MPLS 协议的 VPN

微课 7-6
MPLS 的工作原理（1）

多协议标签交换虚拟专用网络（Multiprotocol Label Switching Virtual Private Network，MPLS VPN）是一种基于多协议标签交换（Multiprotocol Label Switching，MPLS）技术的 VPN。MPLS VPN 在网络路由和交换设备上采用 MPLS 技术，路由器是基于标签来选择路由的，这有利于简化核心路由器的路由选择方式。但是，同时也要求在整个交换网络中所有的路由器都能识别这个标签，这就需要运营商投资架设全局的网络。在学习 MPLS VPN 之前，先来了解一下 MPLS。

7.3.1　MPLS 的工作原理

1. MPLS 基本概念

前面已经知道，IP 数据包到达路由器后，路由器首先根据数据包首部的目的 IP 地址，查询路由表，然后从相应的端口将数据转发出去。这种基于最长匹配原则的 IP 路由技术需要多次查路由表，尤其当网络很大时，查找含有大量表项的路由表更是需要花费大量时间，算法效率不高。而多协议标签交换（MPLS）则是利用标签（Label）进行数据转发的。为了实现数据交换，当分组进入网络时，要为每个分组打上一个固定长度的标签，这样在整个转发过程中，路由器读取分组的标签，并根据标签值来查找分组转发表，然后将数据从相应端口转发出去。图 7-35 所示给出了路由器 R1、R2、R5 已建立的分组转发表。图中给出了分组通过 R1 进入网络后被打上标签 30，并从 R1 的端口 3 转发出去；携带标签 30 的分组从端口 1 进入 R2，R2 查看自己的分组转发表，发现携带标签 30 的数据应从端口 2 转发出去，并在转发前先将分组的标签改成 35；携带标签 35 的分组从端口 2 进入 R5，R5 查看自己的分组转发表，发现携带标签 35 的数据应从端口 3 转发出去，并在转发前先将分组的标签拆去。这样的转发速度要比查找路由表快得多。

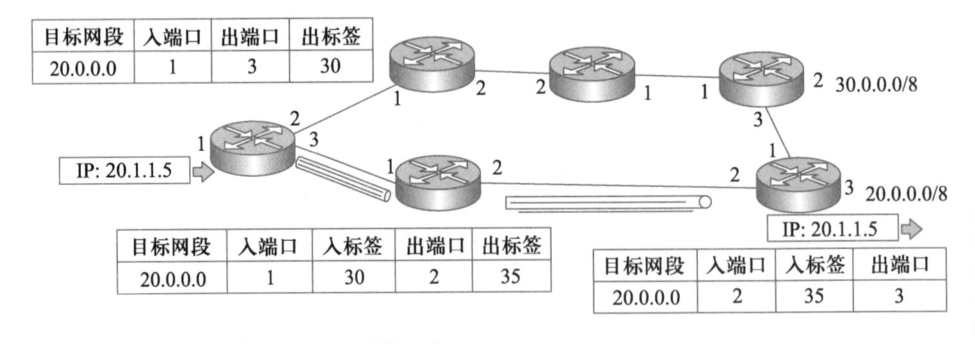

目标网段	入端口	出端口	出标签
20.0.0.0	1	3	30

目标网段	入端口	入标签	出端口	出标签
20.0.0.0	1	30	2	35

目标网段	入端口	入标签	出端口
20.0.0.0	2	35	3

图 7-35
路由器根据标签转发分组示意图

提出 MPLS 协议的最初目的是提高路由器的转发速度，但是随着技术的发展，设备转发性能越来越强，这使得 MPLS 在提高转发速度方面不再具备明显的优势。而多层 MPLS 报头嵌套的特性成为其最出彩的地方，因此在 VPN、BGP 路由黑洞等方面得到广泛应用。

MPLS 中的多协议是指 MPLS 可以承载在各种链路层协议上，如 PPP、ATM、帧中继、以太网等。

（1）转发等价类

微课 7-7
MPLS 的工作原理（2）

在转发过程中，将具有同样转发处理方式的分组归为一类，称为转发等价类（Forwarding Equivalence Class，FEC）。

FEC 的划分方式不受什么限制，可以按照地址、端口、协议类型等方式划分 FEC。例如，具有相同目的 IP 地址的数据包就是一个 FEC。通常在一台设备上，对同属于一个 FEC 的分组分配相同的标签。

（2）标签

标签（Label）是一个定长的、比较短的、一般仅仅具有本地意义的标识符，标签用来唯一标识 FEC，也就是说标签和 FEC 一一对应，对同属于一个 FEC 的分组分配相同的标签。

标签由报文的头部所携带，占 4 个字节，标签格式如图 7-36 所示。

Label	Exp	S	TTL
0　　19	20　22	23	24　31

图 7-36
标签的封装格式

- Label：标签值字段，占 20 位，用来唯一标识 FEC。
- Exp：优先级字段，占 3 位，Experimental Bits 用以表示从 0 到 7 的报文优先级字段。
- S：栈底标识字段，占 1 位。MPLS 支持多重标签。S=1，表示此标签是标签栈中最底层标签，其他情况下 S=0。
- TTL：生存期字段，占 8 位，与 IP 分组中的 TTL 值功能类似，同样是提供一种防环机制，防止 MPLS 分组在 MPLS 域中兜圈子。

MPLS 在利用标签传递数据包时，这些标签通常位于数据链路层帧头和数据包包头之间。因此习惯性称之为 2.5 层，如图 7-37 所示。路由器通过在其之间通告 MPLS 标签来创建标签到标签的映射关系，当分组进入 MPLS 网络时，每一个 IP 报文会被打上一个标签，使得路由器能够通过标签查找来转发数据，这样就省去了路由器多次查找路由表的过程，转发速度大大加快。

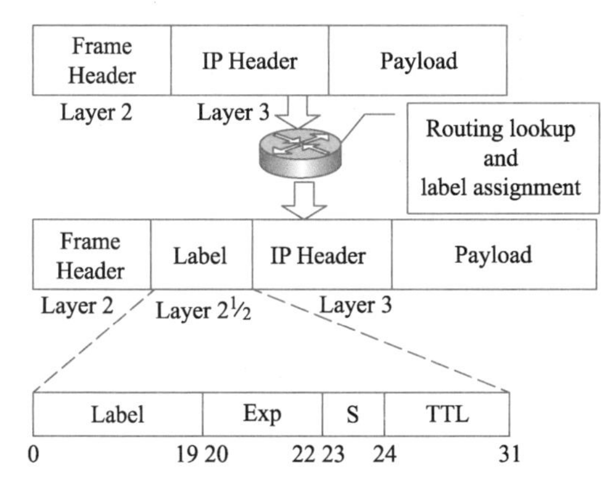

图 7-37
标签在分组中的封装位置

（3）标签交换路由器

标签交换路由器（Label Switching Router，LSR），LSR 是 MPLS 网络的核心交换机或者路由器，它位于 MPLS 网络的内部，如图 7-38 所示。LSR 具有标签交换和标签分发功能，同时还可以转发打了标签的 IP 包。

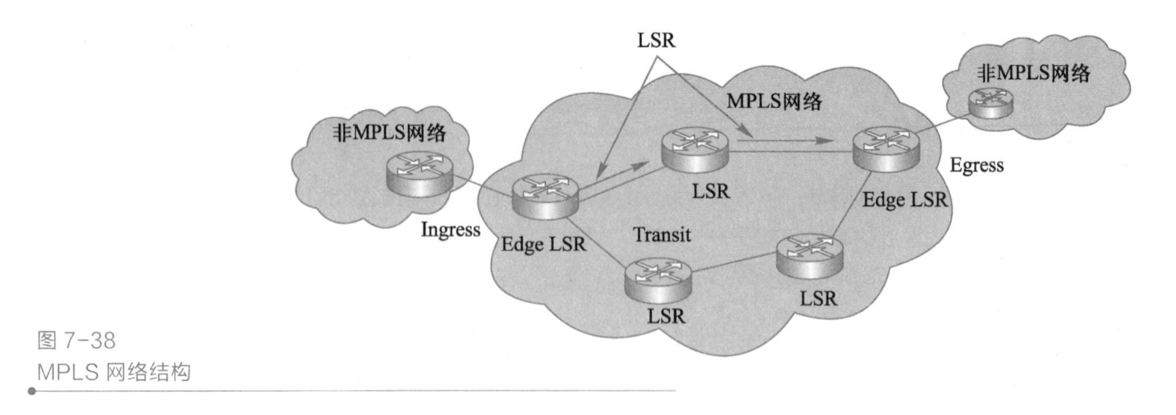

图 7-38
MPLS 网络结构

（4）标签交换路径

IP 报文在 MPLS 网络中所经过的路径就是标签交换路径（Label Switched Path，LSP）。在一条 LSP 上，沿数据传送的方向，相邻的 LSR 分别称为上游 LSR 和下游 LSR。简单来说，下游 LSR 就是路由表中该路由的下一跳。在图 7-39 中，R2 为 R1 的下游 LSR，R1 为 R2 的上游 LSR。

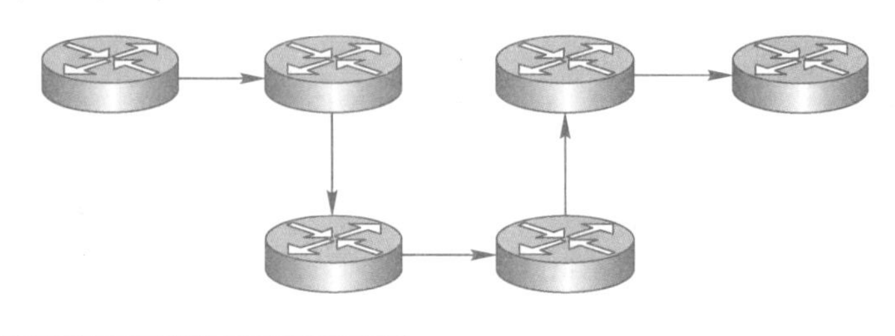

图 7-39
标签交换路径 LSP

（5）边缘 LSR

边缘 LSR（Edge Label Switching Router，Edge LSR），位于 MPLS 网络的边缘，如图 7-38 所示。分组由 Edge LSR 进入或离开 MPLS 网络。Edge LSR 会为进入 MPLS 网络的分组分配不同的 FEC，并为这些 FEC 请求相应的标签。Edge LSR 具有报文分类、标签的分发、标签的映射和标签移除的功能。

（6）标签分发协议

MPLS 使用标签分发协议（Label Distribution Protocol，LDP）实现 FEC 的分类、标签的分配以及 LSP 的建立。

2. MPLS 体系结构

微课 7-8
MPLS 的工作原理（3）

（1）MPLS 网络结构

如图 7-38 所示，MPLS 网络的基本构成单元是 LSR，由 LSR 构成的网络称为 MPLS 域。

LSR 位于 MPLS 网络的内部区域内部，LSR 之间使用 MPLS 通信，Edge LSR 位于 MPLS 域的边缘。分组经由 Edge LSR 进入 MPLS 域，被打上标签后在特定的 LSP 上传输，最后剥去标签再由 Edge LSR 离开 MPLS 域。LSP 的入口 Edge LSR 被称为入口结点（Ingress），出口 Edge LSR 被称为出口结点（Egress），位于 LSP 中间的 LSR 被称为中间结点（Transit）。

（2）MPLS 结点结构

如图 7-40 所示，MPLS 结点由以下两部分组成。

- 控制层面：运用路由协议进行路由信息的交换；运用标签分发协议进行标签的分配、标签的交换、标签转发表的构建、LSP 的构建。
- 转发层面：基于标签进行数据转发。

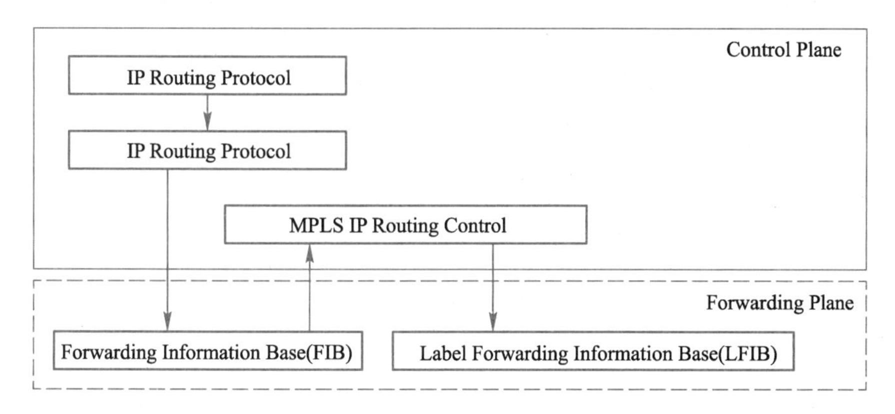

图 7-40
MPLS 结点结构示意图

3. 标签的发布和管理

（1）标签转发

图 7-41 是某个 LSR 的标签转发表，入端口表示数据从 LSR 的哪个端口进入，入标签表示数据进入 LSR 时所携带的标签值，出端口表示数据从 LSR 的哪个端口转发出去，出标签表示数据从 LSR 转发出去时应该携带的标签值。图 7-41 所示为想要去往目的网段 200.100.1.0 的数据是从端口 1 进入 LSR 的，且进入 LSR 时所携带的标签是 30，而后 LSR 查找标签转发表，发现入标签为 30 的数据包应该从端口 3 转发出去，并且转发出去时应该打上新的标签 50。

目标网段	入端口	入标签	出端口	出标签
200.100.1.0	1	30	3	50

图 7-41
标签转发表

说明

① 入标签是本 LSR（假设 LSR 1）为某个指定目标网段分配的标签并宣告给 MPLS 域中所有的 LSR，数据转发时，其他 LSR 将分组打上这个标签，再转发给 LSR 1。出标签是其他某个 LSR（假设 LSR 2）为某个指定目标网段分配的标签并宣告给 MPLS 域中所有的 LSR，数据转发时，LSR 1 将数据包打上这个标签，再转发给 LSR 2。

② 标签转发表中的入标签和出标签，是相对标签转发而言，不是相对于标签分配的入和出。

（2）转发信息表、标签信息表、标签转发表

一个 LSR 会拥有多个表，常用的有转发信息表、标签信息表、标签转发表。

1）转发信息表

转发信息表（Forwarding Information Base，FIB），存储转发信息，根据路由表生成，

用于指导 IP 报文的转发。

2）标签信息表

标签信息表（Label Information Base，LIB），存储的是自身对某个目标网段分配的标签以及邻居 LSR 宣告给它的标签。

如图 7-42 所示，路由器 R2 将自身、邻居 R3 和 R5 针对目标网段 X 分配的标签都存储到了自己的 LIB 中。从路由器 R2 的 LIB 表中可以看出，路由器 R2 自己就 X 网段分配的标签为 30；路由器 R3 和 R5 就 X 网段分配的标签分别是 48、89。

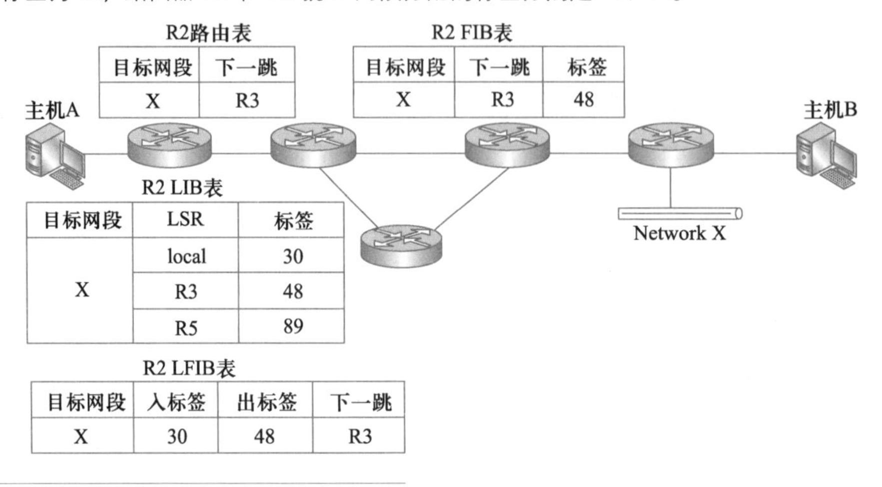

图 7-42
LIB 表

3）标签转发表

在标签转发表（Label Forwarding Information Base，LFIB）中，本地 LSR 就某个目标网段分配的标签被当成入标签，其他 LSR 就此目标网段分配的标签被当成出标签。因此，当一台 LSR 收到一个携带了标签的报文后，它就（根据 LFIB）有能力将为自己分配的入标签交换为其邻接的下一跳 LSR 分配的出标签了。

LSR 中 LFIB 表的构建先是通过 LDP 建立标签映射关系，然后通过 FIB 表和 LIB 表构成 LFIB 表。

在图 7-43 中，路由器 R1 收到 IP 包，打上标签（标签值 30）转换为 MPLS 包，转发到路由器 R2，其中 R1 打的标签是 R2 发给它的就目的网段 X 所分配的标签（30）；接着，R2 收到 MPLS 包，发现入标签值为 30，R2 查看自己的 LFIB，重新打上新标签（标签值 48），并转发到路由器 R3，其中 R2 打的标签是 R3 发给它的就目的网段 X 所分配的标签（48）；R3 收到 MPLS 包，发现入标签值为 48，R3 查看自己的 LFIB 进一步转发。

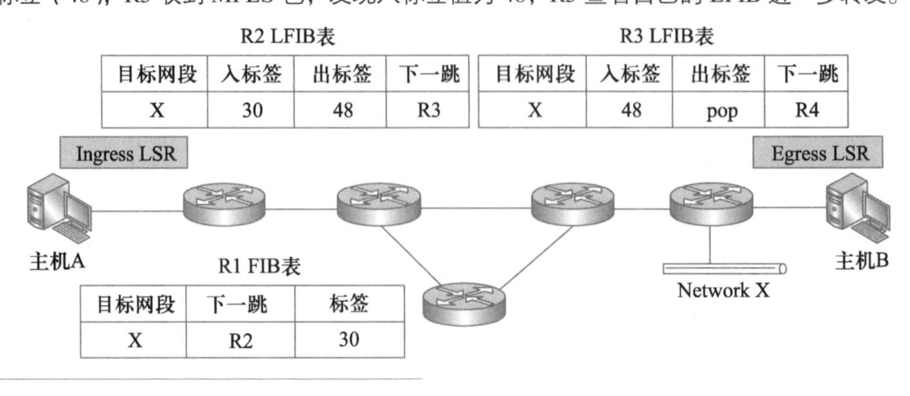

图 7-43
LFIB 表

LFIB 表需要下列几个步骤来建立。

步骤 1 如图 7-44 所示，构建路由表，利用 IGP。

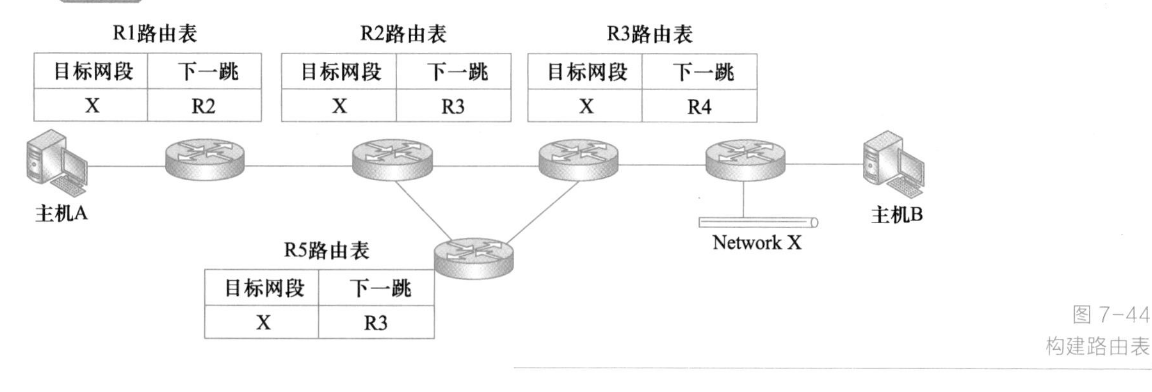

图 7-44 构建路由表

步骤 2 如图 7-45 所示，通过 LDP 等协议添加、分发标签，并维护 LIB 表。

R1 LIB表

目标网段	LSR	标签
X	local	10
	R2	30

R2 LIB表

目标网段	LSR	标签
X	local	30
	R3	48
	R5	89
	R1	10

R3 LIB表

目标网段	LSR	标签
X	local	48
	R2	30
	R4	pop
	R5	89

R5 LIB表

目标网段	LSR	标签
X	local	89
	R2	30
	R3	48

主机A 主机B Network X

图 7-45 维护 LIB 表

- 所有 LSR 会为自己本地路由表中的路由前缀分配标签。
- 这些关于路由前缀的标签会分发给其他 LDP 邻居。

步骤 3 如图 7-46 所示，根据 LIB 以及 FIB，构建 LFIB 表。

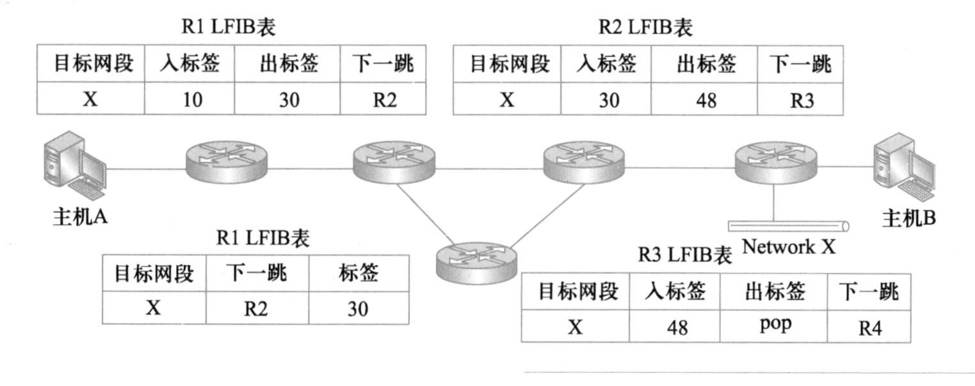

图 7-46 构建 LFIB 表

LFIB 表建立之后，分组到达 MPLS 网络，即可查找 LFIB，如果存在相关条目，即可直接转发，加快转发速率。

那么分组是如何从源传递到目的的呢？下面以主机 A 给主机 B 发送分组为例说明整个传输过程。

① 主机 A 发出分组，分组由 R1 处进入 MPLS 域，R1 收到分组后查询自己的 FIB 表，得知需要压入标签。

② R1 将携带了标签的分组（MPLS 包）转发给 R2，R2 收到 MPLS 包，查询自己的 LFIB 表中入标签，将 MPLS 包中原有的标签替换成现在这个入标签对应的出标签。

③ MPLS 包到达 R3 后，R3 查询入标签，发现对应的出标签为 pop，则弹出最顶层标签，还原成原始分组，转发给 R4。

④ R4 收到原始分组后，查询自己的 FIB 表，将分组转发给主机 B。

（3）次末跳弹出机制

前面已经知道，分组经由 Edge LSR 进入 MPLS 域，Edge LSR 作为入口结点（Ingress）为分组打上标签；然后，MPLS 域中的 LSR 根据分组上的标签来查找自身标签转发表转发分组并替换标签；当分组离开 MPLS 域时，Edge LSR 作为出口结点（Egress）将分组转发出去。

在 MPLS 应用中，Edge LSR 作为出口结点，默认情况下需要先查找 LFIB 表再查找 FIB 表，然后转发数据包。这种情况下，为了减轻 Egress 结点的负担，提高 MPLS 网络对分组的处理能力，可以利用倒数第二跳弹出（Penultimate Hop Popping，PHP）特性，在倒数第二个 LSR 处将标签弹出，然后将分组转发给末跳 LSR（即出口结点），这样末跳 LSR 在转发分组时只需要查找自身的 FIB 表，节省了一次 LFIB 表的查询。具体做法是：末跳 LSR 会发一个值为 3（保留）的标签给它的邻居，邻居收到值为 3 的标签时，就会知道自己是倒数第二跳。当在转发数据包时，倒数第二跳的结点不再打标签，执行 POP 操作。

（4）Cicso IOS MPLS 基本配置命令

Cicso IOS MPLS 基本配置命令如下。

① 开启 CEF。

```
Router(config)#ip cef
```

② 端口开启 LDP 或 TDP 分标签协议。

```
Router(config)#interface s1/0
Router(config-if)# mpls ip
```

③ 查看 LIB 表。

```
Show mpls ldp bindings
```

④ 查看 FIB 表。

```
Show ip cef detail
```

⑤ 查看 LFIB 表。

```
Show mpls forwarding-table
```

7.3.2　MPLS VPN 的工作原理

MPLS VPN 构建在 MPLS 网络之上，MPLS VPN 是指采用 MPLS 技术在骨干的宽带 IP 网络上构建企业 IP 专网，实现跨地域、安全、高速、可靠的数据、语音、图像多业务通信，并结合差别服务、流量工程等相关技术，将公众网可靠的性能、良好的扩展性、丰富的功能与专用网的安全、灵活、高效结合在一起。

微课 7-9
MPLS VPN 的工作原理

1. MPLS VPN 模型

如图 7-47 所示，MPLS VPN 网络主要由用户边缘路由器、运营商边缘路由器和运营商核心路由器等 3 部分组成。

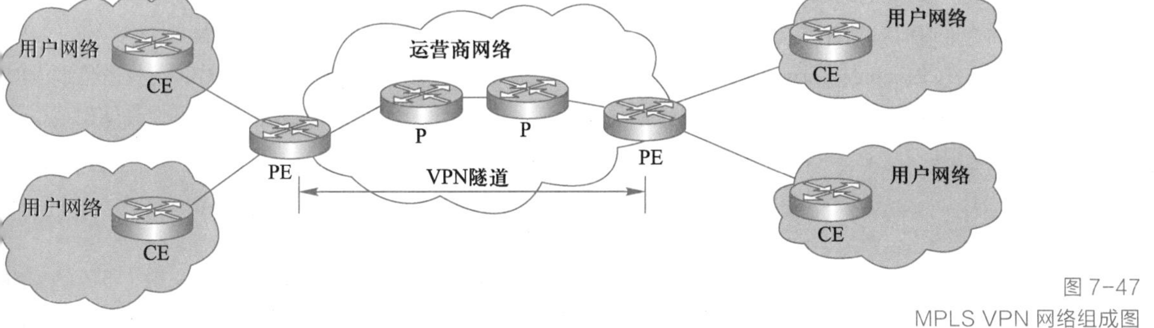

图 7-47
MPLS VPN 网络组成图

用户边缘路由器（Custom Edge router，CE），CE 直接与运营商网络连接，它“感知”不到 VPN 的存在。CE 主要负责将把客户站点的本地 VPN 路由通告给 PE，并从 PE 上学习同一个 VPN 下其他客户站点的路由。

运营商边缘路由器（Provider Edge router，PE），PE 与 CE 直接相连，PE 使用静态路由、IGP（如 RIPv2、OSPF 和 EIGRP）或 BGP 与 CE 交换路由信息，以便获取客户站点的路由，然后将客户站点的路由生成 VPNv4 前缀放入 MPLS VPN 骨干网传输到对端 PE 上。简单来说，PE 主要负责 VPN 业务的接入，处理 VPN-IPv4 路由，是 MPLS VPN 的主要实现者。

运营商核心路由器（Provider router，P），P 与 PE 或其他 P 相连，不与 CE 直接相连，主要负责路由和快速转发。

在整个 MPLS VPN 中，P、PE 要求支持 MPLS 的基本功能，CE 不必支持 MPLS。PE 之间是通过 MPLS Tunnel（LSP）通信的，主要通过 MP-BGP 协议传递路由信息。

2. 控制层面

整个 MPLS VPN 体系结构可以分成控制层面和数据层面，控制层面定义了 LSP 的建立和 VPN 路由信息的分发过程，数据层面则定义了 VPN 数据的转发过程。首先，看一下在控制层面，MPLS VPN 如何实现 VPN 路由信息的分发。

以图 7-48 为例，图中灰色区域 VPN_A 是公司 A 总部和分部之间建立的 MPLS VPN，蓝色区域 VPN_B 是公司 B 总部和分部之间建立的 MPLS VPN。接下来从控制层面出发，介绍路由信息的分发过程。

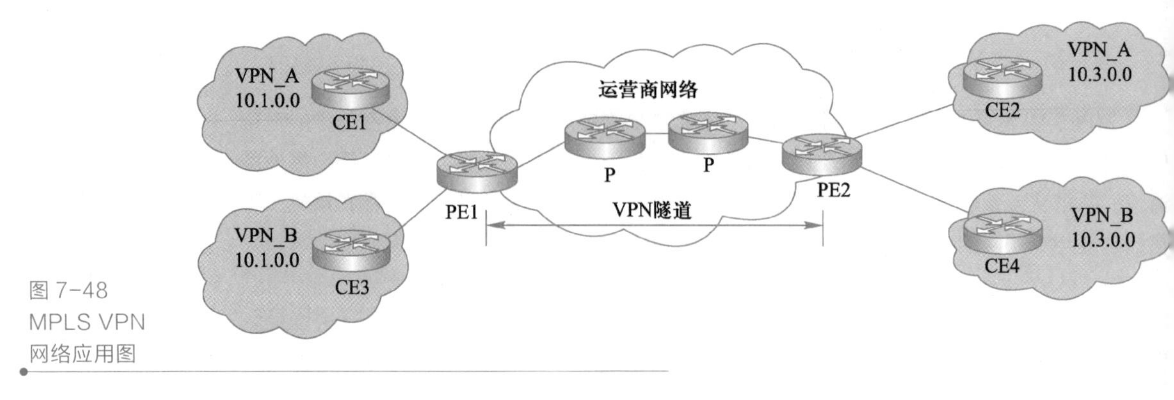

图 7-48 MPLS VPN 网络应用图

① CE1 将总部用户网络中的路由信息（10.1.0.0）通知 PE1。因为在 PE 上各个客户站点的路由需要被相互隔离，以确保对每一个客户站点 VPN 的私有性，所以每一个 VPN 都应该有自己的路由表，这张私有路由表就被称为 VPN 路由转发实例（VPN Routing&Forwarding Instance，VRF）。PE 上每一个 VPN 都有一个 VRF，这样就借助 VRF 对各个 VPN 客户站点进行了隔离。每一个 VRF，可看作是虚拟的路由器，具体如下。

- 一张独立的路由表，从而包括了独立的地址空间。
- 一组归属于这个 VRF 的路由器接口的集合。
- 一组只用于本 VRF 的路由协议。

所以在 PE1 上，VPN_A 和 VPN_B 应该分别对应一个 VRF，这样一来，不同的 VRF 将 VPN_A 和 VPN_B 的路由信息隔离起来，到达 PE1 的网络流量只需要先决定到了哪个 VRF 中，之后就能知道是转发到 CE1 还是 CE3 了。

② 就图 7-48 而言，在实际应用中常常会遇到一个问题：有两家公司，公司 A 和公司 B，两家公司的私网地址都是 10.1.0.0/16，那么当两家公司的路由信息都送到 PE1 上时，PE1 如何准确地将公司 A 的 10.1.0.1 送往 VRF A，而将公司 B 的 10.1.0.1 送往 VRF B 呢？

为了解决这个问题，MP-BGP 协议专门为 MPLS VPN 指定了 VPNv4 前缀。那么 VPNv4 前缀是什么呢？VPNv4 前缀有 12 字节（96 位），前 8 个字节就是 RD（Route Distinguisher），后 4 个字节是 IPv4 地址，即 VPNv4 地址=RD+IPv4 地址。

RD 用于区分 PE 中各个客户站点的路由，当不同的 VPN 客户站点拥有相同的 IPv4 网段时，就可以通过设置不同的 RD 值来区分它们，使不唯一的 IPv4 地址转化为唯一的 VPNv4 地址。

如图 7-49 所示，对于 10.1.0.0 这个路由信息，若想将其传到 VPN_A，就在 IPv4 地址前加上 VPN_A 对应的 RD 1:1（1:1:10.1.0.0/16）；若想将其传到 VPN_B，就在 IPv4 地址前加上 VPN_B 对应的 RD 1:2（1:2:10.1.0.0/16），这样地址就可以区分出来了。

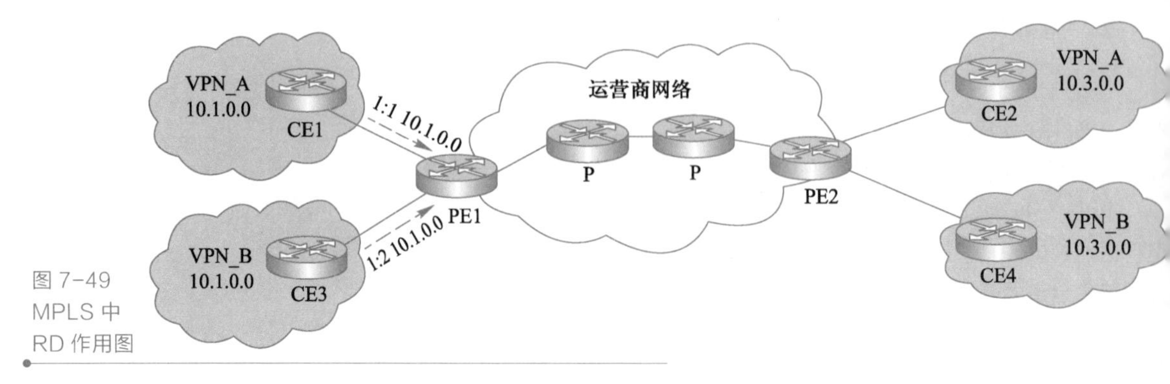

图 7-49 MPLS 中 RD 作用图

③ VPNv4 地址对客户站点是不可见的，它仅仅在骨干网络上传输。当客户站点的路由信息达到 PE 后，先在 IPv4 地址前打上 RD 形成 VPNv4 路由信息，PE 对等体之间通常使用 MP-BGP 传输 VPNv4 路由。在图 7-49 中，10.1.0.0 路由信息通过打上 RD 前缀换变成 VPNv4，并由 PE1 传递到了对端 PE2。

④ 当 VPNv4 路由信息到达对端 PE2 后，对端的 PE2 又是如何知道传递过来的路由是来自哪个 VPN，又要写入到自己的哪个 VRF table 中？为了解决这个问题，需要借助路由目标（Route Target，RT）。

RT 的本质是每个 VRF 表达自己的路由取舍及喜好的方式，分成 import 和 export 两部分，import 属性表示路由信息的导入，export 属性表示路由信息的导出。当 PE 从 VRF 表中导出 VPN 路由准备发布时，首先要用路由所属 VRF 的 RT export 对 VPN 路由进行标记，然后发送给对端 PE。对端 PE 接收路由时，检查路由中的 RT 标记与自己哪个 VRF 配置的 RT import 相符合，就将该路由导入到相应的 VRF 中。

在图 7-50 中，有如下信息。

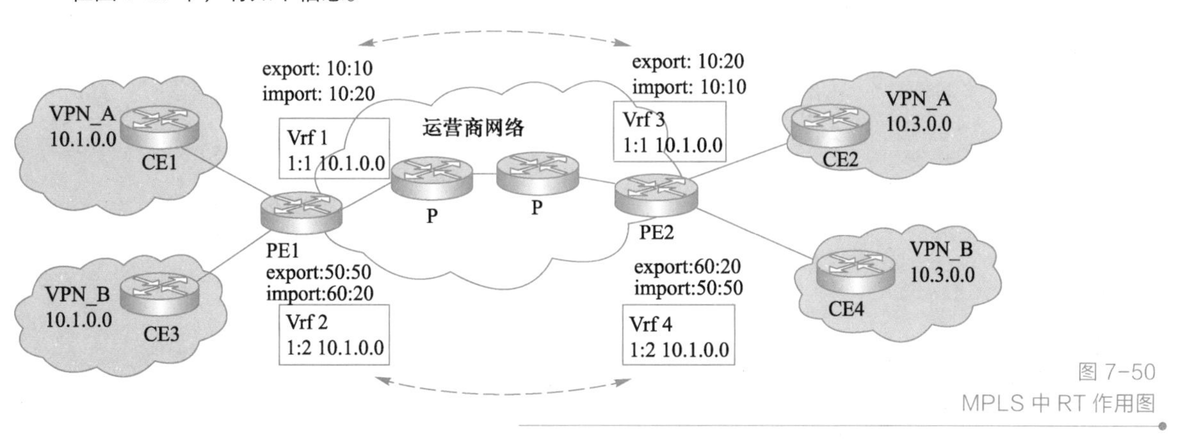

图 7-50
MPLS 中 RT 作用图

- CE1：我发的路由 RT 是 10:10，我也只接收 RT 是 10:20。
- CE2：我发的路由 RT 是 10:20，我也只接收 RT 是 10:10。
- CE3：我发的路由 RT 是 50:50，我也只接收 RT 是 60:20。
- CE4：我发的路由 RT 是 60:20，我也只接收 RT 是 50:50。

CE1 发出的路由只能由 CE2 接收，CE2 发出的路由只能由 CE1 接收，这样 CE1 和 CE2 都在一个 VPN 中，实现互访。同理，CE3 和 CE4 也在一个 VPN 中，实现互访。

3. 数据层面

在数据转发层面，MPLS VPN 网络中传输的 VPN 业务数据采用两层标签方式。外层标签负责在骨干网内部传输数据，该层标签指示 VPN 的业务数据从本端 PE 沿着 LSP 传输到对端 PE。内层标签主要是在 PE 和 CE 之间使用，该层标签指示 PE 将数据发往哪个 CE。当一个 VPN 业务数据由 CE 发送到 PE 后，PE 根据数据到达的端口查找该子端口对应的 VRF，从相应端口转发出去，同时打上内层、外层两个标签。打上了两层标签的数据在 MPLS 骨干网中沿着 LSP 被逐级转发，在到达对端 PE 前一跳时，外层标签被弹出，然后将只含内层标签的数据传给对端 PE。对端 PE 根据内层标签和目的地址查找相应的 VRF 获取对应的输出端口，在弹出内层标签后通过该端口将 VPN 分组发送给正确的 CE，从而实现了整个数据转发过程。

7.3.3　MPLS VPN 的基本配置

微课 7-10
MPLS VPN 的基本配置（1）

微课 7-11
MPLS VPN 的基本配置（2）

微课 7-12
MPLS VPN 的基本配置（3）

【实验目的】

① 通过 MPLS VPN 数据的配置，巩固路由器相关接口的 IP 地址设置、路由协议的配置。

② 进一步加深 MPLS 的相关理论。

③ 掌握 MPLS VPN 的完整的创建配置过程。

【实验设备】

在 GNS3 平台上拖放 5 台路由器，串口线若干，进行设备配置。

【实验拓扑图】

实验拓扑如图 7-51 所示。

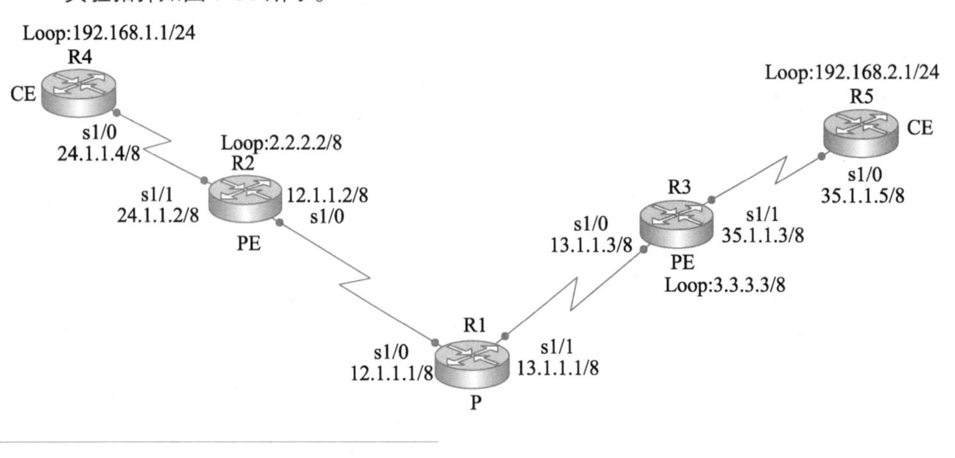

图 7-51
MPLS VPN 拓扑图

【实验步骤】

在图 7-51 中，R1、R2、R3 模拟 Internet，并采用 MPLS 转发数据，R2、R3 作为 PE，R1 作为 P；R4 是总公司的路由器，192.168.1.0/24 网段代表总公司的内网，总公司通过 R4 接入公网；R5 是分公司的路由器，192.168.2.0/24 网段代表分公司的内网，分公司通过 R5 接入公网；R4 和 R5 作为 CE，分别在 R1～R5 进行配置，具体如下。

（1）配置路由器 R1

```
R1#conf t
R1(config)#int s1/0
R1(config-if)#ip add 12.1.1.1 255.0.0.0
R1(config-if)#no sh
R1(config-if)#clockrate 64000
R1(config-if)#int s1/1
R1(config-if)#ip add 13.1.1.1 255.0.0.0
R1(config-if)#no shut
R1(config-if)#clockrate 64000
R1(config-if)#line con 0
R1(config-line)#exec-timeout 0 0
R1(config-line)#router rip
R1(config-router)#version 2
R1(config-router)#no auto-summary
```

```
R1(config-router)#network 12.0.0.0
R1(config-router)#network 13.0.0.0
R1(config-router)#ip cef
R1(config)#int s1/0
R1(config-if)#mpls ip
R1(config-if)#int s1/1
R1(config-if)#mpls ip
```

（2）配置路由器 R2

```
R2#conf t
Enter configuration commands, one per line.    End with CNTL/Z.
R2(config)#int loopback0
R2(config-if)#ip address 2.2.2.2 255.0.0.0
R2(config-if)#no shut
R2(config-if)#int s1/0
R2(config-if)#ip add 12.1.1.2 255.0.0.0
R2(config-if)#no sh
R2(config-if)#clockrate 64000
R2(config-if)#int s1/1
R2(config-if)#ip add 24.1.1.2 255.0.0.0
R2(config-if)#no sh
R2(config-if)#clockrate 64000
R2(config-if)#line con 0
R2(config-line)#exec-timeout 0 0
R2(config-line)#router rip
R2(config-router)#version 2
R2(config-router)#no auto-summary
R2(config-router)#network 2.0.0.0
R2(config-router)#network 12.0.0.0
R2(config-router)#int s1/0
R2(config-if)#mpls ip
R2(config-if)#ip vrf v1
R2(config-vrf)#rd 1:1
R2(config-vrf)#route-target 1:1
R2(config-vrf)#int s1/1
R2(config-if)#ip vrf forwarding v1
% Interface Serial1/1 IP address 24.1.1.2 removed due to enabling VRF v1
R2(config-if)#ip add 24.1.1.2 255.0.0.0
R2(config-if)#router rip
R2(config-router)#address-family ipv4 vrf v1
R2(config-router-af)#network 24.0.0.0
R2(config-router-af)#router bgp 1
R2(config-router)#bgp router-id 2.2.2.2
R2(config-router)#no auto-summary
R2(config-router)#neighbor 3.3.3.3 remote-as 1
R2(config-router)#neighbor 3.3.3.3 up lo0
R2(config-router)#address-family vpnv4
```

```
R2(config-router-af)#neighbor 3.3.3.3 activate
R2(config-router-af)#neighbor 3.3.3.3 send-community
R2(config-router-af)#router bgp 1
R2(config-router)#address-family ipv4 vrf v1
R2(config-router-af)#redistribute rip
R2(config-router-af)#router rip
R2(config-router)#address-family ipv4 vrf v1
R2(config-router-af)#redistribute bgp 1 metric transparent
```

（3）配置路由器 R3

```
R3#conf t
R3(config)#int loopback0
R3(config-if)#ip address 3.3.3.3 255.0.0.0
R3(config-if)#no shut
R3(config-if)#int s1/0
R3(config-if)#ip add 13.1.1.3 255.0.0.0
R3(config-if)#no sh
R3(config-if)#clockrate 64000
R3(config-if)#int s1/1
R3(config-if)#ip add 35.1.1.3 255.0.0.0
R3(config-if)#no sh
R3(config-if)#clockrate 64000
R3(config-if)#line con 0
R3(config-line)#exec-timeout 0 0
R3(config-line)#router rip
R3(config-router)#version 2
R3(config-router)#no auto-summary
R3(config-router)#network 3.0.0.0
R3(config-router)#network 13.0.0.0
R3(config-router)#int s1/0
R3(config-if)#mpls ip
R3(config-if)#ip vrf v2
R3(config-vrf)#rd 1:1
R3(config-vrf)#route-target 1:1
R3(config-vrf)#int s1/1
R3(config-if)#ip vrf forwarding v2
R3(config-if)#ip add 35.1.1.3 255.0.0.0
R3(config-if)#router rip
R3(config-router)#address-family ipv4 vrf v2
R3(config-router-af)#network 35.0.0.0
R3(config-router-af)#router bgp 1
R3(config-router)#bgp router-id 3.3.3.3
R3(config-router)#neighbor 2.2.2.2 remote-as 1
R3(config-router)#neighbor 2.2.2.2 up lo0
R3(config-router)#address-family vpnv4
R3(config-router-af)#neighbor 2.2.2.2 activate
R3(config-router-af)#neighbor 2.2.2.2 send-community
R3(config-router-af)#address-family ipv4 vrf v2
```

```
R3(config-router-af)#redistribute rip
R3(config-router-af)#router rip
R3(config-router)#address-family ipv4 vrf v2
R3(config-router-af)#redistribute bgp 1 metric transparent
```

（4）配置路由器 R4

```
R4#conf t
R4(config)#int loopback0
R4(config-if)#ip address 192.168.1.1 255.255.255.0
R4(config-if)#no sh
R4(config-if)#int s1/0
R4(config-if)#ip add 24.1.1.4 255.0.0.0
R4(config-if)#no sh
R4(config-if)#clockrate 64000
R4(config-if)#line con 0
R4(config-line)#exec-timeout 0 0
R4(config-line)#router rip
R4(config-router)#version 2
R4(config-router)#no auto-summary
R4(config-router)#network 192.168.1.0
R4(config-router)#network 24.0.0.0
```

（5）配置路由器 R5

```
R5#conf t
Enter configuration commands, one per line.   End with CNTL/Z.
R5(config)#int loopback0
R5(config-if)#ip address 192.168.2.1 255.255.255.0
R5(config-if)#no shut
R5(config-if)#int s1/0
R5(config-if)#ip add 35.1.1.5 255.0.0.0
R5(config-if)#no sh
R5(config-if)#clockrate 64000
R5(config-if)#line con 0
R5(config-line)#exec-timeout 0 0
R5(config-line)#router rip
R5(config-router)#version 2
R5(config-router)#no auto-summary
R5(config-router)#network 192.168.2.0
R5(config-router)#network 35.0.0.0
```

7.4 基于 IPSec 协议的 VPN

7.4.1 IPSec VPN 的工作原理

IPsec VPN（Internet Protocol Security VPN）是基于 IPSec（Internet Protocol Security）

微课 7-13
IPSec VPN 的工作原理（1）

协议的 VPN 技术，IPSec VPN 主要有以下 3 种应用场景。

① Site-to-Site（站点到站点或者网关到网关）：处于异地的企业总部及多个分支机构，各使用一个网关彼此之间相互建立 VPN 隧道，企业的总部及多个分支机构内网（若干 PC）之间的数据通过这些网关建立的 IPSec 隧道实现安全互联。本书所介绍的 IPSec VPN 主要是针对这种应用。

② End-to-End（端到端或者 PC 到 PC）：两个位于不同网络的 PC 之间的通信由两个 PC 之间的 IPSec 会话保护，而不是网关之间的 IPSec 会话保护。

③ End-to-Site（端到站点或者 PC 到网关）：两个位于不同网络的 PC 之间的通信由网关和异地 PC 之间的 IPSec 进行保护。

IPSec 是由 IETF 定义一种开放标准的框架结构，IPSec 协议通过包封装技术（使用公网的公有地址封装内部网络的私有地址）实现异地网络的安全通信。IPSec 协议族可在网络层通过数据加密、数据源认证、数据完整性功能来保证通信双方公网上传输数据的安全性。

笔 记

- 数据加密：发送方在发送数据时需要先对数据进行加密，把数据从明文变成无法读懂的密文，从而保证数据在传输隧道中传输的安全性。
- 数据源认证：通过身份认证确认数据来源是否合法，从而保证数据的真实性。常用的身份认证方式有预共享密钥（Pre-Shared Key）、数字签名（RSA Signature）等。
- 数据完整：IPSec 通过对要传送的数据进行 Hash 运算，形成一个类似于指纹的数据摘要，从而确保数据在传输过程中没有被非法篡改。

1. IPSec 协议内容

IPSec 协议不是一个单独的协议，它给出了应用于 IP 层上网络数据安全的一整套体系结构，包括认证头（Authentication Header，AH）、封装安全载荷（Encapsulated Security Payload，ESP）协议、因特网密钥交换（Internet Key Exchange，IKE）协议和用于网络认证及加密的一些算法等。其中，AH 协议和 ESP 协议用于提供安全服务，IKE 协议用于密钥交换。

- AH 协议：AH 提供数据完整性检查和数据来源认证。数据完整性检查可以用来确保数据在传输过程中没有被非法篡改，而数据来源认证是检查数据发送方的身份是否合法。AH 协议本身不支持数据加密，所以无法保证数据在传输过程中的安全性，故 AH 协议适用于传输非机密数据。AH 协议通过对要发送的数据进行摘要运算来获取一个唯一的数据摘要，这个数据摘要类似于人类的指纹。发送方将计算出的数据摘要和数据一起发送给接收方，接收方收到数据后也会使用摘要运算获取一个数据摘要，如果接收方计算出的数据摘要值和发送方发送过来的数据摘要值相同的话，表明数据在传输过程中没有被非法篡改。AH 常用摘要算法（单向 Hash 函数）MD5 和 SHA1 实现该特性。
- ESP 协议：ESP 协议不仅可以提供数据完整性检查和数据来源认证，还可以为传输的数据提供加密服务。ESP 通常使用 DES、3DES 和 AES 等加密算法实现数据加密，使用 MD5 或 SHA1 来实现数据完整性和数据来源认证。

在实际应用中，相对于 ESP 协议而言，AH 协议应用较少，主要原因有两方面：一方面是因为 AH 协议无法提供数据加密，而 ESP 协议能够提供数据加密，ESP 协议更加安全；另一方面是因为 AH 协议的认证范围包括整个 IP 数据包，一旦数据发送变化，AH 认证就会失败，如果有 NAT 设备的话，源 IP 地址或目的 IP 地址肯定会发生变化，这将直接导致 AH 认证失败，所以无法实现 NAT 穿越；而 ESP 协议的认证范围不包括外层的 IP 包头，源 IP 地址和目标 IP 地址的改变不会影响 ESP 认证，可以穿越 NAT。当然，IPSec 在极端的情况下可以同时使用 AH 协议和 ESP 协议实现最完整的安全特性，但是此种方案极其少见。

微课 7-14
IPSec VPN 的工作原理（2）

- IKE 协议：IKE 协议主要负责在两个通信实体之间建立一条隧道进行密钥交换、协商完成用 AH 或 ESP 的方法封装数据。可以确保 IP 数据报的保密性，也可以提供完整性和认证功能（视加密算法和应用模式而定）。

2．IPSec 的两种工作模式

IPSec 在对数据进行封装时有两种不同的工作模式：传输模式（Transport Mode）和隧道模式（Tunnel Mode），两种工作模式的区别如图 7-52 所示。

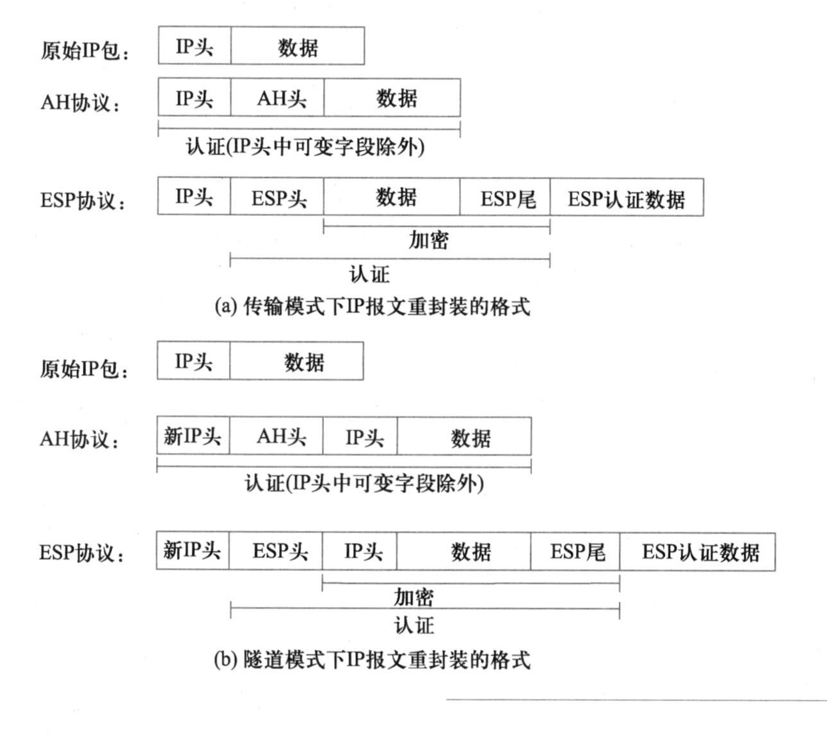

图 7-52
传输模式和隧道模式下 IP 报文重封装的格式

① 在传输模式下，发送端 IPSec 将 IP 报文载荷用 AH 或 ESP 进行认证或加密（仅针对 ESP），但不包括 IP 头，只是把新增加的认证头当成原始 IP 报文的数据部分进行传输。传输模式在 AH、ESP 处理前后 IP 头保持不变，该模式主要在 End-to-End 的场景中应用。

② 在隧道模式下，提供对整个 IP 包的保护，当 IP 包加上 AH 或 ESP 头之后，整个数据包加安全域被当做一个新 IP 包的载荷，并拥有一个新的 IP 包头（外部 IP 头）。隧道模式在 AH、ESP 处理之后又封装了一个新的 IP 头，该模式主要在 Site-to-Site 的场景中应用。

3. 安全关联

微课 7-15
IPSec VPN 的工作原理（3）

IPSec 为两个通信端点之间提供安全通道，这两个端点被称为 IPSec 对等体。IPSec 为 IPSec 对等体间建立 IPSec 安全通道来保护数据流的安全，而 IPSec 安全通道的构建，其实就是在安全通道两端的设备上建立好安全联盟(Security Association，SA)。SA 是 IPSec 的基础，也是 IPSec 的本质，简单来说，SA 是 IPSec 对等体彼此之间就一些要素进行协定，如双方约定使用哪种加密算法（DES、3DES、AES 等）、身份认证算法（HMAC-MD5、HMAC-SHA1 等）、封装模式（隧道模式、传输模式）、安全协议（ESP、AH）、共享密钥以及密钥的生存周期等。建立 SA 的方式有手工配置和通过 IKE 动态协商两种，通过手工配置所建立的 SA 不会老化，而通过 IKE 动态协商所建立的 SA 则有生存时间。

SA 是出于安全目的而创建的单向逻辑连接，输入和输出的数据流需要独立的 SA，所以当两个对等体之间进行双向通信时，最少需要建立一对 SA（即两个 SA，两个方向各一个）来分别对两个方向的数据流进行安全保护。

一个安全关联 SA 由一个三元组唯一确定，它包括如下内容。

① 安全参数索引(Security Parameter Index，SPI)：对于一个给定的 SA，每一个 IPSec 数据报都有一个存放 SPI 的字段。SPI 是一个 32 比特二元字符串，用于给算法和参数集合编号，使得根据编号便可知应该使用哪个算法和哪个参数。SPI 放在 AH 包和 ESP 包中传给对方。通过某 SA 的所有数据报都使用同样的 SPI 值。因此，IPSec 数据报的接受方易于识别 SPI 并利用它连同源或者目的 IP 地址和协议来搜索安全关联数据库（Security Association Database，SAD），以确定与该数据报相关联的 SA。在手动配置 SA 时，需要手动指定 SPI 的取值；使用 IKE 协商产生 SA 时，SPI 随机生成。

② 目标 IP 地址：它用于表明该 SA 是给哪个终端主机设立的。

③ 安全协议标识符：它用于表明该 SA 是为 AH 还是为 ESP 而设立的。

4. IPSec 安全通道协商过程

前面已经知道，建立 SA 的方式有手工配置和通过 IKE 动态协商两种，在采用 IKE 动态协商方式构建 IPSec 安全通道时，SA 有两种：IKE SA 和 IPSec SA。IKE 协议有 IKEv1 和 IKEv2 两个版本。IKEv1 版本使用两个阶段为 IPSec 进行密钥协商最终建立 IPSec SA。

（1）IKE 第一阶段

在 IKE 第一阶段，通信双方协商建立 IKE 本身使用的安全通道，即 IKE SA。在该阶段中，通信各方彼此建立了一个已通过身份认证和安全保护的通道，这个通道用来保护第二阶段 IPSec SA 协商过程。第一阶段有主模式和野蛮模式两种 IKE 交换方式。

IKE 不在网络中直接传输密钥，而是通过一系列数据的交换，最终计算出双方共享的密钥，并且即使第三方截获了双方用于计算密钥的所有交换数据，也不足以计算出真正的密钥，如 Diffie-Hellman（DH）算法。

IKE 的第一阶段主要协商 IKE 安全通道所使用的参数，包括加密算法、Hash 算法、DH 算法、身份认证算法、存活周期等，这些参数组合成集合称为 IKE Policy，IKE 协商就是要在通信双方之间找到相同的 Policy。

（2）IKE 第二阶段

IKE 第二阶段是在第一阶段建立的安全通道上协商 IPSec 安全参数，建立 IPSec

SA，IPSec SA 为保护最终传输的用户数据流而创建。双方协商的 IPSec 安全参数包括：加密算法、Hash 算法、安全协议、封装模式、存活周期，这些参数集合称为交换集 Transform Set。

微课 7-16
IPSec VPN 的基本配置

7.4.2 IPSec VPN 的基本配置

【实验目的】

① 理解 IPSec 协议。

② 掌握 IPSec VPN 的工作原理。

③ 学会 IPSec VPN 的配置，并在 PT 软件中完成实验。

【实验设备】

在 PT 平台上拖放两台 1841 路由器，串口线一条，进行设备配置。

【实验拓扑图】

实验拓扑如图 7-53 所示。

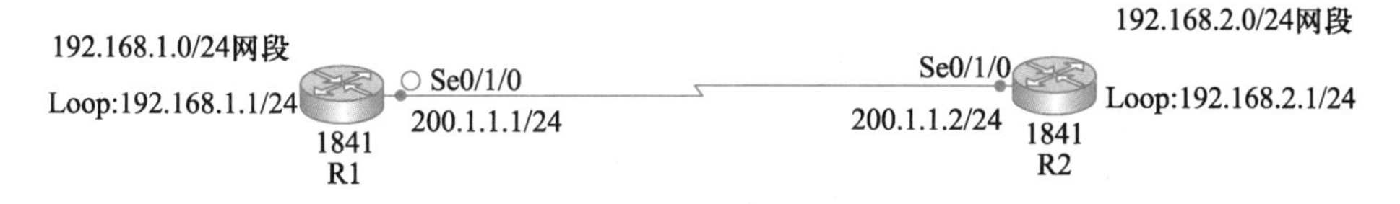

图 7-53
IPSec VPN 拓扑图

【实验步骤】

在图 7-53 中，R1 是总公司的路由器，192.168.1.0/24 网段代表总公司的内网，总公司通过 R1 接入公网；R2 是分公司的路由器，192.168.2.0/24 网段代表分公司的内网，分公司通过 R2 接入公网；R1 和 R2 之间代表 Internet，在 R1 和 R2 之间建立 IPSec VPN，分别在 R1 和 R2 进行配置，具体如下。

（1）配置路由器 R1

```
Router#conf t
Router(config)#int loopback0
Router(config-if)#ip add 192.168.1.1 255.255.255.0
Router(config-if)#no sh
Router(config-if)#interface Serial0/1/0
Router(config-if)#ip address 200.1.1.1 255.255.255.0
Router(config-if)#no shutdown
Router(config-if)#clock rate 64000
Router(config-if)#ex
Router(config)# ip route 0.0.0.0 0.0.0.0 s0/1/0
Router(config)#access-list 101 permit ip 192.168.1.0 0.0.0.255 192.168.2.0 0.0.0.255
Router(config)#crypto isakmp policy 10
Router(config-isakmp)#authentication pre-share
Router(config-isakmp)#hash md5
Router(config-isakmp)#encryption des
Router(config-isakmp)#group 2
Router(config-isakmp)#crypto isakmp key abc address 200.1.1.2
Router(config)#crypto ipsec transform-set SET1 esp-des esp-md5-hmac
```

```
Router(config)#crypto map mapR1 10 ipsec-isakmp
Router(config-crypto-map)#set peer 200.1.1.2
Router(config-crypto-map)#match address 101
Router(config-crypto-map)#set transform-set SET1
Router(config-crypto-map)#int s0/1/0
Router(config-if)#crypto map mapR1
```

（2）配置路由器 R2

```
Router>en
Router#conf t
Router(config)#int loopback0
Router(config-if)#ip add 192.168.2.1 255.255.255.0
Router(config-if)#no sh
Router(config-if)#interface Serial0/1/0
Router(config-if)#ip address 200.1.1.2 255.255.255.0
Router(config-if)#no shutdown
Router(config-if)#clock rate 64000
Router(config-if)#ex
Router(config)# ip route 0.0.0.0 0.0.0.0 s0/1/0
Router(config)#access-list 101 permit permit ip 192.168.2.0 0.0.0.255 192.168.1.0 0.0.0.255
Router(config)#crypto isakmp policy 20
Router(config-isakmp)#authentication pre-share
Router(config-isakmp)#hash md5
Router(config-isakmp)#encryption des
Router(config-isakmp)#group 2
Router(config-isakmp)#crypto isakmp key abc address 200.1.1.1
Router(config)#crypto ipsec transform-set SET2 esp-des esp-md5-hmac
Router(config)#crypto map mapR2 10 ipsec-isakmp
Router(config-crypto-map)#set peer 200.1.1.1
Router(config-crypto-map)#match address 101
Router(config-crypto-map)#set transform-set SET2
Router(config-crypto-map)#int s0/1/0
Router(config-if)#crypto map mapR2
```

7.5　基于 GRE 协议的 VPN

7.5.1　GRE 相关概念

1. GRE 简介

微课 7-17
GRE 相关概念

通用路由封装协议（Generic Routing Encapsulation，GRE）能够将一种网络层协议的数据分组重封装成另一种网络层协议的数据分组。换句话说，GRE 是对某些网络层协议（如 IP 和 IPX）的数据分组进行重封装，使这些被重封装的数据分组可在另一个网络层协议（如 IP）中传输。

GRE 是 VPN 的第 3 层隧道协议，即在协议层之间采用了一种被称之为隧道（Tunnel）

的技术。隧道是一个虚拟的直连链路，隧道两端也有 IP 地址，在 GRE 隧道构建前，首先需要在两端创建隧道接口（Tunnel 接口），该接口是仅支持点对点连接的虚拟接口，它是一种逻辑接口。隧道两端的 Tunnel 接口架起了一条通道，重封装后的分组便在这条通道上进行传输，分组的重封装和解封装都是在 Tunnel 口进行的。GRE VPN 典型组网图如图 7-54 所示。

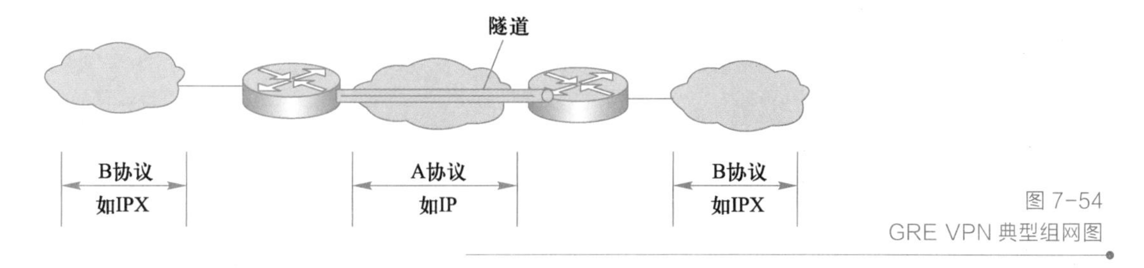

图 7-54
GRE VPN 典型组网图

在隧道中传输的分组需要经过加封装与解封装，下面以图 7-54 为例，介绍加封装与解封装。

（1）加封装过程

① 路由器 R1 收到从 group1 网传来的 B 协议的分组后，首先交由 group1 网络层协议（B 协议）处理。

② B 协议根据分组首部中的目的地址在路由表或转发表中查找出接口，如果发现出接口是 GRE Tunnel 接口，那么就将分组放到相应的 Tunnel 接口。

③ Tunnel 接口收到分组后，先用 GRE 协议对分组重封装，再由公网的网络层协议（IP 协议）进行重封装，最后为重封装后的分组选择路由并从相应接口转发出去。

GRE 的封装格式如图 7-55 所示，在原始的私网分组（协议 B+协议 B 载荷数据）前加上 GRE 首部，再在 GRE 头前加上公网首部（协议 A 首部），最后加上数据链路层协议首部。

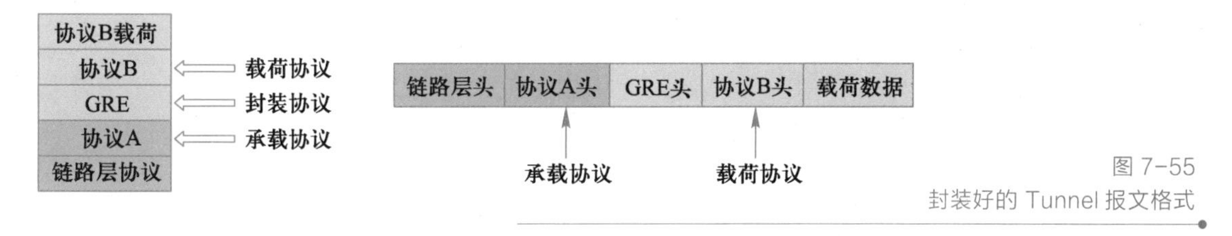

图 7-55
封装好的 Tunnel 报文格式

一般的 GRE 隧道都是 IP Over IP，在这种情况下，图 7-55 中的协议 A 和协议 B 指的是 IP 协议。具体封装如下：就是在一个原始的 IP 数据包（原始 IP 数据包包头的 IP 地址为私有 IP 地址）包头前加上 GRE 包头（封装的包头 IP 地址为 Tunnel 两端的 IP 地址）；再在 GRE 包前加上公网的 IP 包头（封装的包头 IP 地址为隧道的起源和终点），至此，原始的 IP 数据包就变成了一个公网数据包。如果公网的承载协议是 IP 协议时，在公网 IP 报文头中有一个 Protocol 字段，其中用协议号 47 来标识 GRE 头，在 GRE 封装中有一个 2 字节的 Protocol Type 字段，其中用 0x0800 来标识后面的乘客协议是 IP 协议，如图 7-56 所示。

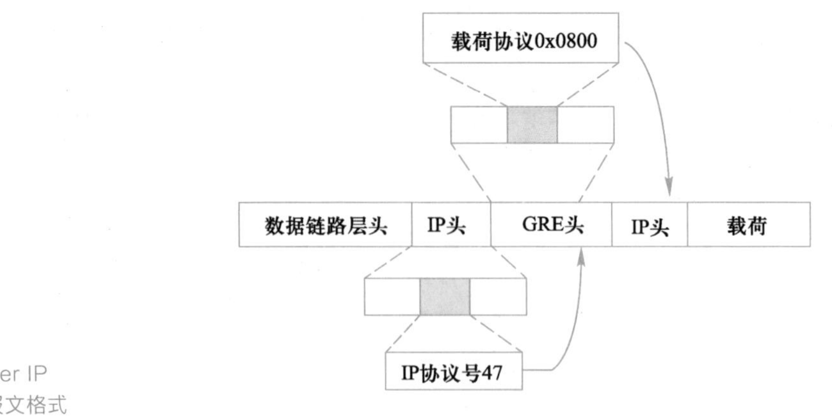

图 7-56
封装好的 IP Over IP
GRE Tunnel 报文格式

（2）解封装的过程

解封装过程和加封装的过程相反，具体如下。

① 路由器 R2 接收到重封装的分组后，首先交给公网的网络层协议（IP 协议）处理，去掉 IP 分组首部，然后交给 GRE 协议处理。

② GRE 协议处理之后，剥掉 GRE 报头，再交由 group2 网络层协议（B 协议）对此分组进行后续的转发处理。

2. GRE 应用范围

① 如图 7-57 所示，多协议、多业务本地网可以通过 GRE 隧道隔离传输。

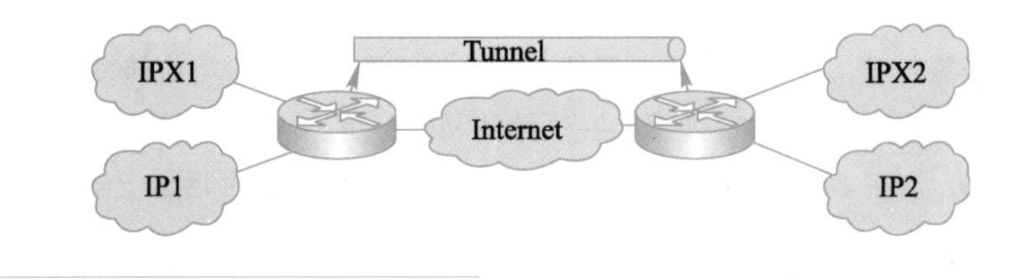

图 7-57
多协议、多业务本地网可以通过 GRE 隧道隔离传输

② 如图 7-58 所示，扩大了跳数受限的网络工作范围。

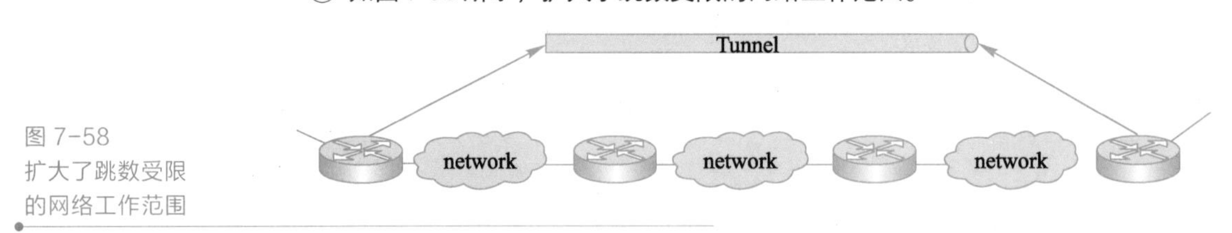

图 7-58
扩大了跳数受限的网络工作范围

③ 如图 7-59 所示，将一些不能连续的子网连接起来，组建 VPN。

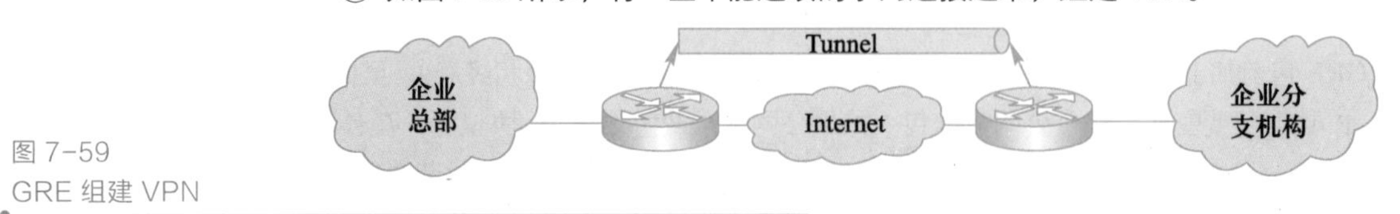

图 7-59
GRE 组建 VPN

7.5.2　GRE VPN 的工作原理

使用 GRE 构建 VPN，如图 7-60 所示。

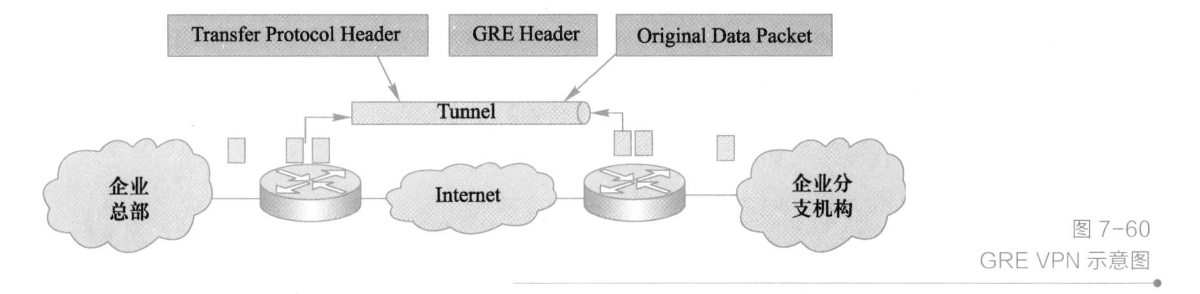

图 7-60
GRE VPN 示意图

GRE VPN 处理流程主要分为 6 个步骤，下面以图 7-61～图 7-66 为例介绍这 6 个步骤。

步骤 1　如图 7-61 所示，在隧道起点处查找路由表。

微课 7-18
GRE VPN 的工作原理

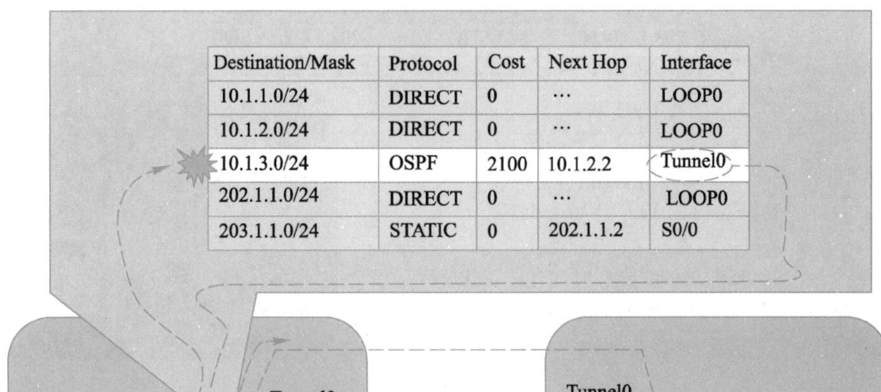

Destination/Mask	Protocol	Cost	Next Hop	Interface
10.1.1.0/24	DIRECT	0	…	LOOP0
10.1.2.0/24	DIRECT	0	…	LOOP0
10.1.3.0/24	OSPF	2100	10.1.2.2	Tunnel0
202.1.1.0/24	DIRECT	0	…	LOOP0
203.1.1.0/24	STATIC	0	202.1.1.2	S0/0

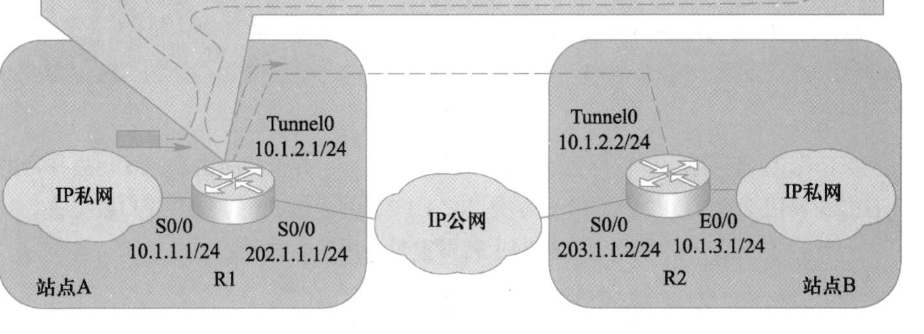

图 7-61
隧道起点查找路由

站点 A 中一台 PC 想要发送一个 IP 数据包给站点 B 的一台 PC，当这个数据包到达了连公网的设备 R1 时，R1 查看路由表发现去往目的网段 10.1.3.0/24 的下一跳是 GRE Tunnel 接口。

步骤 2　如图 7-62 所示，对原始数据重封装。

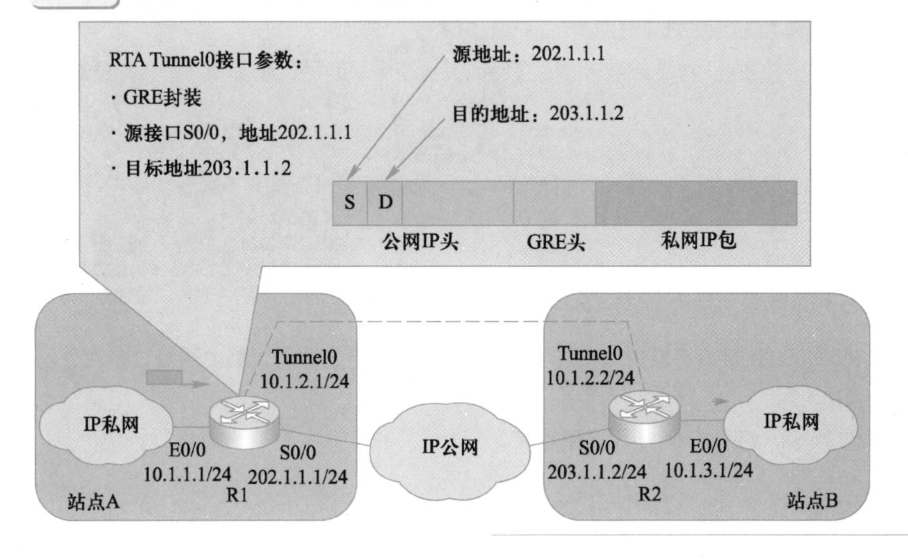

图 7-62
加封装

因为这个 Tunnel 接口的模式是 GRE，所以会先在 IP 数据包前加上 GRE 头，再加上新的 IP 头（其中，源地址：R1 的 s0/0 接口地址 202.1.1.1，目的地址：R2 的 s0/0 接口地址 203.1.1.2），形成一个能在公网上传输的 IP 数据包。

步骤 3　如图 7-63 所示，承载路由转发。

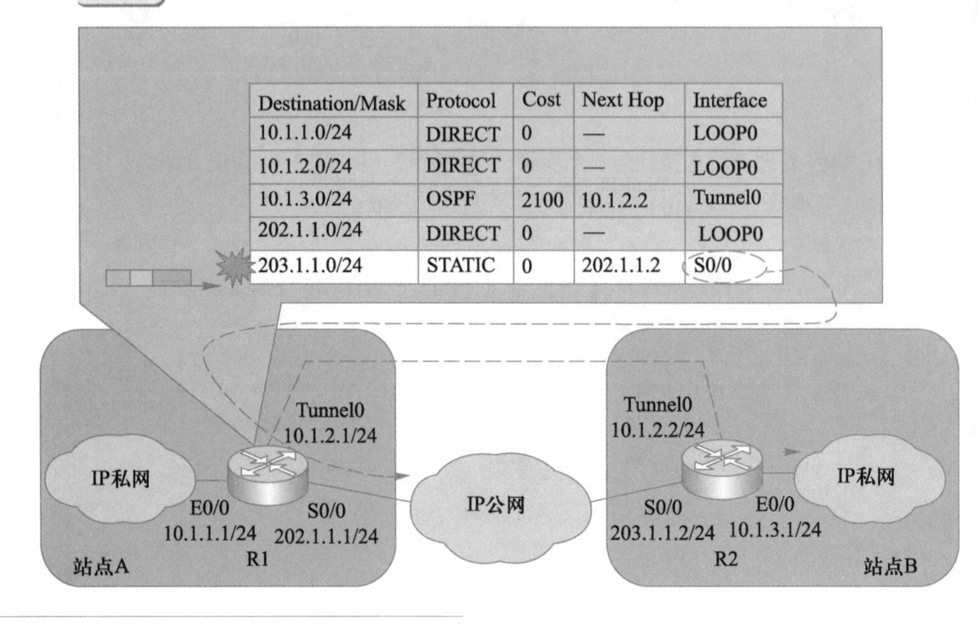

Destination/Mask	Protocol	Cost	Next Hop	Interface
10.1.1.0/24	DIRECT	0	—	LOOP0
10.1.2.0/24	DIRECT	0	—	LOOP0
10.1.3.0/24	OSPF	2100	10.1.2.2	Tunnel0
202.1.1.0/24	DIRECT	0	—	LOOP0
203.1.1.0/24	STATIC	0	202.1.1.2	S0/0

图 7-63
承载路由转发

接下来 R1 查看新 IP 数据包的包头中的目的地址，并查找路由表，发现去往目的地 203.1.1.2（网段 203.1.1.0/24）的下一跳是 202.1.1.2，并通过 R1 的 S0/0 接口发出去。

步骤 4　如图 7-64 所示，在公网上转发重封装后的数据包。

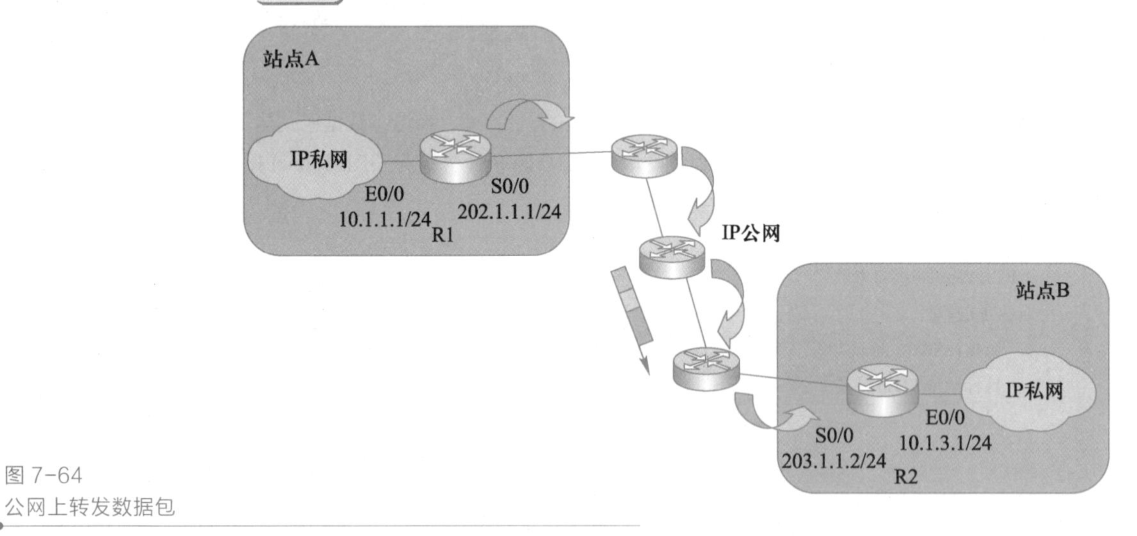

图 7-64
公网上转发数据包

R1 的 S0/0 接口将新的 IP 数据包发送到下一跳路由器时，路由器经过多次公网转发最终到达 R2。

步骤 5　如图 7-65 所示，解封装。

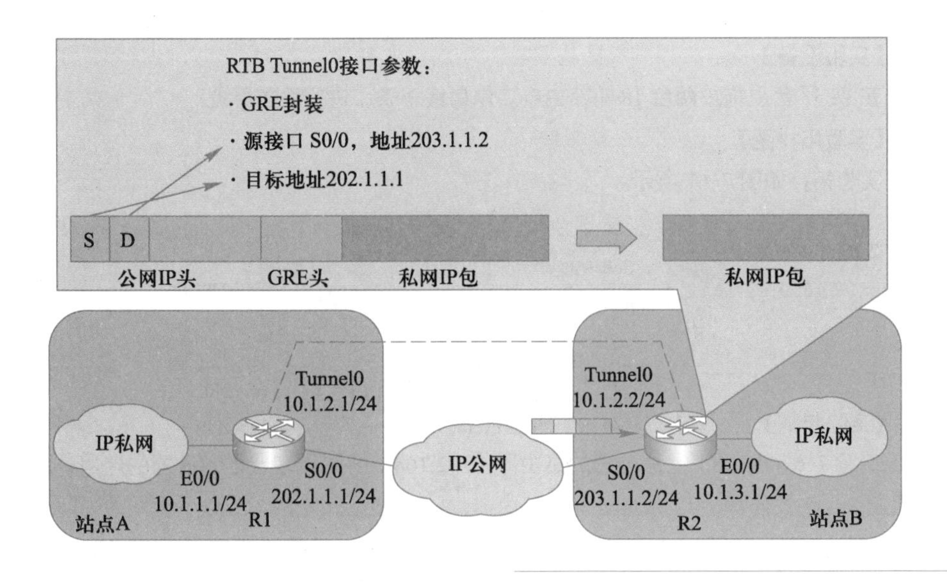

图 7-65
解封装

当到达对方 R2 之后，R2 发现目的 IP（203.1.1.2）就是自己，然后根据 IP 报文头中的协议号是 47，将这个数据包交给 Tunnel 接口，由 GRE 模块进行解封装，去掉 GRE 头。

步骤 6 如图 7-66 所示，隧道终点路由查找。

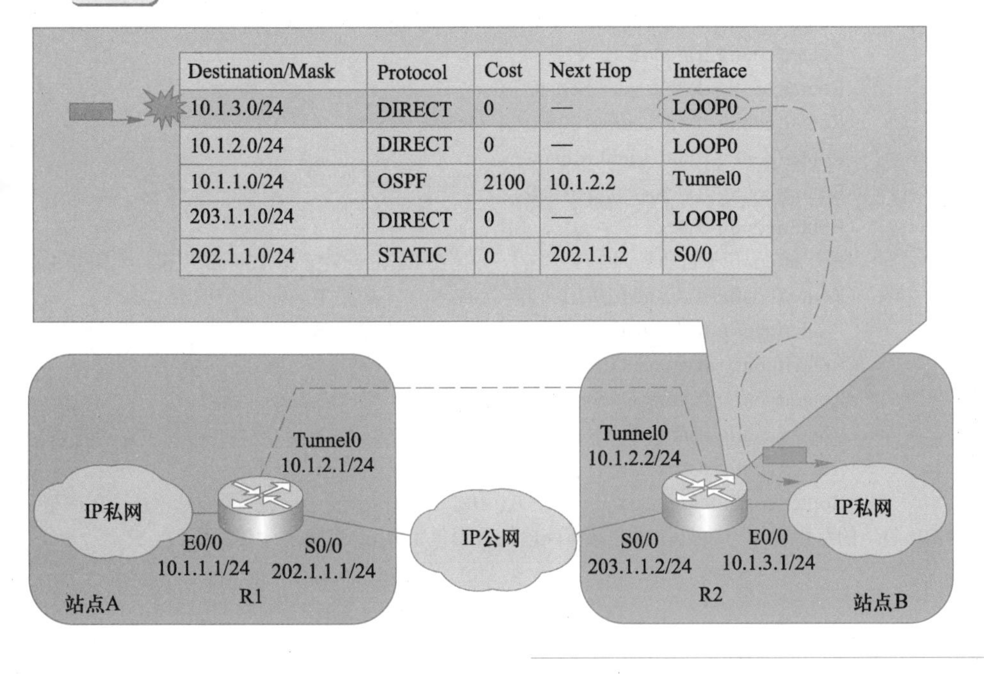

Destination/Mask	Protocol	Cost	Next Hop	Interface
10.1.3.0/24	DIRECT	0	—	LOOP0
10.1.2.0/24	DIRECT	0	—	LOOP0
10.1.1.0/24	OSPF	2100	10.1.2.2	Tunnel0
203.1.1.0/24	DIRECT	0	—	LOOP0
202.1.1.0/24	STATIC	0	202.1.1.2	S0/0

图 7-66
隧道终点路由查找

R2 解封装之后，根据具体的目的地址进行查找路由表，最后到达目的地。

7.5.3 GRE VPN 的基本配置

微课 7-19
GRE VPN 的基本配置

【实验目的】

① 理解 GRE 协议。

② 学会 GRE VPN 的配置。

【实验设备】

在 PT 平台上拖放两台 1841 路由器，串口线一条，进行设备配置。

【实验拓扑图】

实验拓扑如图 7-67 所示。

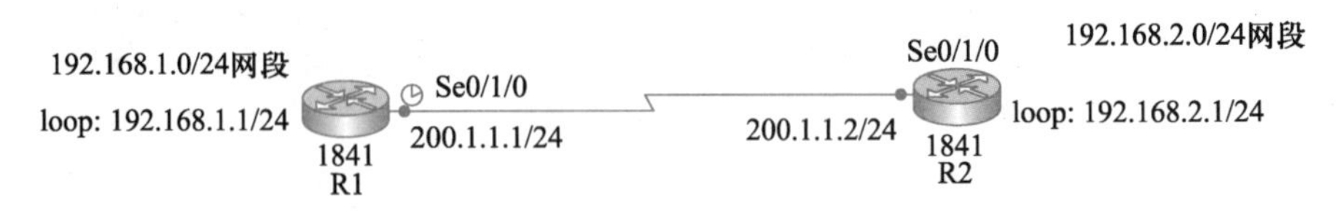

图 7-67
GRE VPN 拓扑图

【实验步骤】

在图 7-67 中，R1 是总公司的路由器，192.168.1.0/24 网段代表总公司的内网，总公司通过 R1 接入公网；R2 是分公司的路由器，192.168.2.0/24 网段代表分公司的内网，分公司通过 R2 接入公网；R1 和 R2 之间代表 Internet，在 R1 和 R2 之间建立 GRE VPN，分别在 R1 和 R2 进行配置，具体如下。

（1）配置路由器 R1

```
Router#conf t
Router(config)#int loopback0
Router(config-if)#ip add 192.168.1.1 255.255.255.0
Router(config-if)#no sh
Router(config-if)#interface Serial0/1/0
Router(config-if)#ip address 200.1.1.1 255.255.255.0
Router(config-if)#no shutdown
Router(config-if)#clock rate 64000
Router(config-if)#ex
Router(config)#int tunnel 1                    （在 R1 上创建虚拟 Tunnel 接口，号码为 1）
Router(config-if)#ip add 10.1.1.1 255.0.0.0          （配置 Tunnel 接口的 IP 地址）
Router(config-if)#tunnel source s0/1/0               （隧道起源）
Router(config-if)#tunnel destination 200.1.1.2       （隧道终点）
Router(config-if)#tunnel mode gre ip       （Tunnel 接口由 GRE 封装）
Router(config-if)#no sh
Router(config-if)#ex
Router(config)#ip route 0.0.0.0 0.0.0.0 10.1.1.2          （通过配置默认路由，在创建
GRE 隧道的路由器双方将去往对方私有网段的数据包引入 GRE 隧道中传输）
```

（2）配置路由器 R2

```
Router>en
Router#conf t
Router(config)#int loopback0
Router(config-if)#ip add 192.168.2.1 255.255.255.0
Router(config-if)#no sh
Router(config-if)#interface Serial0/1/0
Router(config-if)#ip address 200.1.1.2 255.255.255.0
Router(config-if)#no shutdown
```

```
Router(config-if)#clock rate 64000
Router(config-if)#ex
Router(config)#int tunnel 2              （在 R2 创建虚拟 Tunnel 接口，号码为 2）
Router(config-if)#ip add 10.1.1.2 255.0.0.0          （配置 Tunne2 接口的 IP 地址）
Router(config-if)#tunnel source s0/1/0          （隧道起源）
Router(config-if)#tunnel destination 200.1.1.1
Router(config-if)#tunnel mode gre ip          （Tunnel 接口由 GRE 封装）
Router(config-if)#no sh
Router(config-if)#ex
Router(config)#ip route 0.0.0.0 0.0.0.0 10.1.1.1          （通过配置默认路由，在创建
GRE 隧道的路由器双方将去往对方私有网段的数据包引入 GRE 隧道中传输）
```

7.6　基于 GRE 和 IPSec 协议的 VPN

由 7.4 和 7.5 小节关于 IPSec 与 GRE 的介绍，不难总结出关于这两种协议的优缺点。

IPSec 的优缺点如下。

- 优点：支持用户身份认证、数据的加密和数据完整性检查。
- 缺点：不能支持多协议的封装，只能封装网络层的 IP 协议。
- 适用场合：适用于高安全性能、简单拓扑配置的 IP 网络环境。

GRE 的优缺点如下。

- 优点：支持多种协议的封装、机制简单。
- 缺点：不能支持用户身份认证和数据的加密。
- 适用场合：适用于复杂的网络拓扑、IP 或非 IP 网络的网络环境。

经过上述分析容易得知，IPSec 协议和 GRE 协议具有互补性，结合二者的优缺点，可以满足关于网络层不同协议和安全加密认证的需求。GRE 与 IPSec 这两种 VPN 技术又有两种不同的结合方式；GRE Over IPSec VPN 和 IPSec Over GRE VPN，本小节将介绍 GRE Over IPSec VPN 技术。

7.6.1　GRE Over IPSec VPN 的工作原理

所谓 GRE Over IPSec，即通过 GRE 来建立虚拟隧道，满足网络层不同协议，再通过 IPSec 技术将 GRE 隧道中的数据进行保护。采用这种方式，整个数据仍然是在 GRE 隧道中传输，只不过在 GRE 隧道之外又加了一层 IPSec 保护装置。图 7-68 所示给出了某公司总部与分部 GRE Over IPSec VPN 拓扑图。

微课 7-20
GRE Over IPSec VPN
的工作原理

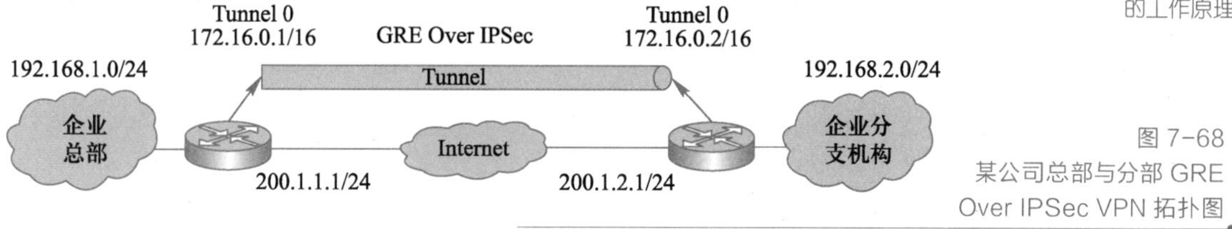

图 7-68
某公司总部与分部 GRE Over IPSec VPN 拓扑图

GRE Over IPSec VPN 有两种工作模式：传输模式（Transport Mode）和隧道模式（Tunnel Mode），它们的区别如图 7-69 所示。

隧道模式：	IP	AH或ESP	IP	GRE	IP	TCP	data
传输模式：	IP	AH或ESP	GRE	IP	TCP	data	

图 7-69
GRE Over IPSec VPN
的传输模式和隧道模式

GRE Over IPSec 首先使用 GRE 协议对原始数据包封装，实现对网络层不同协议进行封装；然后使用 ESP 或 AH 封装，保证高安全性能。

因为 GRE 已经封装了公网的 IP，就不再需要新添 IP 报头，如果使用隧道模式，就会增加一个 20 字节的 IP 头部，因此 GRE Over IPSec 推荐使用传输模式。

7.6.2　GRE Over IPSec VPN 的基本配置

微课 7-21
GRE Over IPSec VPN
的基本配置（1）

【实验目的】

① 进一步巩固 GRE VPN 和 IPSec VPN。

② 掌握 GRE Over IPSec VPN 的完整的创建配置过程。

【实验设备】

在 PT 平台上拖放两台 1841 路由器，串口线一条，进行设备配置。

【实验拓扑图】

实验拓扑如图 7-70 所示。

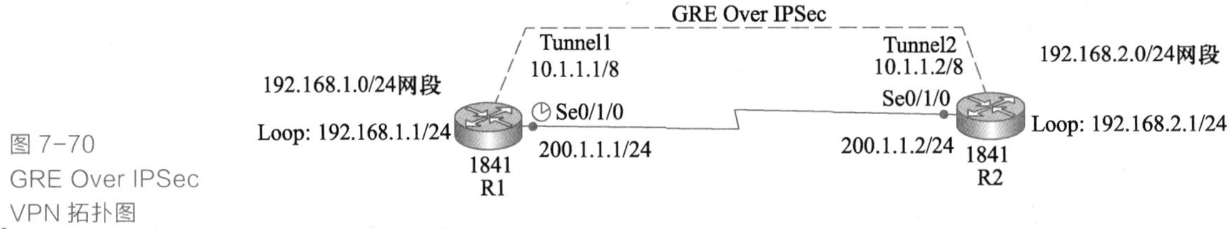

图 7-70
GRE Over IPSec
VPN 拓扑图

微课 7-22
GRE Over IPSec VPN
的基本配置（2）

【实验步骤】

在图 7-70 中，R1 是总公司的路由器，192.168.1.0/24 网段代表总公司的内网，总公司通过 R1 接入公网；R2 是分公司的路由器，192.168.2.0/24 网段代表分公司的内网，分公司通过 R2 接入公网；R1 和 R2 之间代表 Internet，在 R1 和 R2 之间建立 GRE Over IPSec VPN，分别在 R1 和 R2 进行配置，具体如下。

（1）配置路由器 R1

```
Router#conf t
Router(config)#int loopback0
Router(config-if)#ip add 192.168.1.1 255.255.255.0
Router(config-if)#no sh
Router(config-if)#interface Serial0/1/0
Router(config-if)#ip address 200.1.1.1 255.255.255.0
Router(config-if)#no shutdown
Router(config-if)#clock rate 64000
Router(config-if)#ex
Router(config)#int tunnel 1
Router(config-if)#ip add 10.1.1.1 255.0.0.0
Router(config-if)#tunnel source s0/1/0
```

```
Router(config-if)#tunnel destination 200.1.1.2
Router(config-if)#tunnel mode gre ip
Router(config-if)#no sh
Router(config-if)#ex
Router(config)#ip route 0.0.0.0 0.0.0.0 10.1.1.2
Router(config)#access-list 101 permit gre host 200.1.1.1 host 200.1.1.2
Router(config)#crypto isakmp policy 10
Router(config-isakmp)#authentication pre-share
Router(config-isakmp)#hash md5
Router(config-isakmp)#encryption des
Router(config-isakmp)#group 1
Router(config-isakmp)#crypto isakmp key abc address 200.1.1.2
Router(config)#crypto ipsec transform-set SET1 esp-des esp-md5-hmac
Router(config)#crypto map mapR1 10 ipsec-isakmp
Router(config-crypto-map)#set peer 200.1.1.2
Router(config-crypto-map)#match address 101
Router(config-crypto-map)#set transform-set SET1
Router(config-crypto-map)#int s0/1/0
Router(config-if)#crypto map mapR1
```

（2）配置路由器 R2

```
Router>en
Router#conf t
Router(config)#int loopback0
Router(config-if)#ip add 192.168.2.1 255.255.255.0
Router(config-if)#no sh
Router(config-if)#interface Serial0/1/0
Router(config-if)#ip address 200.1.1.2 255.255.255.0
Router(config-if)#no shutdown
Router(config-if)#clock rate 64000
Router(config-if)#ex
Router(config)#int tunnel 2
Router(config-if)#ip add 10.1.1.2 255.0.0.0
Router(config-if)#tunnel source s0/1/0
Router(config-if)#tunnel destination 200.1.1.1
Router(config-if)#tunnel mode gre ip
Router(config-if)#no sh
Router(config-if)#ex
Router(config)#ip route 0.0.0.0 0.0.0.0 10.1.1.1
Router(config)#access-list 101 permit gre host 200.1.1.2 host 200.1.1.1
Router(config)#crypto isakmp policy 20
Router(config-isakmp)#authentication pre-share
Router(config-isakmp)#hash md5
Router(config-isakmp)#encryption des
Router(config-isakmp)#group 1
```

```
Router(config-isakmp)#crypto isakmp key abc address 200.1.1.1
Router(config)#crypto ipsec transform-set SET2 esp-des esp-md5-hmac
Router(config)#crypto map mapR2 10 ipsec-isakmp
Router(config-crypto-map)#set peer 200.1.1.1
Router(config-crypto-map)#match address 101
Router(config-crypto-map)#set transform-set SET2
Router(config-crypto-map)#int s0/1/0
Router(config-if)#crypto map mapR2
```

参考文献

[1] 王达. 华为 VPN 学习指南[M]. 北京：人民邮电出版社，2017.
[2] 李建林. 局域网交换机和路由器的配置与管理[M]. 北京：电子工业出版社，2013.
[3] 斯桃枝. 路由协议与交换技术[M]. 2 版. 北京：清华大学出版社，2018.
[4] 刘静. 路由与交换技术[M]. 北京：清华大学出版社，2013.
[5] 谢希仁. 计算机网络[M]. 7 版. 北京：电子工业出版社，2017.
[6] 朱仕耿. HCNP 路由交换学习指南[M]. 北京：人民邮电出版社，2017.